国家出版基金资助项目

历代孝亲敬老诏令律例

中华孝文化研究集成（三）

——先秦至隋唐卷

丛书主编：骆承烈
副 主 编：周海生　骆　明
本册主编：骆　明　王淑臣

光明日报出版社

图书在版编目（CIP）数据

历代孝亲敬老诏令律例．上卷，先秦至隋唐卷 / 骆承烈主编．-- 北京 ：光明日报出版社，2013.12

（中华孝文化研究集成：3）

ISBN 978-7-5112-4446-8

Ⅰ．①历… Ⅱ．①骆… Ⅲ．①孝-法律-汇编-中国-先秦时代~隋唐时代 Ⅳ．①B823.1②D923.909

中国版本图书馆CIP数据核字(2013)第 251991号

历代孝亲敬老诏令律例——先秦至隋唐卷

丛书主编：骆承烈　副主编：周海生　骆　明

本册主编：骆　明　王淑臣

责任编辑：毛文丽　　责任校对：刘成聪

装帧设计：苗　苗　　责任印制：曹　诤

出版发行：光明日报出版社

地　　址：北京市东城区珠市口东大街5号，100062

电　　话：010-67078242（咨询），67078870（发行），67078235（邮购）

传　　真：010-67078227，67078255

网　　址：http://book.gmw.cn

E - mail：gmcbs@gmw.cn　maowenli@gmw.cn

法律顾问：北京天驰洪范律师事务所徐波律师

印　　刷：北京盛源印刷有限公司

装　　订：北京盛源印刷有限公司

本书如有破损、缺页、装订错误，请与本社联系调换

开　　本：710×1000　1/16

字　　数：355千字　　印　　张：21.5

版　　次：2013年12月第1版　　印　　次：2013年12月第1次印刷

书　　号：ISBN 978-7-5112-4446-8

定　　价：48.00元

《中华孝文化研究集成》丛书编委会

编委会主任：李宝库

副　主　任：李成俊　　潘剑凯

委　　　员：（依汉语拼音为序）

高　迟　　何　坚　　骆　明　　骆承烈　　骆德民

王淑臣　　周海生

总　序

我国是世界上老年人口最多的国家，占亚洲的一半，占世界的五分之一。2013年，我国老年人口将突破2亿大关。到本世纪中叶，老年人口将达到4亿，每三个人当中就有一个老年人。家家有老人，人人都要老，养老问题成为政府与人民共同关注的重大社会问题。

党的十八大报告指出："全面提高公民道德素质。""加强社会公德、职业道德、家庭美德和个人品德教育，弘扬中华传统美德，弘扬时代新风。"伦理道德与"孝"密切相关。孔子说："夫孝，德之本也，教之所由生也。"孟子说："老吾老以及人之老。"意思是说，孝是一切伦理道德的基础，教育应当从孝开始；一个人只有孝敬自己的父母才能更好地爱国家、爱人民。因此，弘扬中华传统美德，提高公民道德素质，应当从孝开始。我国的养老格局是："居家养老为基础，社区养老为依托，机构养老为支撑。"目前，我国城镇98%以上的老年人在家中养老，农村则几乎百分之百。试想，如果子女不孝，老年人如何能安享晚年？值得注意的是，由于"文化大革命"大批孔孟之道、市场经济下一些人重利轻义和"四二一"家庭对子女的娇惯等原因，我国孝道的传承出了问题。一些人不懂得孝道和感恩，家庭中不敬老、不养老甚至虐待老人的现象屡有发生。孝道，成为解决我国养老问题除发展经济、完善制度之外，必不可少的道德保障。

近年来，按照党的十七大、十八大精神，在多位中央领导同志的亲切关怀和大力支持下，全国敬老爱老助老主题教育活动组委会和中国老龄事业发展基金会，在全国范围内大力弘扬中华传统美德孝道，编辑孝道书籍，创作孝道戏剧歌曲，举办世界华人孝道论坛，评选"中华孝亲敬老楷模"和"孝亲敬老之星"，受到广大人民群众的热情欢迎，产生了巨大的示范效应。很多中小学校把孝文化引入课堂；很多企业把孝道作为企业文化；很多学术研究单位把传统孝道和时代特点的结合作为重要研究课题。弘扬传统美德孝道，在中华大地上渐成风气。

正是在这样的背景下，山东省曲阜师范大学著名儒学专家骆承烈教授，带领一批年轻人，不辞辛苦，经过七年认真细致的工作，从古代经、史、子、集中，收集了近千万字的资料，本着“去粗存精”的原则，编成了这部《中华孝文化研究集成》的大书。这批从古籍中广泛撷取的孝文化资料，按照《历代〈孝经〉序跋题识》《历代孝亲敬老诏令律例辑释》《历代孝论辑释》《历代孝行辑释》《历代养老文献辑释》《历代童蒙、家训、学规中的孝亲敬老资料》的序列进行编排，并以《天经地义论孝道》的今人文章为开篇，共十二册，约三百六十万字，洋洋洒洒、蔚为大观。

此书的编成，是弘扬传统文化的一件盛事，为学习、研究、传承中华孝道，提供了重要的文献资料。在这些资料中，难免有一些过时的、今天不再适用的内容，但那正是当年历史的真实写照。人们通过这些历史资料，可以看到几千年来，中华民族孝亲敬老的优秀传统是怎样传承的，许多具体事例对今人也会有启发和借鉴。总之，通过批判地继承，沙里淘金，从传统文化中找出孝文化的合理内容，我想，对当今的社会主义精神文明与和谐社会的建设，定会起到积极作用。

李宝库

2013年4月10日

前 言

孝道是伦理道德的基础，由孝敬父母推广到敬重老人，是儒家一贯的主张。在我国两千多年的历史上，孝道也一直受到重视。自汉代以来，历朝历代都曾颁布过一些孝亲敬老的诏书与法令，《中华孝文化研究集成》（三）（四）分册就集中展现这方面的内容。

我国先秦时期的儒法两家，是截然不同的两个学派。儒家面向现实，在治国上主张仁政德治，用一套伦理道德来教育人民。法家强调耕战，生产发展了，国力雄厚了，军事强大了，才能当上泱泱大国之首。战国末年法家代表人物韩非曾对儒家进行过激烈的批评，韩非创立理论，李斯具体执行，辅助秦始皇建立了一个多民族的大一统的封建国家。秦帝国建立后，遵循当年法家“以法为教，以吏为师”的遗训，在一定程度上曾起到过巩固新政权的作用，但秦朝的严刑峻法，与人民为敌，二世而亡，说明单凭法治难以持久。汉兴，因连年征战，社会经济凋敝，为了休养生息，暂时采用黄老之术，无为而治。经过百年，国力恢复，经济发达后，汉武帝听信董仲舒的主张，罢黜百家，独尊儒术，还提倡以孝治国，全国上下俨然全被儒家思想笼罩。其实不然，从汉武帝开始，汉朝皇帝从来表面尊儒，实际行法。例如董仲舒本人从来也没被朝廷重用，当年秦朝制定的一些官制、军制及各种律法，基本上都沿用下来，只是作了些修改和补充。法家思想实际上是汉武帝的指导思想。《汉律》的体系是以律、令为主，辅之以科、比。法作为一种法律形式，汉初曾经采用，但不久即被律令所代替。如汉高祖、汉武帝时制定的《谤章》《越宫律》《朝律》，主要内容是关于维护皇帝尊严、安全和封建等级制度的规定。同时期，在律之外，又颁布了大量诏令，其效力超过法律。在孝亲敬老方面，在过去的法、律中都无详细记载，无章可循，皇帝为此发布了诏令，便是比法令还要权威的主张。本书所选几百条诏令、法令，都是这些内容。

王莽篡位时打着尊孔复古的旗号，虽倡儒经，实际上对内加重剥削，对外发动战争，导致农民起义。刘秀建立东汉后，名为“还汉室之轻法”，实际上并不轻。三国时，曹操、孙权、诸葛亮各自施行了儒家发展生产、反对豪强的政策，也少不了各种政策和措施“皆一之于法”“威之以法”。晋律中采用儒家思想很多，但还是重法。北方少数民族入主中原后，受汉民族政治制度、法律制度的影响，纷纷进行汉化改革，同时根据儒家经典，模仿汉、魏、晋的法律，也制定了一些法律，如魏孝文帝亲自参与制定法律，还以儒家的慎刑恤刑相标榜，从而出现政治清明、社会稳定、经济发展的局面。

历史上的儒家、法家各有优势。一些统治者，撷取双方优势，定的是法，表现形式却是儒家思想，这一高明的做法具体体现在了历代孝亲敬老的诏令、法则上。

一、孝亲敬老诏令

我国古时就有许多敬老的措施，主要书写在《仪礼》上。《仪礼》亦称“士仪礼”，主要是对士阶层规定的各种礼数。士，作为古代社会中不大不小的阶层，处于不高不低的地位，他们自己讲礼，也帮助各地的君主讲礼。各种礼仪中除对先人、神灵的各种祭礼外，对活在世上的生者，从来提倡敬上、尊老、敬贤。儒家如此，法家也如此。西汉以来，历代统治者奉行外儒内法的政策，在孝亲、尊老、敬老方面又有所发展。

孝亲是孝敬自己的父母，孟子“老吾老以及人之老”的主张，是要人们在孝敬自己父母的基础上，孝敬与尊敬天下的老年人。汉武帝时，采用董仲舒的主张，把儒家思想当作主要意识形态，对儒家强调“孝”的伦理观念特别重视。整个汉代朝廷提倡以孝治天下。早在汉文帝时，就曾规定：“年八十以上，赐米人月一石，肉二十斤，酒五斗。其九十以上，又赐帛二匹，絮三斤。”[1]武帝时，又扩大范围：“皇帝使谒者赐县三老、孝者帛，人五匹；乡三老、弟者，人三匹；年九十以上及鳏寡孤独帛，人二匹，絮三斤；八十以上，米，人三石。”[2]东汉刘秀称帝后，第一个诏令便是：“其布告天下，令

1．汉孝文帝十二年春三月诏。

2．汉孝武帝元狩元年夏四月诏。

知忠臣、孝子、慈兄、悌弟、薄葬送终之义。”[1]终汉两朝，一直提倡孝亲敬老，诏令屡颁，对其先祖定下“以孝治天下”的遗训奉行不怠。

三国时，魏明帝下诏尊奉其祖（武皇帝）、父（文皇帝）是为了“崇孝重本”[2]。吴大帝孙权在忠孝问题上却有新说法。他也提倡孝亲，认为三年之丧为古制，不能更易。“三年之丧”中，不从孝子之门取用人才。但国家一旦有特殊需要时，也可征用。即“孝服从忠”[3]。

西晋几个帝王继续提倡孝亲敬老，与汉时一脉相承，也是为了通过提倡孝来巩固他们的统治。石勒入主中原，建立后赵后，也“赐孝悌力田死义之孤，帛各有差，孤老鳏寡谷人三石”，还为此摆三天大宴（“大酺三日”）。前秦苻坚也仿效此法，采取了一些孝敬老人的措施，以邀买民心。

南朝宋文帝刘裕的几个诏令中，除敬孤老外，又多次提到“六疾不能自存者”加以抚恤。[4]古时“六疾”指六种疾病，即：阴淫寒疾，阳淫热疾，风淫末（四肢）疾，雨淫腹疾，晦淫惑疾，明淫心疾。优恤达到生六疾者，已经是政府办的慈善活动了。南齐武帝永明六年的一纸诏书：“吴兴，义兴水潦。被水之乡，赐痼疾笃□二斛，老疾一斛，小□五升。”这种敬老又变成赈灾了。南齐几道诏令，也是这样的内容，说明当时灾情比较严重。南朝最后一个昏庸的皇帝陈后主，也颁诏：“孝悌力田为父母者各赐一级，鳏寡孤独老不能自存者，人谷五斛。”[5]亦不得不做出重视孝悌的样子。

鲜卑族入主中原后，在北方建成的北魏，以及此后的北齐、北周，也都重视孝悌养老一事。魏孝文帝学习中原各国，进行改革前后，多次发布孝亲敬老诏令。刚进行改革后不久，太和五年便“大赦天下”。内容为：“赐孝、悌、力田、孤贫不能自存者，谷帛有差，免宫人年老者还其所亲。”[6]后一句值得

1．汉光武帝建武元年正月丙申诏。
2．魏明帝即位诏。
3．吴大帝嘉禾六年春正月诏。
4．宋文帝元嘉十年春正月己未赦天下孤老令。
5．陈后主至德二年秋七月戊辰太子加元服赐孝弟力田诏。
6．北魏孝文帝太和五年二月辛卯诏。

特别注意。古时凡入宫者，终生在皇宫为奴，不得还家。这一诏令使那些年老的宫人可以回家照顾年迈的双亲，正是提倡孝道的又一种表现。

在孝文帝的另一份诏书中，则体现出他自己的孝行。出身于少数民族的拓跋宏（改姓后为元宏），少年时就受中原儒家孝道的影响。其父背上生了一个恶疮，御医医治时，愁的是脓挤不出来。少年元宏为尽孝心，趴到父亲背上吮脓，传为佳话。其父早死，未当国君，其祖母冯太后保住他当了国君。元宏对冯太后十分孝顺，冯太后死后一年，元宏心中仍怀念祖母，“毁瘠犹甚”。他对大臣穆亮说：“现在国家风灾、大旱，实在是朕对祖母思念不够造成的。因为天地没被我的哀伤所感动，所以有此灾异……”[1]这番言语当然是君主自谦之词，但在国家遇到灾难时，能与自己孝亲、思亲不够联系起来，可见对孝的重视。

隋、唐两朝是我国中世纪建成的两个大帝国。此时国家统一，经济发展，自然也会文化昌明。自汉末、两晋以来，儒生们道德低下，崇尚空谈之风，经隋、唐皇帝的提倡，儒家思想又成为帝国意识形态的主流，在孝亲敬老上自然又有所发展。隋文帝统一后不久，有鉴于连年征战，立国不久，便下诏，要求“武力之子，俱可学文”，“有功之臣，降情文艺。家门子侄，各守一经。”[2]仁寿三年下诏，称六月十三日是隋文帝自己的生日，这一天令海内各地都要为自己的父亲、母亲断屠，以致全国停止屠宰。即这天都不吃荤菜，不摆宴席，表达对已故父母的哀悼。

唐初李世民治国有方，历史上出现了“贞观之治”。在他多次颁布的诏令中，从各个不同角度体现孝的主张。如贞观三年“太上皇徙居于大安宫”不久，他才到太极殿正式称帝视事，为此“赐孝义之家粟五斛，八十以上二斛，九十以上三斛，百岁加绢二匹，妇人正月以来产子者粟一斛”[3]。贞观四年，太上皇病了，皇帝“废朝”。“疾愈”后，“赐都督刺史、文武官及民年八十以上、孝子

1．北魏高祖孝文帝诏。

2．隋文帝开皇九年夏四月壬戌诏。

3．唐太宗贞观三年四月戊戌赐孝义高年令。

表门闾者有差”[1]。诏令中不但对尽孝者进行表彰，又明令对不孝者加以惩处：“有不孝者，悖礼乱常，不率法令者，纠而绳之。”[2]甚至连皇帝祭祀祖先时，也要表彰孝子[3]，册立太子时，也要优礼孝子。[4]有唐一代十九名君主中，每人均谥一“孝”字。[5]

二、“举孝廉”与“孝弟力田”

孝廉即孝子廉吏，汉武帝元光元年（前134）初令各郡国举孝、廉各一人，后来两者合一，为汉代选官的一种方式。“孝弟力田”也是选拔地方贤人的方式之一。汉惠帝四年，“诏举人孝悌力田者，复其身”。高后（吕后）元年“初置孝悌官二千石者一人”[6]，目的系为了奖掖孝悌德行与努力耕作者。中选者常受赏赐并免除一切徭役。惠帝时规定孝廉者与三老同为掌教化的乡官。汉代其他一些皇帝诏令中，对此也多所涉及。如汉武帝元朔元年下诏就说到各地“兴廉举孝，庶几成风”。诏令各郡国分别举荐，对不举者要治罪。[7]宣帝地节三年，诏令“郡国举孝廉，有行义用于乡里者各一人”[8]。两汉时的各个帝王，都以通儒术、明孝悌为标准选拔人才。如东汉顺帝时诏令郡国举孝廉：“限年四十以上，诸生通章句，文吏能笺奏，乃得应选。其有茂才异行，若颜渊、子奇，不拘年齿。”[9]顺帝时，尚书令黄琼上“孝廉之选，专用儒学，文吏于取士”之义，犹有所遗，乃奏增“孝悌及能从政者”为四科，帝从之。[10]朝廷选择人才时，不但要有通儒术的那些学问，还要恭行孝悌这一标准。魏晋南北朝时，举孝廉的

1．唐太宗贞观四年七月甲戌赐孝义高年令。
2．京兆、河南、太原劝课农桑旌表孝义令。
3．唐太宗贞观十三年赦罪赐高年事。
4．唐代宗永泰二年春正月乙酉制。
5．见本书附录一。
6．汉孝惠帝四年诏。
7．汉孝武帝元朔元年冬十一月诏。
8．汉孝章帝地节三年十一月诏。
9．汉孝顺帝阳嘉元年夏四月诏令。
10．汉孝顺帝汉安二年十一月诏对。

活动尽管时兴时废，但对孝悌者仍不断肯定与鼓励。魏文帝在网罗人才上，曾下诏规定六条标准："一曰忠恪匪躬，二曰孝敬尽礼，三曰友于兄弟，四曰洁身劳谦，五曰信义可复，六曰学以为己。"[1]此六条内，包括忠、孝、悌、廉、信及修身，综合为儒家要求的标准。日后北方少数族进入中原后建立的政权，有的也仿效汉族举孝廉的方式选拔人才。如后秦姚兴曾"令郡国各岁贡清行孝廉一人"[2]，北燕冯跋"分遣使者，巡行郡国……孝悌力田闺门和顺者，皆褒显之"[3]。北魏时孝文帝几次诏令中，对孝廉的范围又予以扩大。如太和十一年下诏："诸州，乡党之内，推贤而长者，教其里人，父慈、子孝、兄友、弟顺、夫和、妻柔、不率长教者，具以名闻。"[4]

隋唐以后，朝廷废九品中正制，改为科举，即用开科取士的方式选拔人才。隋开皇七年（587）设志行修谨、清平干济二科，隋炀帝时始设进士科。唐代除进士科外，又置秀才、明法、明书、明算诸科，武则天时实行殿试，增设武举。由皇帝特诏举行的为制科。这些名目虽多，但历朝均未忘记以忠孝为主要标志的道德标准。如唐高宗时规定："每岁明经一准《孝经》《论语》例试于有司，又请子父在为母服三年。"[5]宋人宋敏求编的《唐大诏令集》中有《采访孝悌儒术等诏》《访孝悌德行诏》《孝悌力田不令考试词策诏》等，都将孝悌当作重要的政治标准。

三、养老礼与乡饮酒礼

我国古时从周代开始，就有养老礼和乡饮酒礼。养老礼是国家主持、举办的养老活动，乡饮酒礼则是地方上为尊老敬贤，每年举行的礼仪活动。两汉以后，历代朝廷重用儒家思想，这两种礼仪当然也延续下来。

1．魏元帝咸熙二年十一月乙未诏。
2．后秦高祖姚兴举孝廉令。
3．北燕太祖冯跋举孝廉令。
4．北魏孝文帝太和十一年冬十月荐举孝贤诏。
5．唐高宗上元元年十二月壬寅举明经用《孝经》事。

古时地方上设三老，为掌教化之官。秦置乡三老，汉置县三老，东汉以后又有郡三老、国三老。古时之“三老五更”也是一种荣誉官号。《礼记 · 乐记》注：“三老五更互言之耳，皆老人更知三德五事者也。”孔颖达《疏》：“三德谓正直、刚、柔。五事谓貌、言、视、听、思也。”即依孔子所说“君子有九思”而来。汉明帝时下诏：“三老、五更皆以二千石禄养终厥身。其赐天下三老酒一石，肉四十斤。”[1]《后汉书》之《志》中“礼仪”部分，专列《养三老五更之议》，《通典》之《礼》部分之《嘉礼》内也单列“养老”一条。曹魏高贵乡公甘露三年发出的养老诏书中说：“夫养老兴教，三代所以树风化、垂不朽也。必有三老五更以崇至敬，乞言纳诲，著在惇史。然后六合承流，下观而化。宜妙简德行以充其选。”[2]明确说出尊敬三老五更的意义在于对社会进行教化。晋武帝泰始六年行乡饮酒之礼，诏曰：“礼仪之废久矣，乃今复讲肆旧典。”[3]对废弛多年的乡饮酒礼，又恢复强调起来。

繁荣强盛的唐帝国，再一次掀起尊孔崇儒高潮，对京师中太学养老及地方上的乡饮酒礼更加重视。在唐人肖嵩撰的《大唐开元礼》之《嘉礼》中特记《皇帝养老于太学》一章，对皇帝亲自参加的养老礼，作了十分详细的记载，如养老活动前的陈设、銮驾出宫的规定、尊敬老人的具体细节，以及地方上举行乡饮酒礼的各种规定，洋洋万言，十分具体详尽，足见对此事的高度重视。

四、其他孝亲敬老措施

自两汉以来，在尊老敬老方面，除上述内容外，还有许多规定。有时以皇帝的名义颁布，有时以朝廷法令的形式颁布，均为令各地奉行的法则。如汉景帝五年下诏：“年八十以上、八岁以下及孕者未乳，师、朱儒当鞠系者，颂系之。”[4]对八十以上的老人、八岁以下的儿童及怀孕还没有哺乳的妇女，瞎了

1．汉孝明帝永平元年十月初壬子初行养老礼。

2．魏高贵乡公甘露三年秋八月养老诏。

3．晋武帝泰始六年诏。

4．汉孝景帝后三年诏。

眼的乐师、侏儒等犯了罪应被惩罚的，应对他们宽容，不要把刑具加到他们身上。同书又记景帝下诏，八十以上的人，如果不是犯了诬告和杀人罪，都不得采用连坐的办法惩罚他们。年未满七岁，与人相斗犯下罪的人，应免其死罪。东汉安帝时又规定："人从军屯及给军事县官者，大父母死未满三月皆勿徭，令得葬送。"[1]

隋唐以后，围绕孝亲敬老，各代还有一些具体措施。如：

1．税役优恤：《旧唐书》《新唐书》中的《志》之《食货》中，多次记起为了敬老，在纳税服役上对某些人优恤的事。唐代在赋税上有租、调、役、杂徭四种，一般人家"每丁租粟二石……""若孝子顺孙、义夫节妇，志行闻于乡闾者，州县申省奏闻，而表其门闾，同籍悉免课役。"又记开元二十一年下诏："十丁以上免二十，五丁以上免一丁，侍丁孝者（丁壮在家孝敬父母者）免徭役。"

2．致仕终养：致仕就是年老官员离开原有岗位，享受国家一定的待遇。隋大业五年诏中就有："年七十以上，疾患沉滞，不堪居职，即给赐帛，送还本郡。其官至七品以上者，量给廪，以终厥身。"[2]贞观二年诏"内外文武群官年高致仕，抗表去职者，参朝之日，宜在本品见任之上。"对于朝内外文武官员年高离职的，上表请休的，在参见朝会中，其位置应列在现任官员之上，以表示对这些人的崇敬。

3．丧葬孝思：对父母的丧葬，本来是自家的事，但此为有关孝亲敬老大事，朝廷也有时关心。《通典》之《典》中对历代"凶礼"记之颇详，依照古时的规定，唐时也依此执行，在"齐缞三年""齐缞杖周""齐缞不杖周""齐缞五月""齐缞三月""小功五月殇"等项目中，对"正服""加服""义服"等，都作出严格规定。《旧唐书》记唐高宗显庆二年，上元元年，朝内大臣们均对丧服进行了多次议论，最后的结论是对以前的规定严格遵

1．汉孝安帝元初三年邓太后诏对。
2．隋炀帝大业五年冬十月癸亥诏。

守，不得改变。武后主持朝内为三年之丧辩论时，有人主张改变，武后的敕令是："三年之丧，自非从军更籍者，不得辄奏请起复。"意思是除了服军籍（为国尽忠）的人以外，谁也不许改变。[1]

本册引用古籍四十多种，选取自汉至五代的各种诏令三百多则，还附上两三百个以历代帝后及名臣与"孝"有关的谥号，内容较多，限于篇幅，只能选出上述有代表性的诏令律例，仅止一些，已能使人看出我国古时历代帝王对孝亲敬老一事的尊崇。这些做法，虽均为巩固政权之必需，但也符合人间伦常。当我们通过这些内容窥知其代代统治术的同时，也应取其可吸取部分，丰富我国的优秀传统文化。

骆承烈

辛卯秋于孔子故里

1．唐则天大圣皇帝请父在为母终三年服。

凡 例

1．本《集成》共十二册，除第一册为今人论文外，其他十一册均依古代孝亲、敬老等内容分类选录，所录文章均剔除愚孝内容。每册所列古籍一般依出现时间的先后排列。每一类中选录的文献亦按照类别和时间顺序排列。第二册《历代〈孝经〉序跋题识》同一书下的序跋归于一书，并依书中前后顺序排列。

2．为使内容简明，所录文章多有删节，前、后文及其间未选录的内容以“……”表示。

3．为方便阅读，编者将正文略加分节。

4．除第一、二册外，其余各册所引古文，每段原文后均附白话译文，译时基本为直译，不好译出的内容适当意译。

5．选录文章所涉书目及原书作者，在书中第一次出现时，对其进行必要的介绍。

6．原文中所遇难解字句、专有名词，多在其后加简明注释。

7．原文缺字或存疑者以“□”表示。

8．原书中的异体字、避讳字、讹字均改为规范汉字，不出校，仅有极个别必要的异体字予以保留。

9．全书均用简化汉字。

目 录

第一卷 两汉

一、孝亲养老诏令

《汉书》十九则

汉孝文帝二年春三月诏

（文帝二年三月）诏曰："方春和时，草木群生之物皆有以自乐，而吾百姓鳏寡孤独穷困之人或阽于死亡，而莫之省忧。为民父母将何如？其议所以振贷之。"

又曰："老者非帛不暖，非肉不饱[①]。今岁首，不时使人存问长老，又无布帛酒肉之赐，将何以佐天下子孙孝养其亲？今闻吏禀当受鬻者，或以陈粟，岂称养老之意哉！具为令。"有司请令县道，年八十已上，赐米人月一石，肉二十斤，酒五斗。其九十已上，又赐帛人二匹，絮三斤。赐物及当禀鬻米者，长吏阅视，丞若尉致。不满九十，啬夫[②]、令史致。二千石[③]遣都吏循行，不称者督之。刑者及罪有耐[④]以上，不用此令。

《汉书·帝纪第四·文帝》

【简注】①非肉不饱：语出《孟子·尽心上》"五十非帛不暖，七十非肉不饱。" ②啬夫：汉制，县之下乡一级行政官员，汉代一般来说人口较少的乡，设啬夫一人，负责一乡的管理。 ③二千石：汉制，郡守俸禄为二千石，即月俸百二十斛。世因称郡守为"二千石"。 ④罪有耐：《汉书》注中说："苏林曰：'一岁为罚作，二岁刑以上为耐之。耐，能任其罪也。'"这里的耐，即指长久地受到刑罚。

【译文】（汉文帝二年三月）下诏说："当春风和畅时，草木及万物生灵都有快乐的情绪，可是现在百姓中鳏寡孤独穷困的人，有的却处在生死的边缘，得不到关怀与温暖。为民父母的地方官员怎么能忍心？应讨论如何对这样的人进行赈济。"

皇帝又下诏说："老年人没有帛制的衣服穿，身体就不会感到温暖；没有肉食果腹，就不会有吃饱的感觉。现在又到了一年的开始，国家如果不按时派官员去存问那些年长的老人，又没有布、帛、酒、肉的赏赐，又怎能帮助天下为人子孙的人孝养自己的老人呢？现在听说有的官员在发放养老的粮食时，竟发给陈粟烂米，这岂能体现出国家敬养老人的意愿！以上这些都要按国家的法令去行事，不得怠忽。”（诏令下达后）主管部门据法令颁布了国家规定：年八十以上的人，每月赐米一石、肉二十斤、酒五斗。九十以上的人加赐帛二匹、絮三斤。以上所赐的鬻米等物品，地方长官要派吏员去检视，并且要亲自过问。对于不满九十的老人，要由当地的吏员或令史去慰问。食禄二千石的官员去做这件事情时朝廷要派官吏随行，对那些不按要求去做的官员，随行官员要去督查他。服刑与受刑未满的人，不适用这条法令。

汉孝文帝十二年春三月诏

（十二年春三月）诏曰：“孝悌，天下之大顺也。力田[①]，为生之本也。三老[②]，众民之师也。廉吏，民之表也。朕甚嘉此二三大夫之行。今万家之县[③]，云无应令，岂实人情？是吏举贤之道未备也。其遣谒者劳赐三老、孝者帛人五匹，悌者、力田二匹，廉吏二百石[④]以上率百石[⑤]者三匹。及问民所不便安，而以户口率置三老、孝悌、力田常员，令各率其意以道民焉。”

《汉书 · 帝纪第四 · 文帝》

【简注】①力田：努力耕田。亦为古时乡官名，汉置。　②三老：古代职掌教化的官员。乡、县、郡均曾先后设置此职。　③万家之县：秦、汉时的法令规定，人口万户以上的县，县官称县令，秩六百石至千石；万户以下的称长，秩三百石至五百石。万家之县即为上县。　④二百石：汉代的官秩名，其职位在比三百石之下，一般指县丞、尉的这一级别。　⑤百石：汉代的官秩名，其职位在比二百石之下。一般来说这一职位多系公府、州郡长官自辟的属吏。

【译文】（汉文帝十二年春三月）皇帝下诏令说：“孝敬老人、友悌兄弟，是使天下昌顺的事情。努力耕作生产，是人们生存的根本。地方上的三老这一官员，是教导百姓向善的老师。廉吏，是万民的表率。朕十分欣赏一些大臣的行止，以及他们的行政能力。今日拥有万户的大县，却上奏称没有可以被察举具有执掌一县能力的人，这种说法岂能符合事实？这种情况的发生是因为国家所制定的推举贤吏、贤才的政令还未完备。国家应派官员去赏赐各地三老和孝敬老人的人，这些人每人赐帛五匹；赏赐友悌兄弟和努力生产的人帛二匹；赏赐廉洁的官吏，食禄在二百石以上的和食禄百石的赐帛三匹。那些偏远的不方便询问百姓生活的地方，各地要按照国家的法令以及户籍制度设置三老、孝悌、力田等常设吏员，让他们以自己的行为去引导民众。”

汉孝景帝元年冬十月诏

（汉景帝）元年冬十月，诏曰：“盖闻古者祖有功而宗有德，制礼乐各有由。歌者，所以发德也；舞者，所以明功也。高庙酎，奏《武德》《文始》《五行》之舞。孝惠庙酎，奏《文始》《五行》之舞。孝文皇帝临天下，通关梁，不异远方；除诽谤，去肉刑，赏赐长老，收恤孤独，以遂群生；减耆欲，不受献，罪人不帑，不诛亡罪，不私其利也；除宫刑，出美人，重绝人之世也。朕既不敏，弗能胜识。此皆上世之所不及，而孝文皇帝亲行之。德厚侔天地，利泽施四海，靡不获福，明象乎日月而庙乐不称，朕甚惧焉。其为孝文皇帝庙为《昭德》①之舞，以明休德。然后祖宗之功德施于万世，永永无穷，朕甚嘉之。其与丞相、列侯②、中二千石③、礼官具礼仪奏。”

《汉书 · 帝纪第五 · 景帝》

【简注】①《武德》《文始》《五行》《昭德》皆为歌舞名，汉代祭祀时所用歌舞。　②列侯：爵位名，秦汉时二十等爵的最高爵即为列侯。　③中二千石：汉代官吏秩禄等级，中也就是满的意思，即实得二千石，其职位在真二千石、二千石、比二千石之上。凡汉代中央行政机构的太常、光禄勋、卫尉、太仆、廷尉、大鸿胪、宗正等，为中二千石；地方官员中，京兆尹、左冯翊、右扶风亦为中二千石。

【译文】（汉景帝）元年冬十月，皇帝下诏令说：“我听说古时候因祖宗有功绩和德行，制礼作乐有各自的原因。歌，是为了宣扬德行、德操而创作；舞，是为了表明祖先的功绩而编排。因此在祭献高祖庙时要奏《武德》《文始》《五行》等乐曲。祭献孝惠帝庙时，要奏《文始》《五行》等乐曲。孝文皇帝君临天下时，沟通了天下的关梁，视远方和近畿的百姓没有什么差别；他在位时去除诽谤，免除肉刑，赏赐长老，收恤孤独，使天下充满生机；并且削减自己的欲望，不接受臣子的献媚，不诛杀没有罪行的人，不为自己谋私利；同时去除宫刑，遣去宫中的美人，使他们能和自己的家人团聚。朕不聪敏慈惠，因此在施政时对于先帝的做法常常不能完全理解，却知道这些施政的方法是以往历朝所没能做到的，孝文帝却能够亲自实施。他的德行像天地一样浑厚，他所颁行的政令恩泽了四海，世间的人没有不获得福泽的，他的做法犹如日月一样，可是在他庙堂中所献祭的乐舞却不能与他的德行相匹配，朕心中十分惶恐、惊惧。正因如此，为献祭孝文皇帝作《昭德》之乐，以此来表彰他的美德。此后祖宗功德可以昭示万世，永远没有穷尽，朕心中十分高兴。这份诏令是会同丞相、列侯、中二千石、礼官按照礼仪上奏的。”

汉孝景帝后二年夏四月诏

（汉景帝后二年）夏四月，诏曰：“雕文刻镂[①]，伤农事者也；锦绣纂组[②]，害女红者也。农事伤则饥之本也，女红害则寒之原也。夫饥寒并至，而能亡为非者寡矣。朕亲耕，后亲桑，以奉宗庙粢盛祭服，为天下先；不受献，减太官，省徭赋，欲天下务农蚕，素有畜积，以备灾害。强毋攘弱，众毋暴寡，老耆以寿终，幼孤得遂长。今岁或不登，民食颇寡，其咎安在？或诈伪为吏，以货赂为市，渔夺百姓，侵牟万民。县丞[③]，长吏也，奸法与盗盗，甚无谓也。其令二千石各修其职，不事官职耗乱者，丞相以闻，请其罪。布告天下，使明知朕意。”

《汉书 · 帝纪第五 · 景帝》

【简注】①雕文刻镂：指在器物上刻镂花纹图案，以为纹饰。　②锦绣纂组：即装饰房屋所用的锦绣。　③县丞：战国时始设，秦汉时为县令的佐官，主要负责文书、仓库等方面的管理，秦汉后历代略同。

【译文】（汉景帝后二年）夏四月，诏令说：“过分重视宫室房屋，因而雕刻精美的花纹是会妨害农业生产的；服饰帐幔一味地要求使用锦绣，是会妨害织造生产的。损害农业生产是使天下出现饥荒的根本，织造生产的损害会使天下百姓衣不蔽体。天下的百姓如果饥寒并至，很少会有不亡国的。朕亲自耕种，皇后亲自采桑，用收获的东西祭祀宗庙，为天下的百姓作出奉祭的表率；不接受各地的贡纳，减裁冗官，减省百姓的徭役租赋，这些都是为了让天下（百姓）能更好地务农植桑，以防备灾害。扼制豪强扶助弱小，不让势力强大的欺凌弱小的，是为了让年老的人能够安享天年，幼小的、孤弱的人能正常成长。（假若）一年中收成不好或者说收成好却没有好的结果，使百姓食用不足，其原因在哪里？这可能是因为官吏使用欺诈的手段欺掠百姓，囤积货物、贿赂上级，这些情况会导致出现鱼肉百姓、非法牟利的现象。县丞，是一方父母官，使用奸法或盗掠百姓，是国家法令所不允许的。因此令二千石以下的官员要各自管理好自己的属下，不能遵守职司的人或者耗乱国家政令、财物的官员，丞相知道后，要按律法去治他们的罪。现在将这条法令布告天下，让天下的百姓知道朕的意思。”

汉孝武帝建元二年夏四月诏

（建元二年）夏四月己巳，诏曰："古之立教，乡里以齿，朝廷以爵，扶世导民，莫善于德。然即于乡里先耆艾，奉高年，古之道也。今天下孝子顺孙愿自竭尽以承其亲，外迫公事，内乏资财，是以孝心阙焉，朕甚哀之。民年九十以上，有《受鬻法》，为复子若孙，令得身师妻妾遂其供养之事。"

《汉书 · 帝纪第六 · 武帝》

【译文】（汉武帝建元二年）夏四月己巳，诏令说："上古时的教化，乡里尊崇年龄长上的人，朝廷以爵位去表彰官员，国家匡扶世事以教导百姓，最注重的是有道德的人。于是在乡社里敬德高望重的老年人，奉养高龄长者，是从古至今的传统。现在全国各地的孝子顺孙愿意竭尽己力地去奉养自己的老人，但对外迫于公事，对内迫于资财的缺乏，使得有孝心却力不能及，朕心中十分不安。因此，年龄在九十以上者，按国家《受鬻法》奉养，至于子孙，一定要和家人一起尽到奉养的职责。"

汉孝武帝元狩元年夏四月诏

（元狩元年夏四月）诏曰："朕闻咎繇对禹，曰在知人，知人则哲，惟帝难之。盖君者心也，民犹支体，支体伤则心憯怛。日者淮南①、衡山②修文学，流货赂，两国接壤，怵于邪说，而造篡弑，此朕之不德。《诗》云：'忧心惨惨，念国之为虐。'③已赦天下，涤除与之更始。朕嘉孝弟力田，哀夫老眊④孤寡鳏独。或匮于衣食，甚怜悯焉。其遣谒者巡行天下，存问致赐。曰：'皇帝使谒者赐县三老、孝者帛，人五匹；乡三老、弟者、力田帛，人三匹；年九十以上及鳏寡孤独帛，人二匹，絮三斤；八十以上米，人三石。有冤失职，使者以闻。县乡即赐，毋赘聚。'"

《汉书 · 帝纪第六 · 武帝》

【简注】①淮南：即淮南王刘安。 ②衡山：即衡山王刘赐。 ③"忧心惨惨，念国之为虐"句：语出《诗经 · 小雅 · 正月》。 ④老眊：即指老耄。颜师古在此篇的注文中说："眊，古耄字。八十曰耄。耄，老称也。一曰眊，不明之貌。"

【译文】（汉武帝元狩元年夏四月）下诏说："朕听说当年咎繇（皋陶）与禹的关系，可称作知人善任，知人的人可称之为贤哲，圣明如同尧帝那样还认为知人甚难。这是因为君主是一个国家的中枢，百姓犹如肢体一样，肢体如果损伤，中枢也会难受。现在淮南王、衡山王修饰文学、流通商贾，两个王国相互接壤，却惧怵邪说，出现图谋篡弑的事情，这是由于朕为政不德所造成的。《诗》说：'心中担忧，是因为国家出现了肆虐的事情。'因此，朕大赦天下，以消除天下的虐气，并重新开始。朕嘉奖孝悌力田之人，心哀年老、孤寡和鳏独的人，他们或者匮于衣或者匮于食，朕心中十分怜惜。因此朕派遣官吏巡行天下，询问并赠赐物品。（并告诉百姓）说：'皇帝派遣官员赏赐县三老及县中孝悌者每人帛五匹；乡三老及乡中孝悌力田的人每人帛三匹；年九十以上和鳏寡孤独的人每人帛二匹、絮三斤；八十以上的人每人米三斤。有冤屈的人或者官吏有失职行为的，国家所派遣的官员要认真查访。县及乡所赐物品，到达要即刻发放，不要聚集存放。'"

汉孝昭帝元凤元年春三月诏

（元凤元年三月）诏曰："朕闵劳以官职之事，其务修孝弟以教乡里。令郡县常以正月赐羊酒。有不幸者赐衣被一袭，祠以中牢[①]。"

《汉书·帝纪第七·昭帝》

【简注】①中牢：祭祀时用猪、羊二牲称为中牢。

【译文】（汉昭帝元凤元年三月）皇帝下诏说："朕心忧、烦劳国家官吏之事，知道他们施政的根本在于修养自身孝悌的德行并以之教化乡里。令各郡县每年正月按旧制赐予孝悌力田者羊酒，如果（去年）有不幸去世者，则赐衣被一袭，并以中牢祭祀。"

汉孝宣帝地节四年春二月诏

（地节四年二月）诏曰："导民以孝，则天下顺。今百姓或遭衰绖凶灾，而吏繇事，使不得葬，伤孝子之心，朕甚怜之。自今诸有大父母、父母丧者，勿繇事，使得收敛送终，尽其子道。"

夏五月，诏曰："父子之亲，夫妇之道，天性也。虽有患祸，犹蒙死而存之。诚爱结于心，仁厚之至也，岂能违之哉……"

《汉书·帝纪第八·宣帝》

【译文】（汉宣帝地节四年二月）皇帝下诏说："国家引导百姓让他们具有孝这种德行，天下就会出现和顺的现象。现在百姓有许多人遇到了丧亲、服丧等凶灾，可是官吏们却以徭役为借口，使他们不能完成丧葬，这种做法伤害了孝子之心，朕心中十分不忍。从今以后如果有祖父母、父母丧亡的，服丧期内不承担国家的徭役，让他们能安心地在家中为父母收殓、送终，以极尽孝子之道。”

夏五月，皇帝下诏说：“父子之间的亲情，夫妇之间的道义，这是天性呀！一旦有祸患，冒死也要让对方存活下来。这正是爱结于心中的表现，是仁厚达到极致的表现，岂能违反呀……”

汉孝宣帝元康元年春三月诏

（元康元年）三月，诏曰：“乃者，凤皇集泰山、陈留，甘露降未央宫。朕未能章先帝休烈，协宁百姓，承天顺地，调序四时，获蒙嘉瑞，赐兹祉福，夙夜兢兢，靡有骄色，内省匪解，永惟罔极。《书》不云乎‘凤皇来仪，庶尹允谐’？其赦天下徒，赐勤事吏中二千石以下至六百石[①]爵，自中郎[②]吏至五大夫[③]，佐史[④]以上二级，民一级，女子、百户牛酒。加赐鳏寡孤独、三老、孝弟、力田帛。所振贷勿收。”

《汉书 · 帝纪第八 · 宣帝》

【简注】①六百石：汉代官阶，太史令、郡丞一般是此官阶。 ②中郎：官名。是郎官的一种，是帝王近侍官。战国时期始设，汉代沿习旧制，秩为比六百石，属光禄勋管辖，汉代改为郎中令。习称为中郎。职责为管理车、骑、门户，担任皇帝的侍卫和随从。 ③五大夫：爵位名，秦、汉二十等爵的第九级。高于二十等爵中第五、六、七级的大夫、官大夫、公大夫，号为“大夫之尊”。汉文帝后，改以五大夫以上始为高爵，然其待遇，仅本家得免役。 ④佐史：汉制地方官署内书佐和曹史的统称。

【译文】（汉宣帝元康元年）三月，皇帝下诏说：“这段时间，凤凰聚集于泰山、陈留，甘露降临于未央宫。朕执政时未能彰显先帝的功绩，让百姓生活和顺，没有很好地顺承天地的法则，调节四时变化，虽然也得到上天降下的祥端，得到了上天的赐福，也曾兢兢业业，不敢有骄纵的颜色，但（朕）内省之后依然迷惑不解，这是朕治政理国还达不到极致的表现。《尚书》不是说‘凤凰降临的时候，是天下万民和顺的时候’吗？因此（朕）下令赦免天下的囚徒，赐勤于政事吏二千石至六百石的官员爵位，自中郎吏始直至五大夫，佐史以上升二级，民升一级，赐女子、百户牛酒。加赐鳏寡孤独、三老、孝悌力田帛。国家所赈贷的东西不再要求收回。”

汉孝宣帝甘露四年诏

（甘露四年）诏曰："乃者凤皇集新蔡，群鸟四面行列，皆乡凤皇立，以万数。其赐汝南太守帛百匹，新蔡长吏、三老、孝弟①、力田、鳏寡孤独各有差。赐民爵②二级。毋出今年租。"

《汉书 · 帝纪第八 · 宣帝》

【简注】①孝弟：汉制乡官的官名。其职责是劝导乡里孝悌敬让，助成风化之事。　②民爵：古时君王赐给民间有功者的爵位。

【译文】（汉宣帝甘露四年）下诏说："这段时间，凤凰集于新蔡，群鸟在四方排列，都向着凤凰所处的地方，其数目以万计。因此赐汝南太守帛百匹，赐新蔡长吏、三老、孝悌、力田、鳏寡孤独，各自根据具体情况进行赏赐。赐百姓民爵二级，免除今年当地的租赋。"

汉孝元帝初元元年夏四月诏

（初元元年）夏四月，诏曰："朕承先帝之圣绪，获奉宗庙，战战兢兢。间者地数动而未静，惧于天地之戒，不知所繇。方田作时，朕忧烝庶之失业，临遣光禄大夫褒等十二人循行天下，存问耆老鳏寡孤独困乏失职之民，延登贤俊，招显侧陋，因览风俗之化。相守二千石诚能正躬劳力，宣明教化，以亲万姓，则六合之内和亲，庶几乎无忧矣。《书》不云乎'股肱良哉，庶事康哉'！布告天下，使明知朕意。"

又曰："关东今年谷不登，民多困乏。其令郡国被灾害甚者毋出租赋。江海陂湖园池属少府者以假贫民，勿租赋。赐宗室有属籍者马一匹至二驷，三老、孝者帛五匹，弟者、力田三匹，鳏寡孤独二匹，吏民五十户牛酒。"

《汉书 · 帝纪第九 · 元帝》

【译文】（汉元帝初元元年）夏四月，皇帝下诏说："朕承继先帝的恩泽，得以奉祀宗庙，心中始终战战兢兢，害怕有负先帝的倚重。即位之后，天下曾有数次出现地震，到现在天地声威的余波尚未平静，（朕）惧于天地的警诫，却不知道是哪里出现问题。现在正是农耕作业的时间，朕心忧百姓黎庶出现流离失所的现象，派遣光禄大夫褒等十二人巡行天下，询问各地老人及鳏寡孤独和不得意的百姓，招览天下贤秀，去揭露、显现鄙陋的习俗（并使百姓革除陋习），以便观览天下风俗的变化。诸侯的相国和郡县的太守是职奉二千石的官吏，他们如果能诚心、廉洁、公正地处理国家的政事，宣明国家的政令，并且教化百姓，亲近万民，那么天下六合之内就会出现和美和顺的局面，国家也就没有什么忧患了。《尚书》不也说‘国家贤良股肱之士，会使天下出现安康富庶的现象’吗？将这道诏令下达全国，让天下百姓知道朕的意思。”

又下诏说：“关东地区今年谷物的收获不好，百姓多有困乏。关东郡国是受到自然灾害比较严重的地区，这一地区不再征收今年的租赋。江边、海边、陂地、湖园、池塘属于少府（即宗室、大族）的可以租借给贫民，不收取租赋。赐给有依附百姓的宗室马一匹至二驷，赐给三老、孝悌者每人帛五匹，力田者每人帛三匹，赐给鳏寡孤独者帛二匹，赐管理百姓五十户的吏员以牛酒。

汉孝元帝初元五年夏四月诏

（初元五年）夏四月，有星孛于参①。诏曰：“朕之不逮，序位不明，众僚久旷，未得其人，元元②失望。上感皇天，阴阳为变，咎流万民，朕甚惧之。乃者关东连遭灾害，饥寒疾疫，天不终命。《诗》不云乎‘凡民有丧，匍匐救之’③？其令大官毋日杀，所具各减半。乘舆秣马，无乏正事而已。罢角抵④、上林宫馆希御幸者、齐三服官、北假田官、盐铁官、常平仓⑤。博士弟子毋置员，以广学者。赐宗室子有属籍者马一匹至二驷，三老、孝者帛，人五匹，弟者、力田三匹，鳏寡孤独二匹，吏民五十户牛酒。省刑罚七十余事。除光禄大夫以下至郎中保父母同产之令。令从官、给事⑥、宫司马中者，得为大父母、父母、兄弟通籍⑦。”

《汉书·帝纪第九·元帝》

【简注】①参：古时的星宿名。古时的天文学家按宿的位置制定地理位置，参三星居西方七宿之末，占度为十，是二十八宿之一。 ②元元：即指代百姓、黎民。 ③“凡民有丧，匍匐救之”句：语出《诗经·邶风·谷风》。④角抵：是我国秦汉之际出现的竞技类活动，可以追溯到上古时代。秦始皇统一中国后，禁止民间私藏兵器，于是徒手相搏斗的“角抵”兴盛起来。汉延秦风并加以变化，称之为“蚩尤戏”，即两个人在公开场合表演的竞技活动。⑤常平仓：中国古时为调节粮价、储粮备荒以供应官需民食而设置的粮仓。⑥给事：古代稽察衙门政事的官员。 ⑦通籍：谓记名于门籍，可以进出宫门。是一种尊奉老人的制度。

【译文】（汉元帝初元五年）夏四月，有彗星出现在天上的参位。下诏说：“朕处理政事有许多不足之处，对许多政事的处理把握不住轻重，使得许多官员耽于政事，没有为国家选好合适的治国理政之才，让百姓们十分失望。这种施政方式也触动了上天，致使天下阴阳出现变幻，国家出现了许多流离失所的百姓，朕心中十分惊惧。这段时间关东地区接连出现自然灾害，百姓饥寒交迫、疾疫相加，有许多人亡于非命。《诗经 · 邶风 · 谷风》中不是说‘对于一个国家来说，凡是出现百姓的丧乱，国家就要尽全力去拯救他们’吗？令执掌刑法的官员不要每日只知道用杀伐来处理政事，所采用的刑罚在量刑上要减半。宫中、府中的乘舆及军中的粮草，只要不馈乏于正事即可。罢除角抵之戏，罢除上林苑为宫中所备的御幸者，罢除齐三服官、北假田官、盐铁官等官职，去除常平仓。博士子弟不再设额定人员，用来扩充学者的队伍。赐给有百姓依附的宗室马一匹至二驷，赐给三老、孝顺父母的人每人帛五匹，赐给友悌兄弟者、力田者每人帛三匹，鳏寡孤独的人每人帛二匹，赐给管理五十户百姓的吏员牛酒。去除（不合理的）刑罚七十余条，去除光禄大夫以下至郎中‘保父母同产’这一法令。令举荐孝廉的官员扩充至从官、给事、官司马等人，允许祖父母、父母、兄弟通籍。”

汉孝元帝永光二年春二月诏

（永光）二年春二月，诏曰：“盖闻唐虞象刑[①]而民不犯，殷周法行而奸轨服。今朕获承高祖之洪业，托位公侯之上，夙夜战栗，永惟百姓之急，未尝有忘焉。然而阴阳未调，三光暗昧，元元大困。流散道路，盗贼并兴，有司又长残贼，失牧民之术。是皆朕之不明，政有所亏，咎至于此，朕甚自耻。为民父母，若是之薄，谓百姓何！其大赦天下，赐民爵一级，女子百户牛酒，鳏寡孤独、高年、三老、孝弟、力田帛。”

《汉书 · 帝纪第九 · 元帝》

【简注】①象刑：相传上古无肉刑，仅采用穿不同的服饰对犯人加以侮辱，谓之象刑。

【译文】（汉元帝永光）二年春二月，下诏说：“（朕）曾经听说上古时圣王唐虞采用‘象刑’百姓便不触犯法则，殷、周法行公正，于是奸佞、浮滑之徒便臣服于国家法令。现在朕承继了高祖皇帝的正统洪业，地位在公侯之上，时刻战战兢兢（唯恐有负于上天所托），心中时刻想着百姓的疾苦，不敢有丝毫的懈怠。然而现在天地间阴阳失调，日、月、星三光的预示隐晦难明，百姓陷于困顿之中。百姓们流离失所，失散于道路，盗贼乘机蜂起，而处理这些事情的官吏长于捕灭盗贼，却短于治政理民。这些都是因为朕施政不明，致使政令有所亏耗，（朕）心中十分内疚，认为这是令自己感到耻辱的事。作为国家的牧守、百姓的父母，如果对待百姓刻薄，那么百姓又如何生存下去呢？下令大赦天下，赐百姓民爵一级，赐女子百户牛酒，赐鳏寡孤独和年高德劭的人、三老、孝悌、力田者帛。

汉孝元帝建昭四年夏四月诏

（建昭四年）夏四月，诏曰："朕承先帝之休烈，夙夜栗栗，惧不克任。间者阴阳不调，五行失序，百姓饥馑，惟烝庶之失业。临遣谏大夫[①]博士[②]赏等二十一人循行天下存问耆老鳏寡孤独乏困失职之人，举茂材[③]特立之士。相将九卿，其帅意毋怠，使朕获观教化之流焉。"

《汉书 · 帝纪第九 · 元帝》

【简注】①谏大夫：秦代始设的官职，位御史大夫之下，汉沿秦制，以备国事顾问。 ②博士：古代学官名。战国时有博士之说，秦一统后沿用，诸子、诗赋、术数、方伎皆立博士。汉文帝时置博士，武帝时设置"五经"博士，其职责是教授、课试，或奉使、议政。晋代设置国子博士。唐代有太学博士、太常博士、太医博士、律学博士、书学博士、算学博士等，皆教授官（即学官）。明清沿用，稍有不同。 ③茂材：才德优异的士子。

【译文】（汉元帝建昭四年）夏四月，皇帝下诏说："朕承继了先帝的宏业，时刻战战兢兢，始终害怕不能胜任。然而现在天地间阴阳失调，五行失序，百姓饥馑，许多百姓已流离失所。（朕）派遣谏大夫及博士等二十一人巡行天下，去慰问天下年老且有德行的人、鳏寡孤独的人、陷于困顿流离失所的百姓，举荐才德优异的士子，以及特立独行的贤良之士。丞相、九卿等各级官员，都不要怠慢于此事，使朕能够看到国家因推行教化而得到的成绩。"

汉孝元帝建昭五年春三月诏

（建昭五年）春三月，诏曰："盖闻明王之治国也，明好恶而定去就，崇敬让而民兴行，故法设而民不犯，令施而民从。今朕获保宗庙，兢兢业业，匪敢解怠，德薄明暗，教化浅微，《传》不云乎 '百姓有过，在予一人'？其赦天下，赐民爵一级，女子百户牛酒，三老、孝弟、力田帛。"

《汉书 · 帝纪第九 · 元帝》

【译文】（汉元帝建昭五年）春三月，皇帝下诏说："（朕）曾经听说圣明的君王治理国家时，因为明白世人的好恶，于是便制定下施政的方法；提倡崇敬礼让的风俗，百姓便会遵行礼让之风，因此国家虽有法令百姓却不会触犯，政令下达后百姓莫不服从。现在朕承继宗庙克成大统，（每日）兢兢业业，不敢丝毫怠慢，可是由于朕的德行浅薄，使得政事处理不明，使得国家的教化效果收效甚微。《左传》中不是曾说‘百姓如果有过错，那么错误只在于君主一人’吗？现在朕令赦天下，赐天下民爵一级，赐女子百户牛酒，赐三老、孝悌、力田者帛。”

汉孝成帝阳朔四年春正月诏

（阳朔）四年春正月，诏曰：“夫《洪范》[①]八政[②]，以食为首，斯诚家给刑错[③]之本也。先帝劭农[④]，薄其租税，宠其强力，令与孝弟同科……其令二千石勉劝农桑，出入阡陌，致劳来之……”

《汉书 · 帝纪第十 · 成帝》

【简注】①《洪范》：是《尚书》中的篇名。旧时认为此文是箕子向周武王陈述的“天地之大法”。近代考证此文系春秋或战国后期儒者所作。 ②八政：《尚书 · 洪范》载为“食、货、祀、司空、司徒、司寇、宾、师”。③刑错：也写作刑措、刑厝。即放置刑法不用的意思。 ④劭农：即劝农，指鼓励农业生产。

【译文】（汉成帝阳朔）四年春正月，皇帝下诏说：“《尚书 · 洪范》中记录了八种治国政令，其中以食最为重要，因为它是家庭自足与人不犯禁的根本。先帝十分重视农业，（多次）下令薄收租税，以使地力恢复、百姓生息，并且（力田）与孝悌同为荐举和恩赐的科目……令俸禄二千石的官员劝勉农桑，要经常出没于田间地头，去慰问那些孝悌力田的人……”

汉孝成帝建始元年春二月诏

（建始元年二月）赐诸侯王、丞相、将军、列侯[①]、王太后、公主、王主[②]、吏二千石黄金，宗室诸官吏千石以下至二百石及宗室子有属籍者、三老、孝弟、力田、鳏寡孤独钱帛，各有差，吏民五十户牛酒。

《汉书 · 帝纪第十 · 成帝》

【简注】①列侯：爵位名。秦始以二十等爵赏有功于国家的人，秦代名为彻侯。汉承秦制，汉武帝时为避武帝讳，改为通侯，又改列侯。金印紫绶，有

封邑，可食租税。 ②王主：汉代对诸侯王之女的称谓。

【译文】（汉成帝建始元年二月诏）赐给诸侯王、丞相、将军、列侯、王太后、公主、王主、二千石职俸的官吏黄金，宗室内千石以下官吏至二百石以上官吏以及在宗室内有属籍的人、三老、孝敬父母的人、友悌兄弟的人、努力耕田的人、鳏夫、寡妇、孤独贫弱的人，按不同情况赐予不等的钱帛，吏民每五十户赐给牛酒。

汉孝成帝建始三年春三月赦

（建始）三年春三月，赦天下徒。赐孝弟力田爵二级。诸逋租赋所赈贷勿收。

《汉书 · 帝纪第十 · 成帝》

【译文】（汉成帝建始）三年春三月，赦免天下罪囚。赐孝敬父母的人、友悌兄弟的人、努力耕田的人民晋爵二级，不再收取这些人的租赋，国家给他们提供赈贷。

汉孝成帝河平四年春正月赦

（河平四年春正月）赦天下徒。赐孝弟力田爵二级，诸逋租赋所赈贷勿收。

《汉书 · 帝纪第十 · 成帝》

【译文】（汉成帝河平四年春正月）赦免天下罪囚。赐孝敬父母的人、友悌兄弟的人、努力耕田的人民晋爵二级，不再收取这些人的租赋，国家给他们提供赈贷。

《前汉纪》四则

汉高祖元年夏五月丙午诏

（汉元年）夏五月丙午，诏曰："人之至亲，莫大于父。故父有天下，传归于子，子有天下，尊归于父，此人道之极也。朕平暴乱以安天下，斯皆太公之教训也，尊太公为太上皇。"

《前汉高祖皇帝纪 · 卷第三》

【译文】（汉元年）夏五月丙午这一天，皇帝下诏说："人的至亲，没有超过父亲的。因此父辈得到天下，传给儿子，儿子得到天下，要尊奉父亲，这是人伦之道达到极致的表现。朕平复天下的暴乱使国家回复安宁，做这些事情都是我父亲太公当年教育我的，因此（朕得到天下）尊太公为太上皇。”

汉孝宣帝元康四年春三月诏

（元康四年）三月诏曰：“乃者神雀五采以万数，集长乐、未央北宫、高寝甘泉泰畤殿中，及上林苑。朕之不逮，寡于德厚，屡获嘉祥，非朕之任。其赐天下吏民爵，女子百户牛酒，三老、孝弟、力田、鳏寡孤独各有差。”

《前汉孝宣皇帝纪 · 卷第十八》

【译文】（元康四年）三月，下诏说：“这段时间，身披五彩的神雀数以万计聚于长乐、未央北宫、高寝、甘泉、泰畤殿和上林苑中。朕并没有什么大的功绩，德行也不厚，却屡次得到上天的嘉端和赐福，这种情况让朕心中十分不安。因此朕决定赐天下的官吏晋职爵二级，民晋爵一级，女子百户赐牛酒，给予三老、孝悌、力田、鳏寡孤独不等的赏赐。”

汉孝宣帝甘露三年春二月诏

（甘露三年二月）诏曰：“乃者凤皇集新蔡，众鸟四面行列而立以万数。其赐汝南太守帛百匹，新蔡长吏、三老、孝弟、力田、鳏寡孤独帛各有差，赐吏民爵二级，无出今年租。”

《前汉孝宣皇帝纪 · 卷第二十》

【译文】（汉宣帝甘露三年二月）下诏说：“这段时间，凤凰集于新蔡的时候，群鸟在四方排列，其数目以万计数。因此赐汝南太守帛百匹，赐新蔡长吏、三老、孝悌、力田、鳏寡孤独各不相等的帛。赐百姓民爵二级，免除今年当地的租赋。”

汉孝元帝初元元年夏四月诏

（初元元年夏四月）诏：“国被灾害甚者，无出今年租赋。江、淮、陂、湖、园池，以贷贫民，勿收租税。赐宗室属籍者马一匹至二驷[①]，孝弟力田鳏寡孤独帛，吏民五十户牛酒。”

《前汉孝元皇帝纪 · 卷第二十一》

【简注】①二驷：古代同驾一辆车的四匹马，或套着四匹马的车。

【译文】（汉元帝初元元年夏四月）皇帝下诏说：“国家受到灾害的人相

当多，百姓不要再向国家缴纳今年的租赋。地处江、淮、陂、湖、园地等处的闲置土地，要求各地官员要以赈贷的方式去安置贫苦百姓，不要向他们收取租税。赐给宗室属籍的人马一匹至二驷，赐给孝敬父母的人、友悌兄弟的人、努力耕作的人、鳏夫、寡妇、孤独贫弱的人帛，以奖励、优恤他们，赐给吏民五十户牛酒。”

《后汉纪》一则

汉光武帝建武元年正月丙申诏

（建武元年正月丙申）诏曰：“世以厚葬为德，薄终为鄙，至于富者奢僭，贫者单财，法令不能禁，礼义不能止，仓卒乃知其咎。其布告天下，令知忠臣、孝子、慈兄、悌弟薄葬送终之义。”

《后汉光武皇帝纪 · 卷第六》

【译文】（汉光武帝建武元年正月丙申这一天）下诏说：“自古就以厚葬为美德，以薄葬为鄙事，至于说富有的人丧葬之时好僭越于礼法，穷困者缺少钱财（不能尽礼），法令和礼义都无法禁止，丧葬这样的事仓促去做才知道自己厚葬奢靡的错误。现在布告天下，让忠臣、孝子、慈父、孝悌之人懂得薄葬送终的深义。”

《后汉书》八则

汉孝明帝中元二年夏四月诏

（中元二年）夏四月丙辰，诏曰：“予末小子，奉承圣业，夙夜震畏，不敢荒宁。先帝受命中兴，德侔帝王，协和万邦，假于上下，怀柔百神，惠于鳏寡。朕承大运，继体守文，不知稼穑之艰难，惧有废失。圣恩遗戒，顾重天下，以元元为首。公卿百僚，将何以辅朕不逮？其赐天下男子爵，人二级；三老、孝悌、力田，人三级；爵过公乘①，得移与子，若同产②、同产子③；及流人无名数欲自占者，人一级……”

《后汉书 · 帝纪第二 · 显宗孝明帝》

【简注】①公乘：王室或诸侯国的兵车。 ②同产：这里指同父异母的兄弟。 ③同产子：这里指同父异母的兄弟所生的子女。

【译文】（汉孝明帝中元二年）夏四月丙辰这一天，皇帝下诏说："（朕）是年轻的晚辈，奉先帝之命承继大业，每日战战兢兢心中不安，不敢有一丝一毫地懈怠，不敢贪求安逸。先帝受上天的意旨中兴国家，其德行可以和上古帝王相媲美，他协和万邦，通达上下，恭敬地奉祀众神，施恩泽及至鳏寡之人。朕承继大业，将继续奉行先帝所建立的法令制度，以文德来治理天下，因为（朕）生于皇家，不知道稼穑的艰难，治国理政唯恐出现失误。先帝所遗留的恩泽、律令，可以普照天下，并以百姓之事为首务。百官公卿将用什么样的方法来辅佐朕治理天下、指出朕的不足之处？赐给天下男子爵位每人晋爵二级，赐三老、孝悌力田者每人晋爵三级，赐予的爵位超过公乘，可以让爵位给儿子或同父异母的兄弟、或同父异母的兄弟之子，赐那些没有文簿记录的流民想要自行归于民户者，每人晋爵一级……"

汉孝明帝永平十七年制

（永平十七年）制曰："天生神物，以应王者；远人慕化，实由有德。朕以虚薄，何以享斯？唯高祖、光武圣德所被，不敢有辞。其敬举觞，太常[①]择吉日策告宗庙。其赐天下男子爵，人二级；三老、孝悌、力田，三级；流人无名数欲占者，人一级；鳏、寡、孤、独、笃[②]、癃[③]、贫不能自存者粟，人三斛；郎、从官[④]视事十岁以上者，帛十匹。中二千石[⑤]、二千石下至黄绶[⑥]，贬秩奉赎，在去年以来皆还赎。"

《后汉书 · 帝纪第二 · 显宗孝明帝》

【简注】①太常：中国古时朝廷职掌宗庙礼仪的官员，原名为奉常，汉景帝时改名为太常。掌管礼乐、社稷宗庙的祭祀时的礼仪。 ②笃：这里指病情沉重的人。 ③癃：指年老体弱后多病的人。 ④从官：指君王的随从、近臣。 ⑤中二千石：汉代的官秩名，"中"的意思是"满"，即实得二千石，月俸为一百八十斛。这一职位在真二千石、二千石、比二千石之上。汉代太常、光禄勋、卫尉、太仆、廷尉等有此官秩。 ⑥黄绶：古时官员系官印的黄色丝带，借指官吏或官位。

【译文】（汉孝明帝永平十七年）皇帝下制说："上天恩赐降下神物，是为了感观帝王之位；远方的人感慕教化，是因为皇帝有德行。朕的德行浅薄，如何能享有这种赞颂？只是因为被高祖皇帝、光武皇帝的恩泽所披照的原因，（上天才得以降下神物，）其他不敢有什么说辞。因此（朕）恭敬地举杯去祝酒，并让太常去选择吉日祭告祖先、告慰祖庙。令：赐天下男子爵位每人二级，三老、孝悌力田每人三级，流人中无户籍的想要登记的人每人赐爵一级，鳏夫、寡妇、孤弱、独身、病重、年老体弱后多病的人每人赐粮三斛；赐郎官、从官任职十年以上的官员每人帛十匹，中二千石、二千石以下至黄绶官员，在去年遭贬职的官员并处以钱帛赎罪的人，全部归还其赎罪的钱物。”

汉孝章帝建初七年秋八月甲辰诏

（建初七年）秋八月，饮酎高庙，禘祭[①]光武皇帝、孝明皇帝。甲辰，诏：“《书》云‘祖考来假’，明哲之祀。予末小子，质又菲薄，仰惟先帝烝烝之情，前修禘祭，以尽孝敬。朕得识昭穆之序，寄远祖之思。今年大礼复举，加以先帝之坐，悲伤感怀！乐以迎来，哀以送往，虽祭亡如在，而空虚不知所裁，庶或飨之。岂亡克慎肃雍之臣，辟公之相，皆助朕之依依。今赐公钱四十万，卿半之，及百官执事各有差。”

《后汉书·帝纪第三·肃宗孝章帝》

【简注】①禘祭：古时对天神、祖先的大祭。

【译文】（汉章帝建初七年）秋八月，皇帝在高祖庙前进献醇酒，以祭祀光武皇帝、孝明皇帝。甲辰这一天，皇帝下诏书说：“《尚书》中说‘祖考来到’，这是明哲的祭祀。朕只是一个后生小辈，资质浅薄、德行不高，朕抬头追思先帝淳厚的性情（心中感慨无限），于是对先帝进行祭祀，以尽自己的孝敬之心。朕能够识别昭穆的排序，并以此寄托对远祖的思念。今年祭祀大礼恢复，再加上先帝神位的安放，心中的悲伤不可抑止。（朕）心中欢快地将先帝的神位迎回，却又悲伤地将其送回去，虽然祭祀先帝时犹如先帝同在一样，但心中的空虚却不知道如何处理，也许先帝的亡灵会来享用（朕）的献祭。如何说没有恭敬和顺臣子呢？那些诸侯公卿都来助祭，都和我一样有依依不舍的感觉。现在赐予有公爵爵位的臣子钱四十万，赐予卿钱二十万，办事排官各据职守，所赐有所差别。”

汉孝章帝元和元年十二月壬子诏

（元和元年）十二月壬子，诏曰：“《书》云：‘父不慈，子不祗，兄不友，弟不恭，不相及也。’[①]往者妖言大狱，所及广远，一人犯罪，禁至三属，莫得垂缨[②]仕宦王朝。如有贤才而没齿无用，朕甚怜之，非所谓与之更始也。诸以前妖恶禁锢者，一皆蠲除之，以明弃咎之路，但不得在宿卫而已。”

《后汉书 · 帝纪第三 · 肃宗孝章帝》

【简注】①父不慈，子不祗，兄不友，弟不恭，不相及也：语出《尚书 · 康诰》。　②垂缨：垂下冠带，古时臣下朝见君王时的装束，借指出任官职。

【译文】（汉孝章帝元和元年）十二月壬子这一天，皇帝下诏说：“《尚书》上说：‘父亲不慈爱，儿子不孝敬，兄长不友爱，弟弟不恭敬，这是祸患的根源。’以往（朕）听信谣言以致酿成了大狱，牵涉到了许多官员，以至于一人获罪，全家被监禁，犯官的家庭成员不得在朝为官。那怕是世间的贤才也会因此而被牵连终身，以至于等到白发丛生也得不到国家的任用，朕心中十分怜惜他们，以往的处理方法并不是能让这些人重新开始的方式。（因此）许多因以往的谣言而获罪、被监禁的人，全部免除他们的罪行，只要让他们申明抛弃以往的错误就可以，只是不得让这些人担任宿卫。”

汉孝章帝元和二年春二月丙辰诏

（元和二年春二月）丙辰，东巡狩。己未，凤皇集肥城，乙丑，帝耕于定陶。诏曰：“三老，尊年也；孝悌，淑行也；力田，勤劳也。国家甚休之。其赐帛人一匹，勉率农功。”使使者祠唐尧于成阳灵台[①]。

《后汉书 · 帝纪第三 · 肃宗孝章帝》

【简注】①灵台：郭缘生《述征记》曰：“成阳县东南有尧母庆都墓，上有祠庙。尧母陵俗亦名灵台大母。”

【译文】（汉孝章帝元和二年春二月）丙辰这一天，皇帝到东方巡狩。己未，（臣子报祥瑞说）凤凰云集于肥城。乙丑，皇帝在定陶行“籍田礼”，并下地耕田，下诏说：“三老这一职位，是为尊奉年高德劭的人而设立的；孝悌这一职位，是为表彰德行良好的人而设立的；力田这一职位，是为了奖励辛勤劳作的人而设立的。国家要提倡、表彰这些行为，现在对这样的人每人赐予帛一匹，以勉励他们能更好地垂范于民，更好地带头从事农业耕作。”颁布诏书之后，派遣使者在成阳的灵台祭祀唐尧。

汉孝安帝元初四年秋七月诏

（东汉孝安帝元初四年秋七月）京师及郡国十雨水。诏曰：“……《月令》：'仲秋养衰老，授几杖，行糜粥。'方今案比之时，郡县多不奉行，虽有糜粥，糠秕相半。长吏怠事，莫有躬亲，甚违诏书养老之意。其务崇仁恕，赈护寡独，称朕意焉。"

《后汉书 · 帝纪第五 · 孝安帝》

【译文】（东汉孝安帝元初四年秋七月）京师和十个郡国受到雨水侵扰，皇帝下诏说："……《月令》上说：'仲秋是奉养老人的季节，这个季节要授给国家老人几杖，要赐给老人肉糜、粥之类的食品以奉养老人。'可是现在检验人口时发现，许多郡县却不奉行这一制度，虽然也有糜粥之类的食品赐给老年人，但是却和糠、秕相伴。有些令长、吏目怠于政事，没有亲自去做这件事，这是违反诏书中国家养老的旨意的。各级官员一定要以仁恕施政的标准，去赈济那些老弱、鳏寡、孤独的人，以满足朕治理国家的心愿。"

汉孝明帝永平元年加恩阴兴子阴庆诏

永平元年诏曰："故侍中[①]卫尉[②]关内侯兴……辅道朕躬，有周昌之直，在家仁孝，有曾、闵之行。不幸早卒，朕甚伤之。贤者子孙，宜加优异，其以汝南之鲖阳封兴子庆为鲖阳侯……"

《后汉书 · 列传第二十二 · 阴识》

【简注】①侍中：秦代时始设，原为少府属下宫官，是直接由皇帝所指派的散职。西汉初成为正规官职外的加官，文武大臣加上"侍中"的名号就可入禁中受事。汉武帝后，此职的地位渐高，魏晋以后，侍中往往成为事实上的宰相。　②卫尉：秦代始设，是九卿之一。汉承秦制，是统率卫士守卫宫禁之官员，多由武职担任。汉景帝时一度将其改名"中大夫令"，东汉时仍称卫尉。此时指卫将军。

【译文】（汉明帝）永平元年皇帝下诏说："已故的侍中卫尉关内侯（阴）兴……辅助朕治理天下，他的性格像周昌那样直爽，他在家中有仁孝的行止，有曾参、闵子骞那样的孝行。现在他不幸过早去世，朕心中十分伤感。对于贤能者的子孙，应该给予优异的侍遇，以汝南的鲖阳为封地封（阴）兴的儿子（阴）庆为鲖阳侯……"

汉孝和帝永元九年诏

（后汉和帝永元九年）追尊恭怀皇后。其冬，制诏三公、大鸿胪[①]曰：

"夫孝莫大于尊尊亲亲，其义一也。《诗》云：'父兮生我，母兮鞠我，抚我畜我，长我育我，顾我复我，出入腹我。欲报之德，昊天罔极。'朕不敢兴事，览于前世，太宗、中宗，寔有旧典，追命外祖，以笃亲亲。其追封谥皇太后父竦为"褒亲愍侯"，比灵文、顺成侯。魂而有灵，嘉斯宠荣，好爵显服，以慰母心。"

《后汉书 · 列传第二十四 · 梁竦》

【简注】①大鸿胪：古代官职名称。主要职掌诸侯及少数民族事务。秦代和汉代初年本名"典客"，是为九卿之一。汉景帝中元六年时，改名为"大行令"。汉武帝太初元年始改名大鸿胪。因所辖事务是诸王入朝朝贡、封拜诸侯及少数民族首领等事，其职掌多与礼仪有关，西汉末成为赞襄礼乐之官，东汉时此官的全称为"大鸿胪卿"。

【译文】（东汉和帝永元九年）皇帝追尊恭怀皇后。到了冬天，下诏给三公、大鸿胪说："孝这一德行没有比尊奉尊长、亲和亲人更大的，这只是其中的一种含义。《诗经 · 小雅 · 蓼莪》中说：'父兮生我，母兮鞠我，抚我畜我，长我育我，顾我复我，出入腹我。欲报之德，昊天罔极。'朕不敢超越以往的旧制，向前世看，太宗、中宗时期，已有惯例，追奉外祖，以显示笃爱亲属。因此追封、追谥皇太后的父亲梁竦为'褒亲愍侯'，其仪制可比于灵文侯、顺成侯。（外祖、皇太后的）灵魂如果知道，一定会对种荣宠感到高兴，给予（外祖家族）高的爵位和好的仪服，以此来慰藉皇太后。"

《资治通鉴》一则

汉孝宣帝神爵四年夏四月赐爵黄霸关内侯诏

（神爵四年）夏四月，诏曰："颍川太守霸①，宣布诏令，百姓乡化，孝子、弟弟、贞妇、顺孙日以众多，田者让畔，道不拾遗，养视鳏寡，赡助贫穷，狱或八年亡重罪囚，其赐爵关内侯②、黄金百斤、秩中二千石。而颍川孝、弟、有行义民、三老、力田皆以差赐爵及帛。"

宋 · 司马光《资治通鉴 · 卷十九 · 中宗孝宣皇帝下》

【简注】①黄霸：生于公元前130年，卒于公元前51年。字次公，淮阳阳夏人。汉武帝末以待诏入钱补侍郎谒者，宣帝即位，召为廷尉正，守丞相长史。下狱，出举贤良，擢扬州刺史，迁颍川太守，治为天下第一。征为太子太傅，后迁为御史大夫。五凤三年代丙吉为丞相，封建成侯。甘露三年卒，谥号为“定”。 ②关内侯：秦汉时的爵位名，秦代始置，是为二十等级之第十九级，其爵位在于彻侯之下。有其爵号，无国邑封赠。

【译文】（汉宣帝神爵四年）夏四月，皇帝下诏说：“颍川太守黄霸，宣布国家的诏令，教化颍川的百姓，使他们安居乐业、移风易俗，使其风俗敦厚，使颍川孝敬父母的子女、友悌兄弟的兄弟、贞洁的妇女、崇奉长辈的子孙日益增多。耕田的人互让田畔，道不拾遗，奉养老人、关心鳏寡、赡助贫穷的百姓成为当地的风俗，境内已经有八年没有出现刑狱案件或犯罪的重囚，因此赐其为关内侯，赏黄金百斤，官阶为中二千石。颍川凡是孝敬父母、友悌兄弟，以及有忠诚信义品性的义民、三老、努力耕田的人，都要依据不同的情况赐予他们爵位或帛。”

二、举孝廉

《汉书》五则

汉孝武帝元朔元年冬十一月诏

元朔元年冬十一月，诏曰："公卿大夫所使总方略，一统类，广教化，美风俗也。夫本仁祖义，褒德禄贤，劝善刑暴，五帝三王所繇昌也。朕夙兴夜寐，嘉与宇内之士臻于斯路。故旅耆老，复孝敬，选豪俊，讲文学，稽参政事，祈进民心，深诏执事，兴廉举孝，庶几成风，绍休圣绪。夫十室之邑，必有忠信[①]；三人并行，厥有我师。今或至阖郡而不荐一人，是化不下究，而积行之君子雍于上闻也。二千石官长纪纲人伦，将何以佐朕烛幽隐，劝元元厉烝庶，崇乡党之训哉？且进贤受上赏，蔽贤蒙显戮，古之道也。其与中二千石、礼官[②]、博士议不举者罪。"

《汉书·帝纪第六·武帝》

【简注】①十室之邑，必有忠信：语出《论语·公冶长》："子曰：'十室之邑，必有忠信如丘者焉，不如丘之好学也。'" ②礼官：主管礼仪的官员或掌礼仪教化的官员。

【译文】（汉武帝）元朔元年冬十一月，皇帝下诏说："公卿大夫在行使和制定一个方面总的方略时，要统一方向，对百姓广施教化，以美化国家的风俗。仁政义行本来就是先祖施政时所倡导的，使有德行的人得到爵位和俸禄，劝人向善，惩治罪恶，是五帝三王所共同提倡的事情。朕日夜所思考的，是如何嘉奖国家的士人以坚守这条道路。因此，加惠年高德劭者，优崇孝敬友悌者，选取天下的豪杰俊才，选取天下有文学修养的人，让他们参予政事，以求得到民心，以便让官吏更好地去执行国家的政令，形成兴廉举孝的风气，以承接先王、圣贤的先进的思想。十室之邑，必有忠信；三人并行，定有我师。现在的情况却是有的郡一个人也不举荐，这就会导致国家有关教化的诏旨下达不下去，而君子积行积德的行为也因此无法上达。二千石以上的官吏有整顿纪纲、端正人伦的职责，如果这种现象持续下去，将如何辅佐朕，让朕知道国家行政的得失？如何让天下百姓去崇信乡党之训？而且推荐贤才会受到国家的奖赏，蒙弊贤才将会受到处罚，这是自古以来的道理。（诏令）郡及二千石官员、负责礼的官员、博士不举荐孝廉、贤才将获罪。”

汉孝平帝元始四年春正月诏

（元始四年春正月）诏曰：“盖夫妇正则父子亲，人伦定矣。前诏有司复贞妇，归女徒，诚欲以防邪辟，全贞信。及眊悼[①]之人刑罚所不加，圣王之所制也。惟苛暴吏多拘系犯法者亲属，妇女老弱，构怨伤化，百姓苦之。其明敕百寮，妇女非身犯法，及男子年八十以上七岁以下，家非坐不道，诏所名捕，它皆无得系。其当验者，即验问。定著令。”

《汉书 · 帝纪第十二 · 平帝》

【简注】①眊悼：老年与幼年。语出《礼记 · 曲礼上》：“八十、九十曰耄，七年曰悼。”

【译文】（汉平帝元始四年春正月）皇帝下诏说：“（朕）听说一家之中夫妇关系正常，父子之间的关系就会亲近，人伦大节也就得以确定。前段时间诏令相关司衙去表彰贞妇，召回流徙的女囚，这是为了防范淫邪之类的事情发生，以全百姓贞信的做法。至于对年纪在八十岁以上、七岁以下的人不加刑法，这是圣王所制定的律法。只是有些酷官恶吏在处理政事时，经常多拘犯法人的家属、亲眷，使得妇女老弱积聚怨气因而大伤风化，百姓们深以为苦。现在明确敕令百官，妇女如果不是以身犯法，及男子八十岁以上、七岁以下，只要不是犯了连坐的律法，不得拘捕，除诏令中所列之外，其他皆不得拘捕。其中如果有需要验查的，即当面验查。这一诏令即定为国家的法令。

汉孝宣帝地节三年十一月诏

（地节三年）十一月，诏曰：“朕既不逮，导民不明，反侧晨兴，念虑万方，不忘元元，唯恐羞先帝圣德。故并举贤良方正以亲万姓[①]，历载臻兹，然而俗化阙焉。《传》曰：‘孝弟也者，其为仁之本与！’其令郡国举孝弟、有行义闻于乡里者各一人。”

《汉书 · 帝纪第八 · 宣帝》

【简注】①万姓：“万”指天下万方，也就是指天下各地。“姓”指万方之中受国家管理的民户。“百姓”一说，汉代一般不常用，如果出现，一般指世家大族。对于世间的百姓，官方的称呼一般用“元元”“黎庶”“万姓”等词。

【译文】（汉宣帝地节三年）十一月，皇帝下诏说：“正因朕做事考虑的不够周详，导致了百姓对国家的误解，朕早晚思虑，考虑了许多，没有忘记天下的百姓，只是怕羞辱了先帝的圣德。因此，在国家范围内举荐贤良方正来亲和百姓，施行历年来最好的政令，但民俗依然出现缺失。《传》中说：‘孝悌这样的德行，是道德、仁德的根本呀！’因此，下令各郡及各诸侯国都要向国家举荐有孝敬友悌品行、能以信义闻达于乡里的各一人。”

汉孝成帝永始三年春正月诏

（永始）三年春正月己卯晦，日有蚀之。诏曰：“天灾仍重，朕甚惧焉。惟民之失职，临遣太中大夫嘉等循行天下，存问耆老，民所疾苦。其与部刺史举惇朴逊让有行义者各一人。”

《汉书·帝纪第十·成帝》

【译文】（汉成帝永始）三年春正月己卯，天色晦暗，有日食发生。皇帝下诏说：“天灾依然严重，朕心中十分惊惧，派遣太中大夫嘉等人去巡行天下，去慰问国内年高德劭的老人，询问百姓的疾苦。令各部和各州刺史举荐敦朴、逊让且有孝敬、友悌、信义品行的人，各一人入朝。”

汉孝成帝永始三年春二月诏

二月，诏曰：“盖闻圣王之治，以得贤为首。其与大司马①、列侯、将军、中二千石、州牧、守、相举孝弟惇厚能直言通政事，延于侧陋可亲民者，各一人。”②

《汉书·帝纪第十·成帝》

【简注】①大司马：是我国古时对中央政府中专司武职的最高长官的称谓。在夏商周时代，有武事以大司马掌兵，无武事时置大司马负责日常的军事行政事务。西汉初在中央政府中设立太尉，不置司马。汉武帝建元二年罢太尉，元狩四年始置大司马，但只是一种加官或尊号。　②《汉书》颜师古注称：“言有孝弟惇厚直言通政事之人，虽在侧陋，可延致而任者，皆令举之。”

【译文】（汉成帝永始三年）二月，皇帝下诏说：“（朕）听说上古圣王治理天下时，以得到治国理政的贤才为国家的头等大事。令大司马、列侯、将军、实领二千石的官员、各地州牧、郡守、郡相，察举具有孝敬、友悌品行，性格敦厚且能直言敢谏、言语通畅、通晓政事的人，举荐范围可以扩大到乡间里巷等鄙陋之处，各级官员要各自举荐一人。”

《前汉纪》一则

汉孝武帝元朔元年冬十一月诏议

元朔元年冬十有一月，诏曰：“夫十室之邑，必有忠信；三人并行，厥有我师[①]。今或至阖郡不荐一人，是化不下究。而积行之君子，壅于上闻也。且进贤受上赏，蔽贤蒙显戮，古之道也，其议不举贤者罪。”

有司奏议曰：“古者诸侯贡士[②]，一适谓之好德，再适谓之贤贤，三适谓之有功，乃加九锡[③]。不贡士，一则黜爵，二则黜地，三则黜爵地毕。夫附下罔上者死，附上罔下者刑。与闻国政，而无益于民者斥，在上位而不进贤者退，此所以劝善黜恶也。不举孝、不奉诏、当以不敬[④]论。不察廉，不胜任也，当免。”奏可。

《前汉孝武皇帝纪三 · 卷第十二》

【简注】①“三人并行，厥有我师”句：语出《论语 · 述而》。 ②贡士：指地方向中央举荐的士子。 ③九锡：古时天子赐给诸侯、大臣的九种器物，是一种最高礼遇。汉代何休注：“礼有九锡：一曰车马，二曰衣服，三曰乐则，四曰朱户，五曰纳陛，六曰虎贲，七曰宫矢，八曰鈇钺，九曰秬鬯。” ④不敬：汉代罪名之一。

【译文】（汉武帝）元朔元年冬十一月，皇帝下诏说：“十室之邑，必定有忠信之人；三人并行，必有可以教导我的人。现在的情况却是有的郡一个人也不举荐，这是国家的教化或诏旨没有下达的缘故，这种行为会让世间的君子积行积德却无法让国家知道（这是对人才的一种浪费）。而且推荐贤才会受到国家的奖赏，蒙弊贤才将会受到国家的处罚，这是自古以来的道理。令：不举贤才的人将获罪。”

有关司衙奏议说：“古时候诸侯举荐士人，一种情况是看此人否有好的德行，再一种情况是看此人是否是贤能之才，第三种情况是看此人是否有功绩，之后再加以（最高为）九锡的恩赐。对于那些不举荐贤才的官员，一种惩罚措施为削去他的封爵，一种为削他的封地，一种为封爵和封地同时削去。一味听任下面的人做事，自己却欺罔上司，这样的人论罪当死；一味迎合上司，自己却欺罔下属的，这样的人论罪当刑。从政时没有做出对百姓有利事情的官员应罢斥，居于上位却不推荐贤才的人应当退位，这是劝善削恶的好方法。不举孝廉、不奉诏旨，应当定以不敬的罪责。不察举孝廉，是不胜任其职务的表现，应当罢免。”上奏之后，皇帝同意这一奏议。

《后汉书》一则

汉孝安帝永初五年闰月戊戌诏

(永初五年)闰月丁酉，赦凉州河西四郡。戊戌，诏曰：“朕以不德，奉郊庙，承大业，不能兴和降善，为人祈福。灾异蜂起，寇贼纵横，夷狄猾夏，戎事不息，百姓匮乏，疲于征发。重以蝗虫滋生，害及成麦，秋稼方收，甚可悼也。朕以不明，统理失中，亦未获忠良，以毗阙政。《传》曰：‘颠而不扶，危而不持，则将焉用彼相矣。’公、卿、大夫将何以匡救？济斯艰厄，承天诫哉！盖为政之本，莫若得人，褒贤显善，圣制所先。‘济济多士，文王以宁。’思得忠良正直之臣，以辅不逮。其令三公、特进①、侯、中二千石、二千石、郡守、诸侯相，举贤良方正、有道术②、达于政化、能直言极谏之士各一人，及至孝与众卓异者，并遣诣③公车，朕将亲览焉。”

《后汉书 · 帝纪第五 · 孝安帝》

【简注】①特进：官名，始设于西汉末，授予列侯中有特殊地位的人，位在三公之下。 ②有道术：指有道德学问的人。 ③遣诣：汉代官署名，是卫尉的下属机构。公车令，掌管宫殿司马门的警卫，天子之事及征召等事宜，经由此处受理。后以指此类官署。又：汉代以公家车马递送应征的人，后因以“公车”为举人应试的代称。

【译文】(汉孝安帝永初五年)闰月丁酉这一天，赦凉州、河西四郡。戊戌这一天，皇帝下诏说：“朕因为德行不厚，奉侍宗庙、郊祭上天、承继祖宗的大业，不能像先祖那样振兴国家且施惠于万民，为百姓祈福。现在国家灾异四起，盗寇横行，外夷侵扰华夏，兵事连接争斗不息，百姓们生活匮乏，国家疲于征伐。再加上蝗祸滋生，已伤害到正在成熟的麦子，现在正值粮食收获的季节，这种情况实在是令人痛惜。朕处理政事不明智，治理国家出现偏差，没有得到良臣贤相的裨补。《左传》中不是说：'有人跌倒了不去扶，看到他人有危险而不去救助，这样的臣子还用他们做什么？'公卿大夫将用什么样的方法来补救朕的失误，以便帮助国家度过危难，以便免于承受上天的惩戒呀！因此，治理国家的根本在于是否得到治国理政的良才，褒扬善良、奖赐贤能的人，这是圣人制礼的初衷。'有才能的人很多为我所用，文王做到了才能使天下安宁。'（朕）十分迫切地希望得到品行中正的忠臣良将（以便辅助朕），指出（朕）考虑不周的地方。现令三公、特进、侯、中二千石、二千石、郡守、诸侯等官员、宗室推举贤良方正。（要举荐）有道德学问的人、通达政治教化的人、敢于直谏朝政得失者各一人，以及孝敬父母出众的卓越人才，并派遣诣用公车送至京中，朕将亲自考察他们。"

《通典》四则

汉武帝元朔元年诏

元朔元年，又诏曰："夫本仁祖义，篋德禄贤，劝善刑暴，五帝三王所繇昌也。故诏执事，兴廉举孝，庶几成风。夫'十室之邑，必有忠信；三人并行，厥有我师'，今或至阖郡而不荐一人，是化不下究，而积行之君子壅于上闻也。且进贤受上赏，蔽贤蒙显戮，古之道也。其与中二千石、礼官、博士议不举者罪。"

……

有司奏请议曰："古者，诸侯贡士，一适谓之好德，再适谓之贤贤，三适谓之有功，乃加九锡。不贡士，一则黜爵，再则黜地，三则黜爵削地毕矣。夫附下罔上者死，附上罔下者刑，与闻国政而无益于人者斥，在上位而不能进贤者退。其不举孝，不奉诏，当以不敬论。不察廉，为不胜任也，当免。"奏可。

《通典 · 选举一 · 历代制上》

【译文】汉武帝元朔元年，皇帝又下诏说："以仁义为根本是祖宗之法，用篋子记录天下贤才的德行并用官禄去褒奖贤才，以便劝导善行、刑罚凶暴的事，是五帝三王所提倡的。因此诏令执政的官员，在天下提倡廉洁的风气并举荐孝廉，这件事已成为国家的风气。'十室之邑，必有忠信；三人并行，厥有我师'，可是现在有些郡却不向朝廷举荐一人，这是此地教化不去推行的原因，因而使得国家选取贤能、贤良之才的道路被壅堵，贤才于是不被国家所知。并且进荐贤才将受到国家的奖赏，蒙蔽贤才将受到国家的处罚，这是自古以来的制度。令：中二千石官员，持掌礼仪的官员、博士，不举荐贤才都将获罪。”

……

相关司衙奏议说：“自古以来，诸侯选取贤才，一是选取有好的德行的人，二是选取有贤德才能的贤才，三是选取有功的人，这样的人最高可以用加赐九锡的规格去褒扬。不举荐贤能之士，首先罢黜他的爵位，之后废黜他的封地，再次爵位、封地全削。附会下面去作恶欺罔上司的死罪，依附上司欺罔下级官员和百姓的受刑，议论国家大政时提不出益于国家建议的要贬斥，身居高位却不能推举贤才的要摒退。因此不举荐具有孝敬品行的人，不奉诏旨，要以不敬论处。不察举具廉洁品性的人，以不胜任的罪名，免去职务。”这一奏议，皇帝认可。

汉孝惠帝四年诏

（汉）惠帝四年，诏举人孝悌力田者，复其身。

《通典 · 选举一 · 历代制上》

【译文】（汉）惠帝四年，皇帝下诏让（各地）举荐孝敬父母、友悌兄弟、努力耕田的人，免除其赋役。

汉高后元年诏置孝悌官

高后元年，初置孝悌官二千石者一人。

《通典 · 选举一 · 历代制上》

【译文】高后元年，国家开始设置孝悌官一人，职俸为二千石。

汉武帝元光元年诏

（汉武帝元光元年）令郡国举孝廉各一人。（孝，谓善事父母。廉，谓清洁廉隅。）又制：“郡国口二十万以上岁察一人，四十万以上二人，六十万三人，八十万四人，百万五人，百二十万六人；不满二十万，二岁一人；不满十万，三岁一人。限以四科：一曰德行高妙，志节清白；二曰学通行修，经中博士；三曰明习法令，足以决疑，能按章覆问，文中御史；四曰刚毅多略，遭事不惑，明足决断，材任三辅[①]县令。”

《通典 · 选举一 · 历代制上》

【简注】①三辅：西汉治理京畿地区的三个职官的合称。亦指其所辖地区。《太平御览·卷一六四》引《三辅黄图》："（汉）武帝太初元年改内史为京兆尹，以渭城以西属右扶风，长安以东属京兆尹，长陵以北属左冯翊，以辅京师，谓之三辅。"

【译文】（汉武帝元光元年）下令各郡、诸侯国各举荐孝廉一人。（孝，指的是善于事奉敬养父母。廉，指的是性情清正、品性高洁且没有什么不良习性。）又下制说："郡及诸侯国人口在二十万以上的每年举荐一人，四十万以上的每年举荐二人，六十万以上的每年举荐三人，八十万以上的每年举荐四人，百万以上的每年举荐五人，一百二十万以上的每年举荐六人；不满二十万的二年举荐一人，不满十万的三年举荐一人。所举荐的人才以四科来划分：第一是德行高洁、有志节、品性清白的人；第二是精通学术、有好的修养，五经之中可为博士的人；第三种是明晓国家各种法令，可以处理国家各种疑难问题，又能按照要求回答朝廷询问，其文章和学识可以担任国家御史台官员的人；第四是性格刚毅多有谋略，遇到事情不易被疑惑，才能足以决断政事，其才干足以胜任朝中辅臣和在京畿地区担任职官的人。"

《资治通鉴》四则

汉武帝元光元年十一月诏

（元光元年）冬，十一月，初令郡国举孝廉各一人，从董仲舒之言也。

宋·司马光《资治通鉴·卷十七·世宗孝武皇帝上》

【译文】（汉武帝元光元年）冬十一月，开始下令天下郡国各举荐孝廉一人，这是听从了董仲舒的谏议之言。

汉孝和帝永元十三年冬十一月丙辰诏

（永元十三年）冬十一月，丙辰，诏曰："幽、并、凉州户口率少，边役众剧，束脩[①]良吏进仕路狭。抚接夷狄，以人为本，其令缘边郡口十万以上岁举孝廉一人，不满十万二岁举一人，五万以下三岁举一人。"

宋·司马光《资治通鉴·卷四十八·孝和皇帝下》

【简注】①束脩：古时意为送给老师的酬金。古时老师和学生见面，学生要献给老师礼物，以表达对老师的敬意。这里的意思是接受过良好教育的人。

【译文】（汉和帝永元十三年）冬十一月，丙辰这一天，皇帝下诏说："幽州、并州、凉州因为民户和人口相对较少，而且边境地区征役又十分繁重，有学问、有本事的人进入仕途路子相对狭窄。同时这些地方的地理位置与外族相连接，为体现国家以人为本的原则，令：这些边缘的郡人口十万以上的每年举荐孝廉一人，不满十万的每二年举荐孝廉一人，五万人以下的每三年举荐孝廉一人。"

汉孝安帝阳嘉元年夏四诏令

（阳嘉元年夏四月）辛卯，初令郡国举孝廉。"限年四十以上；诸生通章句，文吏能笺奏，乃得应选。其有茂才异行，若颜渊、子奇，不拘年齿。"

宋 · 司马光《资治通鉴 · 卷五十一 · 孝安皇帝下》

【译文】（汉安帝阳嘉元年夏四月）辛卯这一天，开始下令各郡国向国家举荐孝廉。"所举孝廉年龄的下限为四十岁以上；知识的下限为能通习章句的诸生，能力的下限为能书写笺奏的文吏，这样的人才可以应举国家的察举。其他的人中如果有奇才异行，行止、德性如颜渊、子奇这样的人，不限定年岁。"

汉孝顺帝汉安二年十一月诏对

（汉安二年十一月）尚书令黄琼①以前左雄②所上"孝廉之选，专用儒学、文吏，于取士"之义犹有所遗，乃奏增"孝悌，及能从政者"为四科。帝从之。

宋 · 司马光《资治通鉴 · 卷五十二 · 孝顺皇帝下》

【简注】①黄琼：生于86年，卒于164年。字世英，黄香之子。汉顺帝永建中期，征拜为议郎，迁尚书仆射，再进为尚书令，出为魏郡太守。汉桓帝建和初年，迁为太常。延熹初，坐忤梁冀事免职，后复职为大司农。梁冀诛，复为太尉，封邡乡侯。延熹七年卒，年七十九，赠车骑将军，谥曰"忠"侯。

②左雄：生年不详，卒于138年。字伯豪，东汉南阳人。汉安帝时举孝廉，曾为冀州刺史，汉顺帝永建年间为议郎，仕至尚书令。在任时实行考试选官制度，对完善汉代的科举制度作出了贡献。

【译文】（汉顺帝汉安二年十一月）尚书令黄琼认为以往左雄上书所说的

“孝廉选取的方法，专在儒学之士、文吏，在士子中选取”这一方法有所遗缺，于是上奏皇帝增加了“具有孝敬父母、友悌兄弟这类良好品行，以及具有从政治国才能的人”为四科选拔人才的标准之一。皇帝下诏准了这一奏议。

《山西通志》一则

汉孝章帝边岁举孝廉诏

幽、并、凉州户口率少，边役众剧，束脩良吏进仕路狭，抚接遐荒以人为本。其令边郡口十万以上岁举孝廉一人，不满十万二岁举一人，五万以下三岁举一人。

清·《山西通志·一百八十三·艺文二·（汉）章帝边岁举孝廉诏》

【译文】幽州、并州、凉州因为户口相对较少，并因处于边境地区劳役繁重，读书的士子、品行能力出众的官吏进入仕途的路子比较狭窄，安抚这些边远的地区应以人为本。令边郡当中人口十万以上的每年举荐孝廉一人，不满十万人的每二年举荐孝廉一人，五万人以下的每三年举荐廉一人。

三、法令条文（附：周丧服制度）

《汉书》五则

汉孝景帝后三年诏

三年，复下诏曰："高年老长，人所尊敬也；鳏寡不属逮者，人所哀怜也。其著令：年八十以上、八岁以下及孕者未乳，师①、朱儒当鞠系②者，颂系之。"

《汉书 · 志第三 · 刑法》

【简注】①师：这里指眼盲的乐师。 ②鞠系：即审讯囚禁。

【译文】(汉孝景帝后) 三年，皇帝下诏说："年纪老的人、岁数大的人，是被人们所尊敬的人；鳏夫、寡妇之类的人，是被人们所哀怜的人。现著令：年纪在八十岁以上的老人、八岁以下的幼童和怀孕还没有哺乳的妇女，眼盲的乐师、侏儒，犯罪应被处罚的人，要宽容地对待他们，不要用刑具惩罚他们。"

汉孝宣帝元康四年诏

孝宣元康四年，又下诏曰："朕念夫耆老之人，发齿堕落，血气既衰，亦无暴逆之心，今或罗于文法，执于囹圄，不得终其年命，朕甚怜之。自今以来，诸年八十非诬告、杀伤人，它皆勿坐。"

《汉书 · 志第三 · 刑法》

【译文】汉孝宣帝元康四年，皇帝又下诏说："朕哀怜年纪老迈的人，他们的头发、牙齿已经脱落，血气已经衰微，也没有了暴逆的心思，现在有些这样的人却因为国家成文的律法，陷于囹圄之中，不能够终养天年，朕心中十分怜惜他们。从现在开始，凡是年纪在八十岁以上不是犯了诬告、杀伤人这样的罪行，其他的罪行都不拘禁他们。"

汉孝宣帝元康四年春正月诏

（元康）四年春正月，诏曰："朕惟耆老之人发齿堕落，血气衰微，亦亡暴虐之心，今或罹文法，拘执囹圄，不终天命，朕甚怜之。自今以来，诸年八十以上，非诬告杀伤人，它皆勿坐。”

三月，诏曰：“乃者，神爵、五采以万数集长乐、未央、北宫、高寝、甘泉、泰畤殿中及上林苑。朕之不逮，寡于德厚，屡获嘉祥，非朕之任。其赐天下吏爵二级，民一级，女子百户牛酒。加赐三老、孝弟力田帛，人二匹，鳏寡孤独各一匹。”

《汉书 · 帝纪第八 · 宣帝》

【译文】(汉宣帝元康)四年春正月，下诏说：“朕唯年老的人会出现发齿脱落，身体里血气衰弱，暴虐之心已渐渐淡弱，现在他们却因为连坐等刑法条文的原因，陷于图圄之中，不能够安享天命，朕心中十分不忍。从现在开始，年满八十以上的人，(家人)如果不是犯了诬告和杀人的罪过，都不得采用连坐的方法去加罪他们。”

三月，皇帝下诏说：“这段时间，神雀、五彩之祥云数以万计聚于长乐、未央、高寝、甘泉、泰畤殿和上林苑。朕并没有什么大的功绩，德行也不厚，却屡次得到上天的嘉端赐福，这种情况让朕心中十分不安。因此朕决定赐天下官吏晋职爵二级，百姓晋爵一级，女子百户赐牛酒。加赐三老、孝弟力田每人帛二匹，鳏寡孤独每人帛一匹。”

汉孝景帝后三年诏旨

(孝景帝后)三年，复下诏曰：“高年老长，人所尊敬也；鳏寡不属逮者，人所哀怜也。其著令：年八十以上，八岁以下，及孕者未乳，师、朱儒当鞠系者，颂系之。”

《汉书 · 志第三 · 刑法》

【译文】(汉孝景帝后)三年，皇帝又下诏说：“年高德劭者，是人们所尊敬的人；鳏夫寡妇等孤单的人，是人们所怜悯的。因此国家定下明令：年满八十以上的老人、八岁以下的幼年人、怀孕尚未哺乳的妇人、眼盲的乐师、侏儒犯律法应当捆缚拘系的，不要捆缚。”

汉成帝鸿嘉元年诏令

成帝鸿嘉元年，定令：“年未满七岁，贼斗杀人及犯殊死者，上请廷尉以闻，得减死。”合于三赦[①]幼弱老眊之人。此皆法令稍近古而便民者也。

《汉书 · 志第三 · 刑法》

【简注】①三赦：指“汉孝景帝后三年诏”“汉孝景帝后三年诏旨”“汉成帝鸿嘉元年诏令”三道赦令。

【译文】汉成帝鸿嘉元年，制定律法：“年未满七岁，与人相斗杀人犯下了死罪的人，要上报廷尉府，应减免死罪。”这三条赦令是针对年龄幼小、老年及其他弱势的人制定的，这些法令稍微贴近上古时的律法，而使百姓受益。

《前汉纪》二则

汉孝宣帝地节四年春正月诏

（地节）四年春正月。诏民有太父母[①]、父母丧，勿徭事。

《前汉孝宣皇帝纪 · 卷第十八》

【简注】①太父母：即祖父母。

【译文】（汉宣帝地节）四年春正月。皇帝下诏说：百姓有祖父母、父母丧事的人家，不征（丧期）的徭役。

汉孝宣帝地节四年夏五月诏

（地节四年）夏五月，诏曰：“自今子有匿父母，妻匿夫，孙匿太父母，皆勿治。其父母匿子，夫匿妻，太父母匿孙，罪殊死以下，皆诣廷尉[①]以闻。”

《前汉孝宣皇帝纪 · 卷第十八》

【简注】①廷尉：官名。秦代始设，九卿之一，掌刑狱。汉初沿习，秩位中二千石。汉景帝时改称大理，汉武帝时复称廷尉。东汉以后，或称廷尉，或称大理，又称廷尉卿。北齐至明、清皆称大理寺卿。

【译文】（汉宣帝地节四年）夏五月，皇帝下诏说：“从现在开始儿子隐匿父母的罪行，妻子隐匿丈夫的罪行，孙辈隐匿祖父母的罪行，不要加罪。但是父母隐匿儿子的罪行、丈夫隐匿妻子的罪行、祖父母隐匿孙子的罪行，罪责在死罪以下的，要报廷尉定夺。”

《后汉纪》一则

汉光武帝建武二十九年夏四月乙丑诏

（建武二十九年）夏四月乙丑，诏：天下系囚自殊死已下减本罪各一等，不孝不道①不在此书。

《后汉光武皇帝纪 · 卷第八》

【简注】①不孝不道：刑律名。颜师古注称："律，杀不辜一家三人为不道"。《唐律疏议 · 名例 · 十恶》："五曰不道，谓杀一家非死罪三人，及支解人，造畜蛊毒厌魅。"

【译文】（汉光武帝建武二十九年）夏四月乙丑这一天，诏令：天下囚犯除犯死罪的罪犯以外，各减免其罪责一等，因不孝及犯不道之罪者，不在此诏令范围之内。

《后汉书》四则

汉孝章帝元和三年正月乙酉诏

（元和）三年春正月乙酉，诏曰："盖君人者，视民如父母，有憯怛之忧，有忠和之教，匍匐之救。其婴儿无父母亲属，及有子不能养食者，禀给如《律》。"

《后汉书 · 帝纪第三 · 肃宗孝章帝》

【译文】（汉孝章帝元和）三年春正月乙酉这一天，皇帝下诏说："作君主的人，应该视天下百姓为自己的父母，百姓如果有悲伤和忧虑，就要用忠实、谦和的方法去教化他们，并全心地救助他们，解决他们的危难。那些年幼失怙的孤儿，那些有孩子却不能够养育的，要依照《律》令开仓给粮去救助他们。"

司徒职责

司徒……本注曰：掌人民事。凡教民孝悌、逊顺、谦俭、养生送死之事，则议其制，建其度……

《后汉书 · 志第二十四 · 百官一》

【译文】司徒……本注上说：（这一官职）执掌百姓的民事。凡是教化百姓孝敬父母、友悌兄弟、谦逊礼让、恩养百姓、送敛等事都由其负责，并组织人员会商、均衡、建立各种制度……

太常寺职责

太常，卿一人，中二千石。本注曰：掌礼仪祭祀。每祭祀，先奏其礼仪；及行事，常赞天子。每选试博士，奏其能否。大射、养老、大丧，皆奏其礼仪。

《后汉书 · 志第二十五 · 百官二》

【译文】太常，设卿一人，官阶为二千石。本注上说：（这一官职）执掌礼仪祭祀。每到行祭礼的时候，要先向皇帝奏呈祭祀时所用的礼仪；等到了祭祀的时候，担任此官职的官员要为皇帝宣赞。每次选试博士，都要向皇帝奏呈所选博士是否能够胜任。其他诸如大射礼、养老礼、国家的丧礼，都要向皇帝奏呈其所行的礼仪。

乡署三老、游徼职责

乡置有秩、三老、游徼。有秩，郡所署，秩百石，掌一乡人；其乡小者，县置啬夫一人，皆主知民善恶，为役先后，知民贫富，为赋多少，平其差品。三老掌教化。凡有孝子顺孙，贞女义妇，让财救患，及学士为民法式者，皆扁表其门，以兴善行……

《后汉书 · 志第二十八 · 百官五》

【译文】乡里设置有秩、三老、游徼。有官秩，由郡里选择官员去担任此职，职俸为百石，管理全乡的百姓；较小的乡，由县里选择啬夫进行管理。他们都了解全乡百姓的善恶，他们的职责是安排百姓服役的先后顺序，核查民户的贫富，并确定每户应交纳租赋的多少，评定等级差别。三老负责教育、教化百姓、端正风俗，凡是具有孝敬父母的人、敬奉长辈品行的人、贞洁的女子、有孝义的妇女、能够舍财救难的人，以及可以作为百姓楷模的学士，都要在他们的门楣上悬挂匾额进行表彰，以嘉奖他们良善的品行……

《宋书》二则

汉孝宣帝地节四年诏

（汉）宣帝地节四年，诏曰："今百姓或遭衰绖凶灾，而吏徭事不得葬，伤孝子心。自今诸有大父母、父母丧者，勿繇事，得收敛送终，尽其子道。”

《宋书 · 志第五 · 礼二》

【译文】（汉）宣帝地节四年，皇帝下诏说：“现在百姓遭到父母的丧事等灾事的时候，有些官吏却依旧驱使他们服徭役，使得他们的父母不能够按时下葬，这是伤害孝子孝心的事情。从现在开始百姓家中祖父母、父母丧亡须要服丧的，不得再征发其徭役，让他们收敛亲人以送终，尽作为子女的孝道。”

汉孝桓帝永兴二年制

（汉）桓帝永兴二年，复令刺史二千石行三年服。永寿二年①，又使中常侍②以下行三年服。

《宋书 · 志第五 · 礼二》

【简注】①永寿二年：永寿是东汉汉桓帝年号，是年公元156年。　②中常侍：始出现于西汉末期，为皇帝的近臣，职掌顾问应对。中常侍是仅有虚衔的加官，常侍为郎官的一种。东汉始有具体职掌，职秩千石，后加秩为比二千石。东汉中后期始多以宦官担任此职。

【译文】（东汉）桓帝永兴二年，再次下令让刺史、二千石以下的官吏为父母行三年丧服。永寿二年，又让中常侍以下的官员为父母行三年丧服。

《通典》二则

继母如母

齐缞三年。周制，父卒为母。继母如母，言继母之配父与嫡母同，故孝子不敢殊也。

《通典 · 礼四十九 · 沿革四十九 · 凶礼十一》

【译文】周制，父卒，儿女们为为母亲守丧，应服齐缞三年。对待继母要像对待母亲一样，这是因为继母婚配父亲和嫡母婚配父亲一样，因此孝子们是不能区别对待她的。

服术有六

周制，服术有六：一曰亲亲，二曰尊尊，三曰名，四曰出入，五曰长幼，六曰从服。（术，道也。亲亲，父母为首。尊尊，君为首。名，世母[①]叔母之属也。出入，女子子嫁者及在室者也。长幼，成人及殇者也。从服，若夫为妻之父母、妻为夫之党服。）从服有六：有属从，（子为母之党服。）有徒从，（臣为君之党服。）有从有服而无服，（公子为妻之父母。）有从无服而有服，（公子之妻为公子之外兄弟。）有从重而轻，（夫为妻之父母。）……

《通典·礼六十五·沿革六十五·凶礼二十七·丧礼杂制》

【简注】①世母：世父的妻子，即伯母。

【译文】周制，服术六种：一是亲亲，二是尊尊，三是名，四是出入，五是长幼，六是从服（术，也就是指伦常之道。亲亲一说，是以父母为首。尊尊一说，是以君为首。名，指的世母、叔母这一类的人。出入，指的是女子出嫁以及被休回父母家情况。长幼，指的是成年人和未成年人。从服，指的是丈夫为妻子的父母，妻子为丈夫的父母、族人）从服有六种：有属从（儿子为母亲及其族人），有徒从（臣子为君主及其族人），有从有服而无服（公子为妻子的父母），有从无服而有服（公子的妻子为公子之外的兄弟），有从重而轻（丈夫为妻子的父母）……

《资治通鉴》一则

汉孝文帝元年十二月诏

（孝文帝元年）十二月，诏曰："法者，治之正也。今犯法已论，而使无罪之父母、妻子同产坐之，及为收帑，朕甚不取！其除收帑诸相坐律令。"

宋·司马光《资治通鉴·卷十三·太宗文皇帝上》

【译文】（汉孝文帝元年）十二月，皇帝下诏说："法制刑制，是治理国家的正道。现在违反律法的人都有相应的律法处置，他们无罪的父母、妻、子却因为这些而受到连坐，以至沦为官婢，这种律法朕认为实在是不可取的！从现在开始废除连坐及其相关的刑律。"

《历代名臣奏议》一则

汉孝安帝元初三年邓太后诏对

东汉安帝元初三年邓太后诏：长吏以下不为亲行服者不得典城[①]选举。

……

时有诏大臣得行三年丧服阙还职，尚书陈忠[②]因此上言："孝宣皇帝旧令：'人从军屯及给事县官者，大父母死未满三月皆勿徭，令得葬送。'请依此制。"

从之。

明 · 杨士奇《历代名臣奏议 · 卷一百二十一 · 礼乐》

【简注】①典城：又名典成，主掌诉讼案件，这里指不能审断诉讼案件。②陈忠：生年不详，卒于125年。字伯始，东汉沛国洨县人。汉安帝永初年间，受征召出仕，初为廷尉属官，因精通法律，经司徒刘恺举荐，被提升为尚书，主管断狱事务。后曾仕为尚书令、江夏太守。

【译文】东汉安帝元初三年邓太后下诏：各地长官、吏员不为自己的父母、亲人服丧服，不得审断诉讼案件，不得参加国家的选拔举荐。

……

当时邓太后的诏旨是要求大臣们要（为自己的父母）服丧三年，丧服满后方可再行任职，尚书陈忠因此事上奏说："孝宣皇帝时曾有诏令：'百姓从军屯以及县中有事官派差役的人，祖父母死未满三个月都不要征发其役，要让其葬送亲人。'请依此制执行。"

（邓太后）听从了这一奏议。

四、养老礼与乡饮酒礼（附：三代养老礼）

《东观汉纪》一则

汉孝明帝永平二年十月行养老礼诏

（永平二年①）十月，上幸辟雍，初行养老礼。诏曰："十月元日，始尊事三老，兄事五更，安车採轮，朕亲袒割牲，祝哽②在前，祝噎③在后。三老常山李躬，年耆学明，以二千石禄养终身。五更沛国桓荣，以尚书教朕十有余年，其赐爵关内侯，食邑五千户。"

汉 · 刘珍《东观汉纪 · 卷二 · 纪二 · 显宗孝明皇帝》

【简注】①永平二年：即公元59年。　②③祝哽、祝噎：古代帝王敬老、养老的表示，请年老致仕者饮酒吃饭，设置专人护持于左右，使他们在饮食时不哽、不噎。

【译文】（东汉孝明帝永平二年）十月，皇帝临幸辟雍，开始行养老礼。下诏说："在十月的吉祥的日子里，开始用对待父亲的礼仪事奉三老，以对待兄长的礼仪事奉五更，国家将用安车蒲轮去他们的家中迎奉他们，朕在仪式中将亲自袒衣切割肉食敬奉他们，设置祝哽在他们身前服侍，祝噎在他们身后服侍。常山人李躬年老德重、学识明慧，可为三老，以二千石禄奉养终身。沛国人桓荣，教授朕《尚书》有十余年的时间，学识、德望可为五更，赐给他关内侯的爵位，食邑为五千户。"

《后汉书》三则

汉孝明帝永平元年冬十月壬子初行养老礼

（永平元年）冬十月壬子，幸辟雍①，初行养老礼。诏曰："光武皇帝建三朝之礼，而未及临飨。眇眇②小子，属当圣业。间暮春吉辰，初行大射；令月元日，复践辟雍。尊事三老，兄事五更，安车③软轮，供绥执授。侯王设酱，公卿馔珍，朕亲袒割，执爵而酳。祝哽在前，祝噎在后。升歌《鹿鸣》，下管《新宫》，八佾[4]具修，万舞于庭。朕固薄德，何以克当？《易》陈负乘，《诗》刺彼己，永念惭疚，无忘厥心。三老李躬，年耆学明。五更桓荣，授朕《尚书》。《诗》曰：'无德不报，无言不雠。'[5]其赐荣爵关内侯，食邑五千户。三老、五更皆以二千石禄养终厥身。其赐天下三老酒人一石，肉四十斤。有司其存耆耋，恤幼孤，惠鳏寡，称朕意焉。"

《后汉书·帝纪二·显宗孝明帝》

【简注】①辟雍：原为西周天子所设的大学，基址为圆形，围以水池，前门外有便桥。东汉以后，历代皆建有辟雍，均为行乡饮、大射或祭祀之礼的地方。②眇眇：微末的样子。③安车：古时用一匹马或四匹马拉的、可以在车厢里坐乘的车子。秦汉时官员告老或者征召德高望重的人，往往赐乘安车。④八佾：亦作"八溢"或"八羽"。古时天子专用的一种乐舞。佾即为舞列，纵横都是八人，共六十四人。⑤"无德不报，无言不雠"句：语出《诗经·大雅·抑》，原句为"无言不雠，无德不报"。

【译文】（汉孝明帝永平元年）冬十月壬子这一天，皇帝临幸辟雍，将在那里行养老礼。皇帝下诏说："光武皇帝建立了明堂、设辟雍、升灵台三种祭祀的礼仪，却没有涉及飨礼。像朕这样微小之人承继大统之后，应当克承祖宗的圣业。在晚春时的良辰吉日，开始施行大射礼，在十月初一这一天，再次亲临辟雍，用对待父皇的心去尊奉三老，用对待兄弟的心去敬让五更，让他们坐着用蒲叶包裹着轮子的车子，朕将亲自执绥将车子送给他们（乘坐）。（朕）要用肉酱去奖励各地诸侯、藩王，赐给公卿们各种珍肴。（朕还）将亲自馈赠肉酱等食物，并袒臂执酒爵和他们一起欢饮。饮食前要祝祷三老和五更不要哽噎，饮食后同样也要祝祷三老、五更不要哽噎。（老人们）登堂时歌咏《鹿鸣》，堂下奏《新宫》，舞女舞起'八佾舞'，庭内还有各种舞蹈。朕的德行浅薄，怎么能担当得起？《周易》中曾说过居非其位将会招来祸患，《诗经》中曾讥刺那些德行浅薄却身居高位的人，这些都会让人心怀负疚的感觉，时刻不忘惭愧之心。三老李躬，年迈却十分博学。五更桓荣，曾经传授朕《尚书》。《诗经·大雅·抑》说：'无德不报，无言不雠'，于是朕赐桓荣关内侯，食邑五千户。三老、五更者赐以二千石禄荣养其身。同时赐天下三老每人酒一石，肉四十斤，相关司衙要关怀那些年老体弱的老人，抚恤年幼失怙的孩童，对鳏寡之人要施给恩泽，只有这样朕才能满意。"

明堂月令

明堂月令：天子以四立[①]及季夏之节，迎五帝于郊，所以导致神气，祈福丰年。清庙[②]祭祀，追往孝敬，养老辟雍，示人礼化，皆帝者之大业，祖宗所祇奉也。

《后汉书 · 列传第五十下 · 蔡邕》

【简注】①四立：即立春、立夏、立秋、立冬四个节气的合称。李贤对此段的注释为："四立，谓立春、立夏、立秋、立冬。"另《周髀算经》卷下："四立者，生长收藏之始。" ②清庙：即太庙。古代帝王的宗庙。《诗经 · 周颂 · 清庙》有："于穆清庙，肃雍显相。"

【译文】国家所颁布的《月令》是这样说的：天子在立春、立夏、立秋、立冬四个节气和夏天的第三个月，要在郊外郊祭五帝，以此来引导天地的灵气，祈福来年丰收。在太庙中祭祀，是为了孝敬祖先，在辟雍中行养老礼，是为了昭示礼法、宣扬教化，这些都是帝王所注重的大业，也是祖宗延续下来所要奉选的制度。

养三老、五更仪

养三老、五更之仪：

先吉日，司徒上太傅若讲师故三公人名，用其德行年耆者一人为老，次一人更也。皆服都纻大袍单衣，皂缘领袖中衣，冠进贤，扶玉杖。五更亦如之，不杖。皆斋于太学讲堂。

其日，乘舆先到辟雍礼殿，御坐东厢，遣使者安车迎三老、五更。天子迎于门屏，交礼、道自阼阶，三老升自宾阶。至阶，天子揖如礼。三老升，东面，三公设几，九卿正履，天子亲袒割牲，执酱而馈，执爵而酳，祝饐在前，祝鲠在后。五更南面，公进供礼亦如之。

明日皆诣阙谢恩，以见礼遇大尊显故也。

《后汉书 · 志第四 · 礼仪上 · 养老》

【译文】养三老、五更的礼仪：

在事先选定的吉日前，司徒要在太傅或者传授君主经文的儒师、以往的经师中选取品行端正的、德高望重的、年龄长的一个人作为行养老礼的"三老"，德行、德望其次的一人为"五更"。"三老"穿着用精美的苧麻布做成的大袍、单衣，穿着领口、袖口都绣着黑色缘边的中衣，头戴进贤冠，手持皇帝所赐的玉杖。“五更”的服饰也是一样，但不持杖。“老”与“更”都在太学讲堂斋戒。

行礼当天，皇帝要先到辟雍，坐在辟雍的东厢，派遣使者用安车迎接三老和五更，皇帝在辟雍的屏门前迎接他们，与三老、五更相互行礼，赞礼引导皇帝从阼阶进入辟雍，引导三老、五更从宾阶进入辟雍。到了阼阶前，天子依照礼仪向三老、五更揖拜，三老上辟雍殿，面朝东，三公为其安置几案，九卿为其端正鞋履，皇帝亲自袒露臂膀切割牲肉，赐给酱，手持杯让其漱口，饮食前要祝祷三老和五更不要哽噎，饮食后同样也要祝祷三老、五更不要哽噎。五更面朝南，具有公爵爵位的人为其奉上供品，礼仪和前面一样。

第二天，三老、五更都要到朝堂谢恩，这是由于感谢国家的礼遇和尊奉的原因。

《通典》一则

夏商周三代养老仪

虞氏深衣[①]而养老，养国老于上庠，养庶老于下庠[②]，而用燕礼[③]。其礼尚矣，宪养气体而不乞言，有善则记之，为惇史。

夏氏燕衣而养老，养国老于东序，养庶老于西序，而用飨礼[④]。

殷人缟衣而养老，养国老于右学，养庶老于左学，而用食礼[⑤]。

周制，玄衣而养老，养国老于东胶，养庶老于虞庠，虞庠在国之西郊，兼用虞燕夏飨殷食之礼。夏官罗氏仲春罗春鸟，献鸠以养国老。月令[⑥]仲秋，天子“养衰老，授几杖，行糜粥饮食”。五十养于乡，六十养于国，七十养于学……

《通典 · 礼二十七 · 沿革二十七 · 嘉礼十二 · 养老》

【简注】①深衣：古代上衣、下裳相连缀的一种服装。为古代诸侯、大夫、士家居常穿的衣服，也是庶人的常礼服。　②下庠：即古时的乡校。上庠：即古时的太学。下文中的东序、西序以及右学、左学，东胶、虞庠同。③燕礼：古代敬老之礼。　④飨礼：古时一种隆重的宴饮宾客之礼。　⑤食礼：古时宴请宾客时的礼仪。　⑥月令：《礼记》篇名。此篇是合《吕氏春秋》十二月纪的首章编成。所记为农历十二个月的时令、行政及相关事物。后用以特指农历某个月的气候和物候。

【译文】（上古的时候）有虞氏身穿礼服尊养老人，在太学中尊奉国老，在小学中尊奉庶老，在那里他们用敬老的礼仪去敬奉他们。这种礼仪是十分高尚的，奉养老人使他们有良好的精神，不吝惜言语向老人们请教，让善于记录的人将这一过程记录下来，作为德行之人的言行记录。

夏王朝养老时身穿欢宴群臣时的礼服。在东序中尊养国老，在西序中尊养庶老，所使用的礼仪是欢宴时隆重的礼仪。

商王朝养老时身穿白绢做成的衣服，在右学中尊养国老，在左学中尊养庶老，所使用的礼仪是宴请宾客时的礼仪。

周代的制度，身穿祭祀用的黑色礼服养老，在东胶中尊养国老，在虞庠中尊养庶老，所用的礼仪兼用虞、燕、夏、商时的礼仪。司马罗氏在仲春天捕获春鸟，献上鸠鸟去尊养国老。月令制度：到仲秋时候，天子要“养衰老，授几杖，行糜粥饮食”。乡里之中要尊奉五十岁的老人，国家要奉养六十岁以上的老人，太学之中要尊养七十岁以上的老人……

第二卷　三国两晋

一、孝亲养老诏令

《三国志》二则

魏明帝即位诏

（明帝即位）诏曰：“尊严祖考，所以崇孝表行也；追本敬始，所以笃教流化也。是以成汤、文、武，实造商、周，《诗》《书》之议，追尊稷、契，歌颂有娀①、姜嫄②之事，明盛德之源流，受命所由兴也。自我魏室之承天序，既发迹于高皇、大皇帝，而功隆于武皇、文皇帝。至于高皇之父处士君，潜修德让，行动神明，斯乃乾坤所福飨，光灵所从来也。而精神幽远，号称罔记，非所谓崇孝重本也。其令公卿已下，会议号谥。”

《三国志 · 魏书 · 程郭董刘蒋刘传第一四 · 刘晔》

【简注】①有娀：古国名，今山西省永济县。商始祖殷契的母亲简狄，即有娀氏女。　②姜嫄：也称为“姜原”。周人始祖后稷的母亲。五帝之一“帝喾”的妻。传说她于郊野践巨人足迹怀孕生稷。

【译文】（魏明帝即位）下诏说：“尊奉先祖和父皇，是要为天下树立崇奉孝行的表率；追敬始祖，是为了教化百姓。因此成汤、周文王、周武王，才得以建立商、周王朝。有了《诗经》《尚书》的记述，后人才会尊奉后稷、契，才会歌颂商、周的始祖有娀、姜嫄，才明白盛德的源流从何而来，才知道为什么受天命会使国家兴盛。自从我大魏承继上天的道统，先是发迹于高皇帝、大皇帝，之后又以功德兴隆于武皇帝、文皇帝。至于高皇帝的父亲处士君，他潜修德行，礼让敬贤，他用行动感动上天，之后才会在乾坤变幻后得以福飨，大魏的德运灵光也就从此开始。这种精神可以传之久远，虽说不用再去记述，但这种行为是不符合崇孝重本的原则的。为此公卿以下，集议定出谥号。”

吴大帝嘉禾六年春正月诏

（嘉禾）六年春正月，诏曰：“夫三年之丧，天下之达制，人情之极痛也。贤者割哀①以从礼，不肖者勉而致之。世治道泰，上下无事，君子不夺人情，故三年不逮孝子之门。至于有事，则杀礼②以从宜，要绖而处事。故圣人制法，有礼无时则不行。遭丧不奔，非古也，盖随时之宜，以义断恩也。前故设科，长吏在官，当须交代，而故犯之，虽随纠坐，犹已废旷。方事之殷，国家多难，凡在官司，宜各尽节，先公后私。而不恭承，甚非谓也。中外群僚，其更平议，务令得中，详为节度。”

顾谭议以为：“奔丧立科，轻则不足以禁孝子之情，重则本非应死之罪，虽严刑益设，违夺必少。若偶有犯者，加其刑，则恩所不忍；有减，则法废不行。愚以为，长吏在远，苟不告语，势不得知。比选代之间，若有传者，必加大辟，则长吏无废职之负，孝子无犯重之刑。”

《三国志 · 吴书 · 吴主传第二 · 孙权》

【简注】①割哀：节哀，抑制哀伤。　②杀礼：即减省礼仪。

【译文】（吴大帝嘉禾）六年春正月，皇帝下诏说：“三年之丧，是自古以来天下的定制，这是人们丧亲之后悲痛到极点时的表现。于是贤德的人除去正服穿上丧服以表示遵从礼仪，不肖者勉强去为父母亲人服丧。世道平安通达时，从朝廷及至乡村（如果）没有什么大的事情发生，国家遵从礼仪，不违背人情任用官吏，因此在人们遭遇三年之丧时，国家不从孝子之门中选用人才。但是国家一旦有事，则会夺情起复，一切要遵从国家的需要，孝子在腰中系带表示正在服丧，却依旧要处理国家政事。所以说圣人制定礼法，礼可以说无时不在、无时不行的。遭丧事却不奔丧，不是上古传下来的制度，只是权宜之计，只是因为对国家忠义，暂时断却父母的恩义。以往定的律令，如果上级在位，（下级奔丧），应当交割清楚，如果故意违反不去汇报，这种事情一旦发生就会得到纠正，其所管理的政事在这一段时间里却已出现空白。现在世上事情特别繁多，国家多有困难，凡是在职的官员，都应该各尽职守，先公后私。认为这种做法是不恭承礼法的说法，并不正确。朝中、郡县各级官员，要平复这种议论，不要让这种议论占了上风，官员人等要详为查访。”

顾谭奏议，他认为：“因为奔丧而立的律令，轻了不足以表达出孝子孝敬父母之情，重了这件事本来就不是应死之罪。如果有犯此律的官员，对他加刑，则会使君主因为恩义而不忍加罪，如果不加刑，那么这条律法形同废止。所以臣下认为，上级官员如果在远方，奔丧的官员不去告诉他，那么上级官员就不会知道。在选择代理官员之时，如果擅自任用代理官员，则一定加以大辟之刑，这样上级官员就没有废职的责任，孝子也不会犯下过重的罪。”

《晋书》八则

晋武帝泰始四年六月甲申诏

（泰始四年）六月甲申朔，诏曰："郡国守相，三载一巡行属县，必以春，此古者所以述职宣风展义也。见长吏，观风俗，协礼律，考度量，存问耆老，亲见百年。录囚徒，理冤枉，详察政刑得失，知百姓所患苦。无有远近，便若朕亲临之。敦喻五教①，劝务农功，勉励学者，思勤正典，无为百家庸末，致远必泥。士庶有好学笃道，孝悌忠信，清白异行者，举而进之；有不孝敬于父母，不长悌于族党，悖礼弃常，不率法令者，纠而罪之。田畴辟，生业修，礼教设，禁令行，则长吏之能也。人穷匮，农事荒，奸盗起，刑狱烦，下陵上替，礼义不兴，斯长吏之否也。若长吏在官公廉，虑不及私，正色直节，不饰名誉者，及身行贪秽，谄黩求容，公节不立，而私门日富者，并谨察之。扬清激浊，举善弹违，此朕所以垂拱总纲。责成于良二千石也，呜呼戒哉！"

《晋书·帝纪第三·世祖武帝》

【简注】①五教：即指五常之教。指父义、母慈、兄友、弟恭、子孝五种伦理道德方面的教育。

【译文】（晋武帝泰始四年）六月甲申初一这一天，皇帝下诏说："各郡、各诸侯国的郡守、相国，三年巡行一次所属辖境的时间一定要在春天，这是上古时期传下来的向百姓述职，以及宣扬王朝威仪、展现王朝风范的规定。巡视时要接见各地的官员、吏目（向他们了解他们的政绩），观看风俗（以便了解民风的变化），协理礼法律令（以便及时调整不合时宜的礼法律令），考核度量衡（以统一国家的价格尺度），访问年高德劭的老人（以明白政令得失），要亲自拜访百岁老人（以表示国家对他们的尊崇）。同时还要处理刑狱，理清冤案，详察政令的得失，明了百姓的疾苦。使国家的百姓无论远近，都像朕在亲自关心他们一样。在巡行过程中，要向百姓宣谕'仁、义、礼、智、信'等五种教化，要劝化农桑，鼓励学者，告诉他们要勤于思考，学习正统的典籍，不要去读那些微末的书籍，要志存高远并将志向落于实处。士人和百姓如果有好学笃道的，有孝悌忠信的，有品行清白且独立特行的，要举荐他们入朝；如果有不孝敬父母的人、不友悌于族党的人、悖于礼法伦常的人、不遵从法令的人，要纠察并拘捕他们。各地官员要开辟阡陌，要使百业兴盛，要设定礼法，以令行禁止，这是一个地方官员能力的表现。百姓如果穷匮，农事如果荒废，那么奸盗窃犯之徒就会兴起，刑狱就会繁复，下面的官员如果欺瞒上级，上级如果给下面的官员掩盖失误，国家的礼义律令就不会正常施行，这是官员施政不当的表现。如在处理公事时要公正廉明，处理问题不要考虑私情，要有忠正的气色和正直的节操，不沽名钓誉，要做这样的官员；若有贪腐淫秽，献媚求荣，处理公事时不能出于公心，却私下里暴富的官员，都要详谨地查明，以弘扬清正之风，以扫除浊气。举荐良善的官员，弹劾违法的官吏，这是朕处理国家政事总的纲领。责成二千石官员，处理政事时，一定要警戒！”

晋孝明帝永昌三年八月诏

（永昌三年）八月，诏曰："昔周武克殷，封比干之墓；汉祖过赵，录乐毅①之后，追显既往，以劝将来也。吴时将相名贤之胄，有能纂修家训，又忠孝仁义，静己守真，不闻于时者，州郡中正②亟以名闻，勿有所遗。"

《晋书 · 帝纪第六 · 肃宗明帝》

【简注】①乐毅：生卒年不详。字永霸，战国时中山灵寿人，魏将乐羊的后裔。战国后期杰出的军事家，仕燕国，拜为上将军，受封为“昌国君”，辅佐燕昭王振兴燕国，伐强齐报了燕国之仇。　②中正：官名。秦朝末年陈胜自立为楚王时设置，执掌纠察群臣的过失。三国时曹魏立设中正以藻别人物，晋、南北朝沿用，唐代废止。

【译文】（东晋明帝永昌三年）八月，皇帝下诏说："以往周武王征伐商纣王之后，为比干立墓封丘祭祀他；汉高祖经过赵国故城时，录用了乐毅后人，以追崇以往的贤哲，这是为了更好地劝诫后人。吴国时将相名贤的后裔，如果能奉行其祖先所纂修的家训，同时又具有忠诚、孝敬、仁德、信义的品质，能修养身心、守诚约义且具有真性情，不被世人所知的，州郡的中正要详加访查，把他们的名字奏报上来，不要有所遗漏。"

晋成帝咸和元年春二月丁亥赦旨

咸和元年春二月丁亥，大赦，改元，大酺五日，赐鳏寡孤老米，人二斛，京师百里内复一年。

《晋书 · 帝纪第七 · 显宗成帝》

【译文】（东晋成帝）咸和元年春二月丁亥这一天，大赦天下罪囚，改“永昌”年号为“咸和”，国家大宴五天，赐鳏夫、寡妇、孤苦的人、老年人米每人二斛，京城百里之内免租赋一年。

晋穆帝升平元年八月丁未赦旨

（升平元年）八月丁未，立皇后何氏，大赦，赐孝悌鳏寡米，人五斛。

《晋书 · 帝纪第八 · 孝宗穆帝》

【译文】（东晋穆帝升平元年）八月丁未这一天，皇帝册立何氏为皇后，大赦天下罪囚，赐予孝敬父母的人、友悌兄弟的人、鳏夫寡妇者每人米五斛。

晋简文帝咸安元年十一月戊午诏

（咸安元年十一月）戊午，诏曰："王室多故，穆、哀早世，皇胤夙迁，神器无主。东海王[1]以母弟近属，入纂大统，嗣位经年，昏暗乱常，人伦亏丧，大祸将及，则我祖宗之灵，靡知所托。皇太后深惧皇基，时定大计……朕以寡德，猥居元首[2]，实惧眇然，不克负荷，战战兢兢，罔知攸济。思与兆庶更始，其大赦天下，大酺五日，增文武位二等，孝顺忠贞鳏寡孤独米人五斛。"

《晋书 · 帝纪第九 · 太宗简文帝》

【简注】①东海王：即晋废帝司马奕。生于342年，薨于386年，366—371年在位。东晋的第七个皇帝。即位后为权臣桓温所不喜，371年被废为东海王，后又贬为海西公。 ②元首：君主。"元"可解释为"元元"，即天下百姓，元首即为天下百姓之首。

【译文】（东晋简文帝咸安元年十一月）戊午这一天，皇帝下诏说："皇室多遭变故，穆帝、哀帝早逝，皇位的承统早已经出现变更，帝位没有主人。东海王因为是皇帝异母弟，承继了大统，但是他在帝位的这几年，朝政昏暗，混乱了世间的纲常，致使人伦道德败坏，使得国家的大祸将要来临，祖宗神灵不知将寄于何处。皇太后深为皇室的根基所担忧，及时定下大计……朕以微薄的德行，暂时承继了大位，心中十分忧惧，战战兢兢，不知道如何去做才能处理好国家政事。思考着国家出现了新的变化，于是下诏赦天下罪囚，让百姓们大宴五天以示庆贺，文武官员的品秩增晋二级，孝敬父母的人、友悌兄弟的人、忠诚信义的人、贞烈刚强的人、鳏夫寡妇、孤苦孤独者每人赐米五斛。"

晋元帝大兴元年后赵高祖石勒赦旨

大兴（晋元帝年号）二年，勒[1]伪称赵王。赦殊死已下，均百姓田租之半，赐孝悌力田死义之孤，帛各有差，孤老鳏寡谷人三石，大酺七日。

《晋书 · 载记第五 · 石勒下》

【简注】①勒：即指石勒，后赵皇帝。字世龙，上党武乡羯人。晋惠帝末，从汲桑为盗，桑死后归附刘渊，成为刘渊的辅汉将军、平晋王，刘渊称帝后，授其持节平东大将军，后进安东大将军，再寻授镇东大将军，爵封汲郡公。后又被授冀州牧，进封本国上党郡公。刘曜嗣位后，署大司马大将军，加九锡，进爵为赵公。在晋元帝大兴二年（319）自称赵王，都襄国。至晋成帝咸和三年（329）改元太和，第二年擒刘曜，公元330年即皇帝位，改元建平，徙都临漳。以咸和七年死，在位十五年，谥曰明皇帝，庙号高祖。

【译文】大兴（晋元帝年号）二年，石勒僭越在北方登基自称为赵王。（他下令登基时）赦免斩刑以下的罪犯，减百姓们一年的田租，赐孝悌力田、死于忠义的人所遗下的孤儿，根据不同情况赏帛不等。对孤苦的人、老年人、鳏夫、寡妇每人赐谷三石，下令全国大宴七天，以示庆贺。

后赵高祖石勒令旨

（石）勒令州郡，有坟发掘不掩覆者，推劾之，骸骨暴露者，县为备棺衾之具。以牙门将[①]王波为记室参军，典定九流[②]，始立秀、孝、试经之制。

《晋书·载记第五·石勒下》

【简注】①牙门将：依汉晋时期的军制，是次于有杂号将军的五品将官，其职位高于无名号的偏将。　②九流：指“九品中正”。魏晋南北朝时的士人分为九种品第。《晋书·刘毅传》：“毅以魏立九品，权时之制，未见得人，而有八损。”《汉书·古今人表》列古今人物为九等，实际上为“九品”之起源。

【译文】（石）勒令各州郡，（各州郡辖内）如果发现有坟茔，且发掘后而不掩盖的，要弹劾他，骸骨暴露者，县里要备棺衾去掩埋。以牙门将王波担任记室参军，制定九流，开始定下秀才、孝廉入仕、考核经义的制度。

前秦苻坚诏旨

（苻）坚[①]以关中水旱不时，议依郑白故事，发其王侯已下及豪望富室僮隶三万人，开泾水上源，凿山起堤，通渠引渎，以溉冈卤之田。及春而成，百姓赖其利。以凉州新附，复租赋一年。为父后者赐爵一级，孝悌力田爵二级，孤寡高年谷帛有差，女子百户牛酒，大酺三日。

《晋书·载记第十三·苻坚上》

【简注】①符坚：生于338年，崩于385年。字永固，又字文玉，小名坚头，十六国时前秦的皇帝，357—385年在位。苻坚在位前期励精图治，使前秦基本上统一北方；“淝水之战”中大败，自此一蹶不振，被后秦太祖姚苌所杀。

【译文】（符）坚在关中为帝时，认为关中地区水灾、旱灾不时发作，廷议后依照先秦时修郑国渠、白渠的旧例，征发王爵、侯爵以下及豪门望族、富室的僮隶三万人，开凿沟渠以引泾河上流的水，并凿穿山体，建起堤坝，疏通渠道，引来河水，以方便灌溉农田、开垦山地、整理盐碱之地。到春天修成了渠道，关中地区百姓从中获利。又以凉州新近归附，免除（关中地区）租赋一年，为家族延续血脉的人赐爵一级，晋孝悌、力田爵二级，孤寡的人、老年人依照情况分别赐给他们不等的谷帛，赐给女子百户牛酒，大宴三日。

《资治通鉴》一则

晋武帝泰始四年四月己亥除衰服奏对

（泰始四年四月）己亥，葬文明皇后[①]。有司又奏：“既虞，除衰服。”

诏曰：“受终身之爱而无数年之报，情所不忍也。”

有司固请，诏曰：“患在不能笃孝，勿以毁伤为忧。前代礼典，质文不同，何必限以近制，使达丧阙然乎！”

宋 · 司马光《资治通鉴 · 卷七十九 · 世祖武皇帝上之上》

【简注】①文明皇后：生于217年，薨于268年。东汉末东海郯县人，三国时魏兰陵侯王肃女，司马昭妻，晋武帝司马炎母。

【译文】（晋武帝泰始四年四月）己亥这一天，葬文明皇后，相关司衙又上奏说：“文明皇太后既然已经葬于山泽陵墓之中，请除陛下丧服。”

皇帝下诏说：“朕终身受到太后的慈爱却无数年丧服的回报，感情上实在是不能忍受。”

相关司衙再次请求，皇帝下诏说：“所忧虑的是不能尽孝，你们不要以毁伤朕的身体为忧。以往的礼法典制，实质与文法不同，何必拘泥于近代的礼制，使朕守丧尽孝的行为有欠缺啊！”

二、荐举孝廉

《三国志》一则

魏文帝黄初三年春正月诏

(曹魏魏文帝黄初)三年，春正月丙寅朔，日有蚀之。庚午，行幸许昌宫。诏曰："今之计考①，古之贡士也。十室之邑，必有忠信，若限年然后取士，是吕尚、周晋不显于前世也。其令郡国所选，勿拘老幼，儒通经术，吏达文法，到皆试用。有司纠故不以实者。"

《三国志·魏书·文帝纪第二》

【简注】①计考：汉至隋唐州郡的官员每年都要考察地方贤才，并记录其德行，举荐、贡举至朝廷的制度。

【译文】（魏文帝黄初）三年，春正月丙寅初一，天上有日蚀出现。庚午，皇帝临幸许昌宫。下诏说："现在的官吏选拔，和以往的贡士制度是一样的。十室之邑，一定会有忠诚信实之人，如果取士限定人的年龄，那么吕尚、周晋这样的先哲良臣就不会显名于前世。令郡国选取的人才，不要拘泥于人的年龄老幼，只要是精通儒学、经术，通达吏法、文法，只要来到即可试用。有关司衙要及时纠正不按真才实学选拔人才的做法。"

《晋书》五则

魏元帝咸熙二年十一月乙未

（曹魏魏元帝咸熙二年十一月）乙未，令诸郡中正以六条举淹滞：一曰忠恪匪躬；二曰孝敬尽礼；三曰友于兄弟；四曰洁身劳谦；五曰信义可复；六曰学以为己。

《晋书·本纪第三·武帝》

【译文】（曹魏魏元帝咸熙二年十一月）乙未这一天，晋王（即晋武帝司马炎）下令各郡所举荐的中正用以下六条标准衡量，在全国范围内荐举人才或未被任用的贤人：一是具有忠诚勤谨品性的人，二是孝敬父母、性格虔敬、恪守礼仪的人，三是友悌兄弟的人，四是修身自洁勤勉谦虚的人，五是言行一致、诚信待人、待人接物合乎道义的人，六是学业有成的人。

晋安帝元兴初诏旨

元兴初，诏曰："夫孝行笃于闺门，清节厉乎风霜，实立人之所难，而君子之美致也。龙骧将军、广州刺史吴隐之[①]，孝友过人，禄均九族，菲己洁素，俭愈鱼飧[②]。夫处可欲之地，而能不改其操……朕有嘉焉。可进号前将军，赐钱五十万、谷千斛。"

《晋书·列传第六十·良吏·吴隐之》

【简注】①吴隐之：生年不详，卒于414年。字处默，东晋时濮阳鄄城人。是东晋时著名廉吏，曾仕为中书侍郎、左卫将军、广州刺史等职，官至度支尚书。　②鱼飧：鱼做的食物。一说即鱼羹。

【译文】（晋安帝）元兴初，皇帝下诏说："尽孝行、尽孝养于家中，品格清奇能立于风霜之中而不惧，这种品行实在是人们所难以达到的高度，这是一个君子所具有的美德。龙骧将军、广州刺史吴隐之，其品行孝友有过人之处，将其俸禄均于宗族之中，十分清廉，洁身自好，节俭朴实。世上有许多的欲望，却不能更改其节操……他的这些品行朕十分欣赏。可以进阶为前将军，赐给钱五十万，谷物千斛。"

后赵石勒清定五品令

（石）勒清定五品，以张宾领选。复续定九品。署张班为左执法郎，孟卓为右执法郎，典定士族[①]，副选举之任。令群僚及州郡岁各举秀才、至孝、廉清、贤良、直言、武勇之士各一人。置署都部从事各一部一州，秩二千石，职准丞相司直[②]。

《晋书·载记第五·石勒下》

【简注】①士族：即世族。东汉以后在封建地主阶级内部逐渐形成的世家大族。在政治、经济各方面都享有特权。士族制度于南北朝时最盛，至唐末渐趋消亡。　②丞相司直：是汉武帝元狩五年时初置官职名称，属丞相府，因此称之为"丞相司直"，其官秩为比二千石。负责协助丞相检举不法，地位在司隶校尉之上。

【译文】（石）勒制定了五品职官制度，以张宾负责选拔。之后又续定九品官制。任命张班为左执法郎，孟卓为右执法郎，负责典定士族，辅助选拔、荐举事务。令右官及各州郡每年推举秀才、至孝、贤良、直言、武勇之士各一人。设都部从事，总领一部一州，俸禄二千石，职位约当于丞相司直。

后秦高祖姚兴举孝廉令

（姚）兴①令郡国各岁贡清行孝廉一人。

《晋书 · 载记第十七 · 姚兴上》

【简注】 ①姚兴：生于366年，崩于416年。后秦皇帝。字子略，姚苌的长子，前秦时仕苻坚为太子舍人。姚苌建立秦（即后秦）后，立为皇太子，以晋太元十九年即皇帝位于槐里，至义熙十二年崩，在位二十二年，谥曰文桓皇帝，庙号高祖。

【译文】（姚）兴下令郡国每年都要贡举品行清廉、忠正和孝廉者各一人。

北燕太祖冯跋举孝廉令

（冯跋①）分遣使者，巡行郡国，孤老久疾不能自存者，振谷帛有差，孝悌力田闺门和顺者，皆褒显之。

《晋书 · 载记第二五 · 冯跋》

【简注】①冯跋：生年不详，崩于430年。南北朝十六国时期北燕建立者。409—430年在位。字文起，小字乞直伐。长乐信都人。后燕慕容宝时，署中卫将军。宝弟慕容熙嗣位后，为政暴虐，冯跋斩杀慕容熙，拥高云为天王。高云以之为征北大将军、录尚书事，封武邑公。十六国时后燕正始三年（409），高云为叛臣所杀，他平定叛乱，自立为天王，改元太平，史称北燕。在位22年，太平二十二年(430)，冯跋病亡，谥文成，庙号太祖。

【译文】（北朝北燕冯跋）分别派遣使者，巡行郡国，凡是孤苦、年老、久病不愈不能自存于世的人都赈济他们谷物、衣帛不等，孝敬父母的人、友悌兄弟的人、闺门和顺的人家，都褒扬、荣显他们。

《资治通鉴》一则

晋穆帝升平五年前秦符坚察举孝廉令

（晋穆帝升平五年）秦王坚[①]命牧伯守宰各举孝悌、廉直、文学、政事，察其所举，得人者赏之，非其人者罪之。由是人莫敢妄举，而请托不行，士皆自励，虽宗室外戚，无才能者皆弃不用。

宋 · 司马光《资治通鉴 · 卷一百零一 · 晋纪二十三 · 孝宗穆皇帝下》

【简注】①秦王坚：即前秦皇帝符坚。

【译文】（晋穆帝升平五年）秦王苻坚命令（前秦）各地的牧、伯、守、宰，向朝廷举荐具有孝悌品性、清廉率直品性、长于文学、精于政事的人才，要详细考察、举荐他们，如果所举荐的人的确是人才，国家将会对举荐之人给予奖赏，举荐非人的给予处罚。于是当时（前秦）官吏举荐人才时不敢妄举，请托举荐的风气不行于世，士子们都自励自己，这时即使是宗室子弟、外戚勋贵，没有才能的也都弃而不用。

三、法令条文

《晋书》五则

晋惠帝永平元年赐孝悌令

（永平元年五月）壬午，除天下户调绵绢，赐孝悌、高年、鳏寡、力田者帛，人三匹。

《晋书 · 帝纪第四 · 孝惠帝》

【译文】（晋孝惠帝永平元年五月）壬午这一天，免除天下百姓户调中的绵及绢二项，赐予孝敬父母的人、友悌兄弟的人、老年人、鳏夫寡妇、努力耕田者每人帛三匹。

晋五刑之三刺、三宥、三赦法

五刑之属犹有二千五百焉。乃置三刺①、三宥②、三赦③之法：一刺曰讯群臣，再刺曰讯群吏，三刺曰讯万民；一宥曰不识，再宥曰过失，三宥曰遗忘；一赦曰幼弱，再赦曰老耄，三赦曰蠢愚。

《晋书 · 志第二十 · 刑法》

【简注】①三刺：指三次察讯。周代治理重案，必依次与群臣、群吏和百姓三等人反复计议，然后定罪判决，以示审慎。　②三宥：指古代对犯罪者可从轻处理的三种情况。　③三赦：古代的一种赦免制度。谓对三种人可以免除刑罚。

【译文】晋代的五刑之中有律令二千五百多种。由于刑律条文繁多，于是制定了三种讯问方法、三种宽宥方法、三种赦免的方法：第一种是讯问群臣，第二种是讯问群吏，第三是讯问百姓；第一种宽宥是不知道律令条文而获罪，第二种宽宥是因过失而获罪，第三种宽宥是因遗忘而获罪；第一种宽赦的原因是获罪之人年龄幼小羸弱，第二种宽赦的原因是获罪之人是老年人，第三种宽赦的原因是获罪之人头脑不清、神智不明。

司马师修魏律之减连坐孝子法

景帝辅政，是时魏法，犯大逆者诛及已出之女……主簿程咸[①]上议曰："夫司寇作典，建三等之制；甫侯[②]修刑，通轻重之法。叔世[③]多变，秦立重辟，汉又修之。大魏承秦汉之弊，未及革制，所以追戮已出之女，诚欲殄丑类之族也。然则法贵得中，刑慎过制。臣以为女人有三从之义，无自专之道，出适他族，还丧父母，降其服纪，所以明外成之节，异在室之恩。而父母有罪，追刑已出之女，夫党见诛，又有随姓之戮，一人之身，内外受辟。今女既嫁，则为异姓之妻；如或产育，则为他族之母，此为元恶之所忽。戮无辜之所重，于防则不足惩奸乱之源，于情则伤孝子之心。男不得罪于他族，而女独婴戮于二门，非所以哀矜女弱，蠲明法制之本分也。臣以为在室之女，从父母之诛；既醮之妇，从夫家之罚。宜改旧科，以为永制。"

于是有诏改定律令。

《晋书 · 志第二十 · 刑法》

【简注】①程咸：生卒年不详，字延休，三国曹魏时曾仕为司隶校尉府主簿。晋代魏之后，历仕黄门郎、散骑常侍、左通直郎，累迁至侍中。 ②甫侯：周穆王的大臣。周穆王时周王室已呈现衰微之势，各地的诸侯有些不遵从王命，社会秩序出现了不安的现象，他建议周穆王加强刑法，于是作五刑三千条，其中含墨刑千条，劓刑千条，膑刑五百条，宫刑三百条，大辟即死刑二百条。因"五刑"是他建议制定的，因此当时所定的刑法又称《甫刑》。 ③叔世：即指变乱的时代。

【译文】景帝（即司马师）辅政时，国家使用的是魏律，犯大逆的人被诛杀罪及已经出嫁的妇女……主簿程咸奏议说："以前司寇作典章时，建立了三等制度；甫侯修正刑律时，通晓了刑罚的轻重。随着世事的变幻，秦代确立的重刑酷法，汉代对其进行了修正。大魏承继了秦汉律例的弊病，没有来得及变革，所以对于大逆罪行的处理罪及已出嫁的妇女，这是为了殄灭具有不好品性的家族的原因。但是法令可贵之处在于施行公正，刑罚的处理要谨慎，这是制度。臣以为女人被'三从'等规范所限制，没有自己做主的权力，出嫁他族之后，她的父母去世，其丧服还要降底规格，以明了外嫁从夫的礼节，与在本族族内之人的恩义是不同的。如果父母有罪，追刑于已出嫁的妇女，其夫家家族见到其被诛，又有随意戮杀他姓的隐患，一个人却受到内外两种律令的约束。

现在女子已经出嫁，成为异姓的妻室，如果已经产育，就会成为他族的母亲，这种情况可以被元恶所犯下的罪责所忽略。戮杀无辜的人所犯下重大的失误，对于防患来说不足以拔除、惩戒奸乱源泉，对于孝子来说，则会伤害孝子的感情。男子获罪不加罪于其他家族，而女子却获罪于二门，这并不是（臣）哀弱女，而是想申明法令的本来面目。臣以为对未出嫁的女子，可以从父母之诛，已出嫁的女子，应当随夫家之罚。建议修改律令，以后永为施行。”

于是皇帝下诏改定律令。

司马昭修魏律之废连坐父母法

文帝为晋王，患前代律令本注烦杂……于是令贾充[1]定法律……减枭斩族诛从坐之条；除谋反，適[2]养母出女嫁皆不复还坐父母弃市；省禁固相告之条；去捕亡、亡没为官奴婢之制；轻过误，老小女人当罚金杖罚者，皆令半之。重奸伯叔母之令，弃市。淫寡女，三岁刑。崇嫁娶之要，一以下娉为正，不理私约。峻礼教之防，准五服以制罪也。

《晋书 · 志第二十 · 刑法》

【简注】①贾充：生于217年，卒于282年，东汉平襄陵人，西晋开国元勋。爵至鲁郡公，谥为“武”。 ②適：適母，即嫡母。

【译文】晋文帝（即司马昭）为晋王时，因前代律令和法规的注释繁杂而忧虑……于是他让贾充（重新）制定律法……删减了枭斩、族诛、连坐等条文；去除谋反罪中的一些条文，谋反罪中嫡母、养母、已出嫁的女儿不再因父母获罪而被处决；减省禁止不许官员相互告发的条文；去除捕获的流亡，没为官奴的制度；犯小过失或者因故延误的老年人、未成年人、女子应处以罚款和杖责的，都下令减半。加重了奸淫伯母、叔母的法令，犯这些罪的人都要杀头。淫人妻女、寡妇，判三年。尊崇嫁娶的约定，一切以下聘礼为准，私下的约定不具效力。严明礼教大防，以五服为准则对违礼犯法的人进行裁定。

晋元帝简连坐拷问父母法

（晋元帝为丞相，权宜从事时）上书曰：“今施行诏书，有考子正父死刑，或鞭父母问子所在。近主者所称《庚寅诏书》，举家逃亡家长斩。若长是逃亡之主，斩之虽重犹可。设子孙犯事，将考祖父逃亡，逃亡是子孙，而父祖婴其酷。伤顺破教，如此者众。相隐之道离，则君臣之义废；君臣之义废，则犯上之奸生矣。秦网密文峻，汉兴，扫除烦苛，风移俗易，几于刑厝。大人革命，不得不荡其秽匿，通其圮滞。今诏书宜除者多，有便于当今，著为正条，则法差简易。”

《晋书 · 志第二十 · 刑法》

【译文】（晋元帝为丞相，权宜行事时）上书皇帝说："现在颁行的诏令文书中，有拷打儿子来指认其父罪行的规定，有鞭打父母讯问儿子处于何处的规定。这段时间以来，主管官员据《庚寅诏书》的条文，全家逃亡，则家长将被处死。如果家长是逃亡的主犯，杀了他虽然过重也是可以的，如果子孙犯了律法逃亡远方，却拷打其祖父、父亲（这显然是不合理的）。逃亡的是子孙，承担罪责的却是祖父、父亲，这样做既不合理又有伤教化，这种情况有许多。如果相互保护的道义被违背，那么君臣之间的大义也将会出现毁伤，君臣之义毁伤了，那么犯上作乱的情况就会滋生。秦王朝律法严酷，汉王朝建立之后，去除了烦杂律法，移风易俗，（有一段时间）律法几近不用。君主换代，都不得不去除旧有的、过时的污秽的政令，以疏通律令。而现在以诏书方式应该清除的旧法有很多，清除了才会对今天有利，将这些建议写进正条之中，那么律法便差不多可以简易了。”

《宋书》一则

晋武帝泰始元年诏

泰始元年，诏诸将吏二千石以下遭三年丧，听归终宁；庶人复除徭役。

《宋书 · 志第五 · 礼二》

【译文】（晋武帝）泰始元年，皇帝诏令：诸将、官吏二千石以下的遭父母三年丧，听任其回乡为其父母守制；百姓遇到这种事情要免除其徭役。

《隋书》一则

晋十六及六十六免课法

（晋）男女年十六已上至六十，为丁。男年十六，亦半课，年十八正课，六十六免课。

《隋书 · 志第十九 · 食货》

【译文】（晋制）男女年满十六岁以上至六十岁，被视为丁壮。男子年满十六岁向国家交纳一半的课税，年满十八向国家交纳完整的课税，六十六岁免除其课税。

《元经》一则

晋惠帝元康五年壬午赐孝悌令

（晋惠帝元康元年五月）壬午，赐天下孝悌高年鳏寡力田者帛。

隋 · 王通《元经 · 卷一》

【译文】（晋惠帝元康五年五月）壬午这一天，赐给天下孝敬父母、友悌兄弟的人、老年人、鳏寡之人、努力耕田的人帛（以表示国家的关心）。

四、养老与乡饮酒礼

《三国志》一则

魏高贵乡公甘露三年秋八月养老诏

（甘露三年秋八月丙寅）诏曰：“夫养老兴教，三代所以树风化，垂不朽也。必有三老、五更以崇至敬，乞言纳诲，著在惇史①，然后六合承流，下观而化。宜妙简德行，以充其选。关内侯王祥②，履仁秉义，雅志淳固。关内侯郑小同③，温恭孝友，帅礼不忒。其以祥为三老，小同为五更。”

《三国志·魏书·三少帝纪第四·高贵乡公髦》

【简注】①惇史：指有德行之人的言行记录。 ②王祥：生于185年，卒于269年。字休徵，东汉末琅邪临沂人，是旧《二十四孝》“卧冰求鲤”的主人公。三国曹魏文帝黄初期，被徐州刺史吕虔檄为别驾，后举秀才，累迁大司农。高贵乡公即位，封关内侯，拜光禄勋，转司隶校尉，迁太常，封万岁亭侯，为三老。陈留王即位，拜为司空，后转为太尉，加侍中，封睢陵侯。晋受魏禅，拜太保，进爵为公。泰始五年卒，年八十五，谥曰“元”。 ③郑小同：约生于193年，卒于268年。字子真，东汉末北海高密人，大司农郑玄之孙。三国曹魏文帝时为郎中。高贵乡公即位，进侍中。甘露中为五更，陈留王时加光禄大夫，被司马昭毒杀。有《礼义》四卷，《郑志》十一卷。

【译文】（魏高贵乡公甘露三年秋八月丙寅这一天）下诏说：“奉养老人兴起教化，是夏、商、周三代以来所建立的能树立良好礼俗的制度，也是其垂于不朽的原因。作为君主必定要尊奉三老、五更，向他们请教治理国家的方式和训诫之言，并让惇史记录下来，（之后将其记录下达于国家各地，）这样天下间才会承继这种良好的风尚，各地百姓也会因观摩而得到教化。三老、五更的选择要认真地用德行去评判，以德行、德操最好的人当选。关内侯王祥，素来仁德信义，具有高雅的节操和志向。关内侯郑小同，温良、恭谨、孝友集于一身，执礼行事从不逾矩。令以王祥为三老，郑小同为五更。”

《晋书》一则

晋武帝泰始六年十二月行乡饮酒礼诏

（晋）武帝泰始六年十二月，帝临辟雍，行乡饮酒之礼。诏曰："礼仪之废久矣，乃今复讲肄旧典。"赐太常绢百匹，丞、博士及学生牛酒。

《晋书 · 志十一 · 礼下》

【译文】（晋）武帝泰始六年十二月，皇帝驾临辟雍，行乡饮酒礼。并下诏说："礼仪已经废弃了很久，如今要重新开始宣讲、施行以往的典礼。"赐给太常寺绢百匹，太常丞、博士和学生牛酒。

第三卷　南朝

一、孝亲敬老诏令

《宋书》十二则

宋文帝元嘉十年春正月己未赦天下孤老令

（元嘉）十年春正月己未，大赦天下，孤老、六疾[①]不能自存者，人赐谷五斛……

《宋书·本纪第五·文帝》

【简注】①六疾：六种疾病的简称，即寒疾、热疾、末(四肢)疾、腹疾、惑疾、心疾。

【译文】（南朝宋文帝元嘉）十年春正月己未，大赦天下，孤苦的人、老年人、身患六疾不能自给的人，每人赐谷五斛……

宋文帝元嘉十四年春正月辛卯赦天下孤老令

（元嘉）十四年春正月辛卯，车驾亲祠南郊。大赦天下；文武赐位一等；孤老、六疾不能自存者，人赐谷五斛……

《宋书·本纪第五·文帝》

【译文】（元嘉）十四年春正月辛卯，皇帝车驾至南郊祭祀神灵。下令大赦天下，文武官员各赐位一等。孤苦的人、老年人、身患六疾不能自给的人，每人赐谷五斛……

宋文帝元嘉二十四年春正月甲戌赦天下孤老令

（元嘉）二十四年春正月甲戌，大赦天下，文武赐位一等。系囚降宥，诸逋负宽减各有差。孤老、六疾不能自存，人赐谷五斛。蠲建康、秣陵二县今年田租之半。

《宋书·本纪第五·文帝》

【译文】（元嘉）二十四年春正月甲戌，大赦天下，文武官员各赐一等。被判刑的罪犯降低刑罚等级，被拘捕的负有罪责的人根据不同情况放宽或减轻处罚不等。孤苦的人、老年人、身患六疾不能自给的人，每人赐谷五斛。蠲免建康、秣陵二县当年的田租一半。

宋文帝元嘉二十六年春三月丁巳诏

（元嘉二十六年）三月丁巳诏曰："朕违北京二十余载，虽云密尔，瞻涂莫从。今因四表[①]无尘，时和岁稔，复获拜奉旧茔，展罔极之思，飨燕故老，申追远之怀。固以义兼于桑梓，情加于过沛，永言慷慨，感慰实深。宜聿宣仁惠，覃被率土。其大赦天下，复丹徒县侨旧今岁租布之半，行所经县蠲田租之半。二千石官长并勤劳王务，宜有沾锡。登城三战及大将战亡坠没之家，老病单弱者，普加赡恤。遣使巡行百姓，问所疾苦。孤老、鳏寡、六疾不能自存者，人赐谷五斛。"

《宋书 · 本纪第五 · 文帝》

【简注】①四表：指四方极远之地，亦泛指天下。又：古代谶纬家谓地与星辰升降运行的终极之处。

【译文】（南朝宋文帝元嘉二十六年）三月丁巳这一天，皇帝下诏说："朕离开北边的京城（当年二月，文帝巡幸丹徒，拜谒京陵）已经二十多年，虽然说两地相距不远，可是却只能远远地眺望没有回去过。现在天下太平很少出现纷争，庄稼也出现丰收景象，（直至今年，朕）才得以回到家乡拜谒祖宗陵墓，表达自己无尽的思念，宴请故乡的老人，去诉说旧事，感怀往日的心情。（朕）对故乡恩义本来应加倍，比汉高祖刘邦对沛用情更深，（但当地的故老）不停地慷慨陈言，对（朕）宽慰的情谊实在深切，（劝谏朕）应当广宣朝廷的仁惠，广施恩泽于天下，（于是朕）下令大赦天下。免除丹徒县本地人和侨居人今年一半的田租。二千石的州郡官员因为勤劳王室，均应有所赏赐。登城杀敌三次的人及阵亡大将、为国丧身之人的家属，年老羸弱、多病单薄的人，均应由国家给予抚恤。派遣使者在国内巡视民情，徵询百姓疾苦。孤单的人、年老的人、鳏夫寡妇、身患疾病不能自给的人，每人赐米五斛。"

宋孝武帝孝建元年正月丙寅赐天下为父后诏

（孝建元年正月丙寅）赐天下为父后者爵一级，孝子、顺孙、义夫、节妇粟帛各有差。

《宋书 · 本纪第六 · 孝武帝》

【译文】（南朝宋孝武帝孝建元年正月丙寅）赐天下所有成为父亲的人赐爵一级，赐孝子、顺孙、义夫、节妇粟和帛，依据不同情况各有差别。

宋孝武帝大明三年秋七月赦天下蠲租令

（大明三年秋七月）辛未，大赦天下，尚方[①]长徒[②]、奚官[③]奴婢老疾者悉原放，孝子、顺孙、义夫、节妇，赐粟帛各有差，王畿下贫之家，与近行顿所由，并蠲租一年。

《宋书 · 本纪第六 · 孝武帝》

【简注】①尚方：多以役徒服劳作，因以为系罪囚之所。 ②长徒：长期服劳役。古代刑罚之一。 ③奚官：内附于官的奚人。

【译文】（南朝宋孝武帝大明三年秋七月）辛未这一天，大赦天下，（并下令全国各州郡将）年老的、患病的、长期服劳役的囚徒、奚官奴婢全部宽恕释放，孝子、顺孙、义夫、节妇依据不同情况赐予不等的粟和帛。京城附近、周边的贫苦之家，因军队过境和驻扎所到之处，均免除一年的田租。

宋孝武帝大明四年春正月乙亥赦天下令

（大明四年春正月）乙亥，车驾躬耕藉田[①]。大赦天下，尚方[②]徒系及逋租宿债，大明元年以前，一皆原除；力田之民，随才叙用；孝悌义顺，赐爵一级；孤老贫疾，人谷十斛；藉田职司，优沾普赉；百姓乏粮种，随宜贷给；吏宣劝有章者，详加褒进。

《宋书 · 本纪第六 · 孝武帝》

【简注】①藉田：即籍田。依礼法规定，籍田是天子或诸侯征用民力耕种的田地。每年春耕之前，天子或诸侯都要躬耕籍田，以示亲农和对农业的重视。 ②尚方：秦代时始置的制办和掌管宫廷饮食、器物的宫署。属少府辖管。汉末分中、左、右三尚方。令秩为六百石，魏晋南北朝沿用。

【译文】（南朝宋孝武帝大明四年春正月）乙亥这一天，皇帝的车驾来到躬耕籍田（祭祀后土的地方），以表示对生产的重视。（下令）大赦天下，免去在尚方署服役者的罪行及其拖欠的债务，这些罪行凡是在大明元年以前犯的一律免除；对勤于耕种的百姓，国家要量才给予任用；对具有孝敬父母、友悌兄弟、信守节义等品行的人赐晋爵一级；孤苦的人、老年人、贫困的人、有疾病不能自理的人，每人赐谷十斛；掌管皇帝亲耕之田的官署，从优给予赏赐；

如果百姓缺乏粮种，（各地官署）要根据情况借贷供给；官吏中如果出现劝导百姓有章法实绩的人，要详加访察并褒奖赐进。

宋孝武帝大明七年冬十月壬寅诏

（大明七年）冬十月壬寅，太子冠，赐王公以下帛各有差。戊申，车驾巡南豫州。诏曰："朕巡幸所经，先见百年者，及孤寡老疾，并赐粟帛。狱系刑罪，并亲听讼。其士庶或怨郁危滞，受抑吏司，或隐约洁立，负摈州里，皆听进朕前，面自陈诉。若忠信孝义，力田殖谷，一介之能，一艺之美，悉加旌赏。虽秋泽频降，而夏旱婴弊。可即开行仓，并加赈赐。"

《宋书 · 本纪第六 · 孝武帝》

【译文】（南朝孝武帝大明七年）冬十月壬寅这一天，太子行加冠礼，据不同品级，赐王公以下不等的帛。戊申这一天，皇帝车驾巡幸豫州，下诏说："朕巡幸所经过的地方，首先是见百岁以上的老人，孤苦、寡居、年老、疾病的人，一并赐予他们粟帛（以彰显国家恩义）。狱中的囚犯和身犯刑律的人，（朕都）亲自听其诉讼。其中富绅百姓如果有怨气的，面临危险的，或者被官吏压抑而不能申诉的，或者身家贫苦却品行高洁，而受州郡官吏排挤的人，都可以向朕陈诉。如果身具忠诚、信义、孝敬、节义等品质，又努力躬耕田亩，身具一技之长、一艺之美的人，都要给予旌扬褒奖。今年秋天雨水频仍，而夏季又干旱受灾（使得粮食收成减少）。因此可以即行开仓赈济，并且褒奖赏赐那些努力耕田的人。

宋前废帝永光元年十一月太皇太后令

（前废帝永光元年十一月）太皇太后令曰："司徒，领军，护军，八座[①]：子业虽曰嫡长，少禀凶毒，不仁不孝，著自髫龀。孝武弃世，属当辰历。自梓宫在殡，喜容腼然，天罚重离，欢恣滋甚。逼以内外维持，忍虐未露，而凶惨难抑，一旦肆祸，遂纵戮上宰，殄害辅臣。子鸾兄弟，先帝钟爱，含怨既往，枉加屠酷……人不自保，百姓遑遑，手足靡厝。行秽禽兽，罪盈三千。高祖之业将泯，七庙[②]之享几绝……未亡人余年不幸，婴此百艰，永寻情事，虽存若殒。当复奈何！当复奈何！"

葬废帝[③]丹阳秣陵县南郊坛西。

《宋书 · 本纪第七 · 前废帝》

【简注】①八座：也称为“八坐”。历代中央政府的八种高级官员。因历朝制度不一，所指亦不同。东汉时以六曹尚书并令、仆射为“八座”；三国时曹魏、南朝的宋、齐以五曹尚书、二仆射、亦令为“八座”；隋、唐以六尚书、左右仆射及令为“八座”。清代是对六部尚书的称呼。 ②七庙：本是指四亲（即父、祖、曾祖、高祖）之庙和二祧（高祖的父和祖父）庙，以及始祖庙。《礼记·王制》中记：“天子七庙，三昭三穆，与太祖之庙而七。”后泛指帝王的宗庙。七庙到汉朝时才确定下来，即帝王设七庙以供奉祖先，太祖庙位居正中，其左右各为三昭三穆。所以，因此后世往往以“七庙”作为王朝的代称。 ③废帝：即刘子业，南朝宋孝武帝子，南朝时刘宋的前废帝。因品性凶顽，在位期间，屠杀大臣、屠戮兄弟、乱淫姊妹，随意屠杀百姓，于永光元年被诸臣杀于宫中。

【译文】（南朝宋前废帝永光元年十一月）太皇太后下令旨说：“司徒、领军、护军、八座大臣：子业（即前废帝刘子业）虽然是先帝嫡子，但是他从小品性凶毒，不知道仁义，不懂得孝敬，这种品性是从小就具有了。孝武皇帝去世时，当时是辰时，皇帝的棺椁尚未下葬，子业就面露喜色，（听说皇上殡天）是受到上天惩罚，欢笑就更加放纵。（刚刚即位时）由于宫内宫外的维持，他的凶残本性未敢暴露，但其凶残本性却难以抑制，一朝得势之后，便随意屠杀臣子，残害辅命大臣。刘子鸾是其兄弟，因为被先帝所钟爱，（刘子业）却因为以往的怨气，枉加屠杀……（以至于）人人不能自保，百姓们惶惶不可终日。（刘子业）的行为污秽如同禽兽，他的罪过已超过三千。在他的残害下，高祖所建立的基业几于泯灭，七庙的供飨几近于断绝……未亡人（即太皇太后）余年遭遇到这种艰难的事情，重温以往，虽然活着却犹如死去一样，我该怎么办！我该怎么办！”

葬（前）废帝于丹阳郡秣陵县南郊坛的西边。

宋明帝泰始元年十二月诏

（泰始元年十二月）壬午，诏曰：“朕戡乱宁民，属膺景祚。鸿制初造，革道惟新。而国故频罗，仁泽偏壅。每鉴寐疚心，罔识攸济。巡方问俗，弘政所先。可分遣大使，广求民瘼，考守宰之良，采衡闾之善。若狱犴淹枉，伤民害教者，具以事闻。鳏寡孤独、癃[1]残六疾不能自存者，郡县优量赈给。贞妇孝子，高行力田，许悉条奏。务询舆诵，文纳嘉谋，每尽皇华[2]之旨，俾若朕亲览焉。”

《宋书 · 本纪第八 · 明帝》

【简注】①癃：足不能行或衰老病弱或小便不利之人。　②皇华：《诗·小雅》中的篇名。《国语·鲁语下》记：“‘皇皇者华’，君教使臣曰：每怀靡及，诹、谋、度、询，必咨于周。”后来便以“皇华”为赞颂奉命出使或派出使者的典故。

【译文】（南朝宋明帝泰始元年十二月）壬午这一天，皇帝下诏说：“朕戡定叛乱、安宁百姓，承继了先帝的大业。国家初定，理应革新旧制，可是国家却不断遭受到大的变故，使得君主的仁德不能遍及百姓。每当想到这里，（朕）都感到内疚，不知道如何才能度过这段困难时期。现在应该分遣使者，广泛地考求百姓疾苦，考查各州郡守宰的好坏，采纳百姓好的建议。如果出现长期被冤屈人，伤害百姓、妨害教化的人，各州郡、巡使要具实上报，鳏寡孤独、衰老残疾、身患六种重疾、不能独立生活者，郡县要给予救济。对于贞节的妇女、孝敬友悌、高行亮节、努力耕作者，要详尽地向朝廷奏报。派出的使者务必要尽职责，询问百姓、官员的议论，广泛地采纳建议，就如同朕亲自观览一样。”

宋明帝泰豫元年春正月甲寅朔改元赐孤老令

泰豫元年春正月甲寅朔，上有疾，不朝会。以疾患未痊，故改元。赐孤老贫疾粟帛各有差。

《宋书·本纪第八·明帝》

【译文】（南朝宋明帝）泰豫元年春正月甲寅初一，皇帝身患疾病，没有举行朝会。因为皇帝疾病没有痊愈，所以改年号为泰豫，赐孤苦的人、老年人、贫苦之人、身患疾病的人粟帛，相关司衙要依据不同情况给予赐赠。

宋后废帝元徽二年丙戌赦天下赐父后、三老、孝悌爵令

（元徽二年）十一月丙戌，御加元服[①]，大赦天下。赐民男子爵一级，为父后及三老、孝悌、力田者，爵二级；鳏寡、孤独、笃癃不能自存者，谷五斛，年八十以上，加帛一匹；大酺五日，赐王公以下各有差。

《宋书·本纪第九·后废帝》

【简注】①元服：古时年轻男子加冠礼的仪式，加冠之后则视为成年。

【译文】（南朝宋后废帝元徽二年）十一月丙戌这一天，皇帝行加冠礼，大赦天下。赐晋天下男子晋爵一级，已成为父亲的及（各州、郡、县、乡）三

老、具有孝敬老人友悌兄弟品性的人、努力耕作的人，赐晋爵二级。赐予鳏夫寡妇、孤苦孤独的人、患重疾不能自理的人每人谷五斛，年八十以上老人加赐帛一匹。国家大宴五天，赐王公及以下官员不等的赏赐。

《南齐书》八则

齐武帝永明四年春闰月辛亥诏

（永明四年春闰月）辛亥，车驾藉田[①]。诏曰："夫耕藉所以表敬，亲载所以率民。朕景行前规，躬执良耜，千畛咸事，六稔可期，教义克宣，诚感兼畅。重以天符灵贶，岁月鳞萃，宝鼎开玉匣之祥，嘉禾发同穗之颖，甘露凝晖于坰牧，神爵骞翥于兰囿。斯乃宗稷之庆，岂寡薄所臻。思俾休和，覃兹黔皂，见刑罪殊死以下，悉原宥。诸逋负在三年以前尤穷弊者，一皆蠲除。孝悌力田，详授爵位，孤老贫穷，赐谷十石。凡欲附农而粮种阙乏者，并加给贷，务在优厚。"

……

三月辛亥，国子讲《孝经》，车驾幸学，赐国子祭酒、博士、助教绢各有差。

《南齐书 · 本纪第三 · 武帝》

【简注】①藉田：藉，通"籍"。藉田礼是古时天子、诸侯在春天所行一种表示重视农耕的礼法。一般来说，每年在春耕前，天子、诸侯都要躬尽藉田礼，以示对农业的重视。

【译文】（南朝齐武帝永明四年春闰月）辛亥这一天，皇帝乘车驾去行籍田礼。下诏说："耕种和籍田是为了表示对天地和百姓耕种的敬意，亲自使用工具是为百姓作出表率。朕依照以往的规定，亲自持农耕工具去籍田，（可以预见天下的）田间道路均得到整治，谷物得到丰收，国家的教化可以得到宣扬，（百姓会因此）感恩而使得政令通畅。再加上这段时间上天降下了符瑞、赐予恩惠，宝鼎中出现玉匣等祥瑞，农田之中出现一茎多穗和吉祥之禾，甘露所凝结的晨光照耀着野外，神赐之爵游于御苑之中，这些现象，都是祖宗、社稷的赐福，并不是因为朕的德行能够得到的。（因此）朕想让这些福瑞所带来的欢快推及到百姓之中，（因此下令）现正在服役的罪囚除死罪以外，全部赦免，拖欠官府钱粮、赋税三年以上且特别贫困的人，所欠赋税一律免除。孝敬父母、友悌兄弟、努力耕田的人，（各州郡要）详察上报，并由国家授予爵位，孤苦的人、贫穷的人、老年人，国家赐给谷物十石，凡是打算耕种但又缺少粮种的，借贷粮种给他们。国家对他们一律给予优厚的待遇。”

……

三月辛亥这一天，在国子监讲《孝经》，皇帝乘车驾到来，赏赐国子祭酒、博士、助教绢，根据不同官秩不等赐予。

齐武帝永明五年春正月辛卯诏

（永明五年春正月）辛卯，诏曰：“朕昧爽[①]丕显，思康民瘼。虽年谷亟登，而饥馑代有。今履端肇运，阳和告始，宜协时休，覃兹黎庶。诸孤老贫病，并赐粮饩，遣使亲赋，每存均普。”

《南齐书 · 本纪第三 · 武帝》

【简注】①昧爽：即拂晓或黎明。《尚书 · 牧誓》中有“时甲子昧爽，王朝至于商郊牧野”句，所说即为天刚黎明周王朝的军队到达商都牧野郊外一事。

【译文】（南朝齐武帝永明五年春正月）辛卯这一天，皇帝下诏说：“朕每每通宵不眠，所考虑的是如何解脱民间百姓的疾苦，然而国家各地的饥荒却依然交替发生。现在朕承继大业，国运开始发生变化，就如同春天阳气刚刚萌动、发生，这时侯应该协调时令与民休息，广布恩泽于百姓。那些孤苦的、年老的、贫困的、病患的人，都要赐予粮食，要派遣使者亲自发放，要做到普遍平均。”

齐武帝永明六年秋八月乙卯诏

（永明六年）八月乙卯，诏“吴兴、义兴水潦，被水之乡，赐痼疾笃癃口二斛，老疾一斛，小口五斗”。

《南齐书 · 本纪第三 · 武帝》

【译文】（永明六年）八月乙卯这一天，皇帝下诏说：“吴兴、义兴受到水灾，凡是被水灾侵害的地方，国家将赐给久病不愈的人每人谷物二斛，老年得病的人一斛，小孩五斗。”

齐武帝永明十年春正月戊午诏

（永明）十年春正月戊午，诏：“诸责负众逋七年以前，悉原除，高赀不在例。孤老六疾，人谷五斛。内外有务众官增禄俸。”

《南齐书 · 本纪第三 · 武帝》

【译文】（南朝齐武帝永明）十年春正月戊午这一天，皇帝下诏说："拖欠债务达七年以上的，全部免除，高债务不在此列。孤苦的老人、身患六种疾病不能自存之人，每人赐谷五斛，在朝廷内任职的官员增加俸禄。"

齐武帝永明十一年诏

（永明十一年）诏“赐天下为父后者爵一级，孝子顺孙义夫节妇粟臬各有差”。

《南齐书 · 本纪第三 · 武帝》

【译文】（永明十一年）皇帝下诏说："赐给已经成为父亲是家中继承人的人爵一级，孝敬老人的人、温顺父母的子孙、有信义的人、贞节的妇女，依据不同情况赐予粟和钱不等。"

齐武帝永明十一年秋七月丁巳诏

秋七月丁巳，诏曰：“顷风水为灾，二岸居民，多离其患。加以贫病六疾，孤老稚弱，弥足矜念。遣中书舍人[①]履行沾恤。”

《南齐书 · 本纪第三 · 武帝》

【简注】①中书舍人：中书省的属官。汉代设中书令，掌传宣诏令，以宦者为之，后多任用名望之士。掌撰拟、缮写之事。

【译文】（齐武帝永明十一年）秋七月丁巳这一天，皇帝下诏说："这段时间大风、洪水成灾，（大江）两岸的百姓，因灾难而出现流离失所的现象。尤其是贫苦的人、身患六种疾病不能自理的人、孤苦的老人、稚弱的人，更加令人挂念。（朕）派遣中书舍人代替国家施行抚恤的任务。"

齐明帝建武元年十一月庚子诏

（建武元年十一月）戊子，立皇太子宝卷[①]，赐天下为父后者爵一级，孝子从孙，义夫节妇，普加甄赐明扬，表其衡闾，赉以束帛……

庚子，诏曰：“日者百司耆齿，许以自陈，东西二省，犹沾微俸，辞事私庭，荣禄兼谢，兴言爱老，实有矜怀。自缙绅年及，可一遵永明七年[②]以前铨叙之科。”

《南齐书 · 本纪第六 · 明帝》

【简注】①太子宝卷：即南北朝南齐皇帝东昏侯萧宝卷。　②永明：南朝齐武帝年号，永明七年即公元489年。

【译文】（南朝齐建武元年十一月）戊子这一天，册立（萧）宝卷为皇太子，赐晋天下已成为父亲的家族继承人爵一级，孝养老人、敬顺父母子孙、有信义的人和贞洁妇女，各级官员要详加甄别明令给予表彰，在其所居街闾给予显扬，并赐以束帛以彰显他们的行义……

庚子这一天，皇帝又下诏说："以往百官年龄大了可以自己上陈情表，还可以在东西二省享有微薄的俸禄，如果辞去官职经营自己的产业，国家的俸禄便不再供给。国家提倡爱老，实在是心存怜悯之心。士大夫到了致仕年龄，可以按照永明七年以前官吏的升降条例执行。"

齐东昏侯永元元年春正月戊寅大赦改元诏

永元元年春正月戊寅，大赦，改元。诏研策秀、孝，考课[①]百司。辛卯，车驾祠南郊。诏三品清资官[②]以上应食禄者，有二亲或祖父母年登七十，并给见钱。

《南齐书·本纪第七·东昏侯》

【简注】①考课：所谓考课有两层含义：一是考，即考察自中央至地方各级官吏在其任职期间执行国家法令的具体表现；二是课，就是依照国家的行政计划进行督课。　②清资官：魏晋时期至唐代时多由士族担任的清贵官职。范文澜著《中国通史》第三编中注称："唐制，士族称为清流，做官称为清资官。"

【译文】（南朝齐东昏侯）永元元年春正月戊寅这一天，大赦天下，改年号。下诏策试秀才、孝廉，考课百官。辛卯这一天，皇帝车驾至南郊祭祀。下诏三品以上清资官食国家俸禄的人，如果家中双亲或者祖父母年龄已到七十的，国家都赐予现钱。

《梁书》十九则

梁武帝天监元年夏四月丁卯诏

（天监元年夏四月丁卯）诏曰："宋氏以来，并恣淫侈，倾宫之富，遂盈数千……弊国伤和，莫斯为甚。凡后宫乐府，西解暴室，诸如此例，一皆放遣。若衰老不能自存，官给廪食。”

《梁书 · 本纪第二 · 武帝中》

【译文】（南朝梁武帝天监元年夏四月丁卯）皇帝下诏说：“自宋王朝建立以来，历代帝王都有着恣意放纵、淫乱、奢侈的习气，他们居住的宫殿巍峨壮丽，其宫室竟达数千……（他们）败坏了国家的政治制度，中伤了天地间的中和之气，已经没有什么比这些行为更严重的了。（今后）在后宫、乐府中的，后宫治病在暴室中的，全部释放遣送回籍。如果因为年老而不能自立、自存的，国家给予口粮。”

梁武帝天监十三年二月丁亥诏

（天监十三年）二月丁亥，舆驾亲耕籍田，赦天下，孝悌力田赐爵一级。

《梁书 · 本纪第二 · 武帝中》

【译文】（南朝梁武帝天监十三年）二月丁亥这一天，皇帝车驾亲至行籍田礼，下令大赦天下，赐晋孝敬父母、友悌兄弟、努力耕田的人爵一级。

梁武帝天监十四年春正月辛亥诏

（天监十四年春正月）辛亥，舆驾亲祠南郊。诏曰：“朕恭祇明祀，昭事上灵。临竹宫而登泰坛，服裘冕而奉苍璧，柴①望②既升，诚敬克展，思所以对越乾元，弘宣德教③，而缺于治道④，政法多昧，实伫群才，用康庶绩。可班下远近，博采英异。若有确然乡党，独行州闾，肥遁丘园，不求闻达，藏器待时，未加收采，或贤良方正，孝悌力田，并即腾奏，具以名上。当擢彼周行，试以邦邑。庶百司咸事，兆民无隐。……”

《梁书 · 本纪第二 · 武帝中》

【简注】①柴：也写作“祡”，一种祭天的方式，即烧柴祭天。 ②望：即望祭，是指古时帝王对山川、日月、星辰的祭祀。 ③德教：即道德教化。语出《孟子 · 离娄上》：“巨室之所慕，一国慕之；一国之所慕，天下慕之；故沛然德教溢乎四海。” ④治道：治理国家的方针、政策、措施等。

【译文】（南朝梁武帝天监十四年春正月）辛亥这一天，皇帝车舆亲至祭礼于南郊。并且下诏说：“朕非常恭敬地对待重大的祭祀，用勤勉的态度去侍奉天帝。车驾行至竹宫，步行登上泰坛，身上穿着大裘、头上戴着冠冕、手中捧着苍璧（去进行祭祀），（祭祀过程中）柴祭、望祭已升位，朕虔诚的心意已经展现，想用以答谢上苍颂扬上天，以弘扬上天的德泽教化，却因为自己缺少治国经验，所施政令多有失误之处，（使得朕心中十分忧虑，）因此朕（决定）广泛聚合天下的英才，让他们来处理政事。（朕的这种想法）可颁布于全国各地，在全国范围内博取德才非凡之人。乡党之中有具有诚信笃实品性的人才，州郡之中有志气高洁、操行高尚的人才，山野之中有退居隐逸的贤士，这些人不求闻达于世，却怀抱才智等待伸展的机会；或者州郡之中具有贤良品性的人，德行方正的人，孝敬老人友悌兄弟、努力耕田的人，（地方官员）都要具实立即上奏，备列他们的名字于奏折之上。（国家）将提拔他们出任朝廷的官吏，让他们试任地方官职。（朕）希望各级官员都能恪尽职守，使得天下不再藏有隐逸之士……”

梁武帝天监十六年春正月辛未诏

（天监）十六年春正月辛未，舆驾亲祠南郊，诏曰：“朕当扆[①]思治，政道未明，昧旦[②]劬劳，亟移星纪。今太皞[③]御气、句芒[④]首节，升中就阳，禋[⑤]敬克展，务承天休，布兹和泽。尤贫之家，勿收今年三调；其无田业者，所在量宜赋给；若民有产子，即依格优蠲；孤老鳏寡不能自存，咸加赈恤。班下四方。诸州郡县，时理狱讼，勿使冤滞，并若亲览。”

《梁书·本纪第二·武帝中》

【简注】①扆：古时的一种屏风，可代指朝堂。 ②昧旦：指天将明未明的时候。 ③太皞：亦作可写作“太昊”，是传说中的上古帝王伏羲氏的名字。秦汉时阴阳家认为五帝可配享四时五方，以为太皞以木德王天下，可配东方，是司春之神。 ④句芒：古代传说中的主木的神灵，又为木神的名字。 ⑤禋：祭天的一种形式。《说文解字》说：“禋，洁祀也。”即是祭天的一种礼仪。先燔柴升起烟，再加牲体或玉帛于柴上焚烧，以向上天求福。

【译文】（南朝梁武帝天监）十六年春正月辛未这一天，皇帝的车舆亲至南郊祭祀，并且下诏说：“朕登临朝堂听政，是想重现天下太平的治世，却因为施政时不是那么通晓治国之道，于是破晓时朕便开始辛苦劳作，到现在已经有许多年了。此时正是早晨太皞御风奔驰、句芒首创功绩之时，祭天就应当像葵那样向着太阳，并以此表达朕虔诚的心意，（也正因为这样国家）幸运地蒙受上天的赐福、保祐，广施德泽于万民。（令）赤贫的家庭，不再收取今年的粟、帛、杂三调；没有土地的人家，由所在之地的官署酌量分配土地；如果百姓中有生孩子的家庭，则依照制度宽减赋税；年老、羸弱、鳏寡不能自立的人，都要给予救济。此令颁行四方。各州郡县官员要及时地审理讼案，不要出现滞停未审的冤案，各级官员在处理政事时，犹如朕在场一样不得懈怠。”

梁武帝天监十八年春正月辛卯诏

（天监十八年春正月）辛卯，舆驾亲祠南郊，孝悌力田赐爵一级。

《梁书 · 本纪第二 · 武帝中》

【译文】（南朝梁武帝天监十八年春正月）辛卯这一天，皇帝车驾亲至南郊外祭祀，赐孝敬父母、友悌兄弟、努力耕作的人晋爵一级。

梁武帝普通元年春正月乙亥改元赐孝悌力田勿收常调诏

普通元年春正月乙亥朔，改元，大赦天下，赐文武劳位，孝悌力田爵一级，尤贫之家，勿收常调，鳏寡孤独，并加赡恤。

《梁书 · 本纪第三 · 武帝下》

【译文】（南朝梁武帝）普通元年春正月乙亥初一这一天，皇帝改“天监”年号为“普通”，下令大赦天下，因文武官员辅政辛苦，赐予他们劳绩品级，赐晋孝敬父母、友悌兄弟、努力耕田的人爵一级，尤其是贫苦之家，（对他们）国家不再征收今年正常的赋税。鳏夫寡妇及孤独的人，各级官府都要给予救助和抚恤。

梁武帝普通二年春正月辛巳诏

（普通二年春正月辛巳）诏曰：“春司御气，虔恭报祀，陶匏[①]克诚，苍璧礼备，思随乾覆，布兹亭育。凡民有单老孤稚不能自存，主者郡县咸加收养，赡给衣食，每令周足，以终其身。又于京师置孤独园，孤幼有归，华发不匮。若终年命，厚加料理。尤穷之家，勿收租赋。”戊子，大赦天下。

《梁书 · 本纪第三 · 武帝下》

【简注】①陶匏：陶制的尊、簋、俎豆和壶等器皿。可泛指实用且合于古制的器物。也可借喻为教化。

【译文】（南朝梁武帝普通二年春正月辛巳这一天）皇帝下诏说：“春天祭祀是为了更好地尊奉上天，以使节气适时，祭祀时心态一定要恭敬，陶制的器皿的烧制和使用心中一定要怀有诚实的心态，青、黑色玉璧在使用祭祀的时候，礼仪一定要完备，祭祀时的思虑要依照上天的意旨，以托庇其恩德，去抚育万物。（令）凡是百姓中年老孤单的人和年幼失怙的幼童，不能养活自己的人，国家各级官府要收养他们，赈济他们衣食，一定要让他们感到衣食充足，以维持他们的生活。另在京城外要设立‘孤独园’，让失怙的幼儿有归宿，让老年人生活不再匮乏，如果（他们）去世，相关司衙要用厚重的礼仪去安葬他们。对于特别贫苦的家庭，不要征收其田租和赋税。”戊子这一天，下令大赦天下。

梁武帝普通四年春二月乙亥诏

（普通四年二月乙亥）诏曰：“夫耕籍之义大矣哉！粢盛由之而兴，礼节因之以著，古者哲王咸用此作。卷言八政[①]，致兹千亩，公卿百辟，恪恭其仪，九推毕礼，馨香靡替。兼以风云叶律，气象光华，属览休辰，思加奖劝。可班下远近，广辟良畴，公私畎亩，务尽地利。若欲附农而粮种有乏，亦加贷恤，每使优遍。孝悌力田赐爵一级。预耕之司，克日劳酒。”

《梁书 · 本纪第三 · 武帝下》

【简注】①八政：即古代国家施政的八个方面。《尚书 · 洪范》中记：“八政：一曰食，二曰货，三曰祀，四曰司空，五曰司徒，六曰司寇，七曰宾，八曰师。”后世所称的“八政”多依此。另外《礼记 · 王制》中记：“八政：饮食、衣服、事为、异别、度、量、数、制。”郑玄的注释义认为：“饮食为上，衣服次之；事为，谓百工技艺也；异别，五方用器不同也；度，丈尺也；量，斗斛也；数，百十也；制，布帛幅广狭也。”

【译文】（南朝梁武帝普通四年二月乙亥这一天，）皇帝下诏说：“耕种籍田这件事的意义十分重大呀！祭祀上天的祭品由此产生，祭天时的礼节由此而完备，古代英明君主都因此得到上天的认可而使国家兴盛。回想治国的八种政事，实行‘籍田’是其中之一，祭田达到了千亩，百官公卿在祭祀时都恭敬地执行礼仪，当九次拨土的礼仪完成之后，祭田之中的祭品不断供给上来（都是因为‘籍田’的原因）。再加上这几年风调雨顺，使得国家气象万千，（朕）想到国家正逢这种美好的时刻，考虑着要进行奖励以激励民风。可颁布政令于各地，广泛地开垦良田。公田、私田都要尽收土地的效益，如果出现（流民）要归农而缺乏种子的，国家可以借贷给他们，借贷的政策一定要优厚，供给一定要周到，赐晋孝敬父母的人、友悌兄弟的人、努力耕种的人爵一级。对参与耕种的官员，各地要选定时间设酒宴去慰劳他们。”

梁武帝中大通元年正月辛酉赦天下赐孝悌令

中大通元年正月辛酉，舆驾亲祠南郊，大赦天下，孝悌力田赐爵一级。

《梁书 · 本纪第三 · 武帝下》

【译文】（南朝梁武帝）中大通元年正月辛酉这一天，皇帝车驾至南郊亲自祭祀，下令大赦天下，赐孝敬父母、友悌兄弟、努力耕作的人晋爵一级。

梁武帝中大通三年春正月辛巳赦天下赐孝悌令

（中大通）三年春正月辛巳，舆驾亲祠南郊，大赦天下，孝悌力田赐爵一级。

《梁书 · 本纪第三 · 武帝下》

【译文】（南朝梁武帝中大通）三年春正月辛巳这一天，皇帝车驾至南郊亲自祭祀，下令大赦天下，赐孝敬父母的人、友悌兄弟的人、努力耕作的人晋爵一级。

梁武帝中大通五年春正月辛卯赦天下赐孝悌令

（中大通）五年春正月辛卯，舆驾亲祠南郊，大赦天下，孝悌力田赐爵一级……

《梁书 · 本纪第三 · 武帝下》

【译文】（南朝梁武帝中大通）五年春正月辛卯这一天，皇帝车驾亲至祭祀于南郊，下令大赦天下，赐孝敬父母、友悌兄弟、努力耕作的人晋爵一级。

梁武帝中大通六年春二月癸亥赦天下赐孝悌令

（中大通）六年春二月癸亥，舆驾亲耕籍田，大赦天下，孝悌力田赐爵一级。

《梁书 · 本纪第三 · 武帝下》

【译文】（南朝梁武帝中大通）六年春二月癸亥这一天，皇帝车驾亲至行籍田礼，下令大赦天下，赐孝敬父母、友悌兄弟、努力耕作的人晋爵一级。

梁武帝大同三年春正月辛丑赦天下赐孝悌令

（大同）三年春正月辛丑，舆驾亲祠南郊，大赦天下，孝悌力田赐爵一级。

《梁书 · 本纪第三 · 武帝下》

【译文】（南朝梁武帝大同）三年春正月辛丑这一天，皇帝车驾亲至祭祀于南郊，下令大赦天下，赐孝敬父母、友悌兄弟、努力耕作的人晋爵一级。

梁武帝大同五年春正月辛未赦天下赐孝悌诏

（大同五年春正月）辛未，舆驾亲祠南郊，诏孝悌力田及州闾乡党称为善人[①]者，各赐爵一级，并勒属所以时奏上。

《梁书 · 本纪第三 · 武帝下》

【简注】①善人：即有道德的人，善良的人。语出《论语·述而》："善人，吾不得而见之矣，得见有恒者，斯可矣。" 邢昺注疏说："善人，即君子也。"

【译文】（南朝梁武帝大同五年春正月）辛未这一天，皇帝车驾亲至祭祀于南郊，下诏孝敬父母、友悌兄弟、努力耕作以及州县之中、乡党之间被称为善人的，各赐晋爵一级，并令各地官属写明原因及时上奏朝廷。

梁武帝大同十年春三月壬寅诏

（大同十年春）三月甲午，舆驾幸兰陵，谒建宁陵。辛丑，至修陵。壬寅，诏曰："朕自违桑梓，五十余载，乃眷东顾，靡日不思。今四方款关，海外有截，狱讼稍简，国务小闲，始获展敬园陵，但增感恸。故乡老少，接踵远至，情貌孜孜，若归于父，宜有以慰其此心。并可锡位一阶，并加颁赉。所经县邑，无出今年租赋。监所责民，蠲复二年。并普赉内外从官军主左右钱米各有差。"……庚戌，幸回宾亭，宴帝乡故老及所经近县奉迎候者少长数千人，各赉钱二千。

《梁书 · 本纪第三 · 武帝下》

【译文】（南朝梁武帝大同十年春）三月甲午这一天，皇帝车驾前往兰陵，拜谒建宁陵。辛丑这一天，皇帝车驾到达修陵。壬寅这一天，皇帝下诏说："朕自从离开故乡，已经五十多年，没有哪一天不眷念着东方，没有哪一天不思念故乡。现在四方归附，海外诸侯听命，国家讼诉案件减少了许多，国家政事之余（朕）也稍有闲暇的时间，这才能回到故土来到祖陵，以表达自己的敬意，这时心中平添了许多伤感和悲恸。故乡的老少接连从远方到来，他们神情真挚，朕就像回到了父辈的身边，（他们的这种感情）也应该安抚朕的游子之心了罢！这些人都可以赐晋官位一级（以表示褒奖），并对他们给予赏赐。车驾所经过的郡县，不交纳今年的租赋，监、司各衙属已经收取过的，免除二年的租赋。同时依不同品级赏赐钱米给车驾内、外随从官员及军佐不等。"……庚戌这一天，车驾前往宾亭，宴请皇帝故乡的老人和所经过附近州县的老少数千人，每人赐钱二千文。

梁武帝中大同元年夏四月丙戌赦天下改元赐孝悌令

（中大同元年）夏四月丙戌，于同泰寺解讲，设法会①。大赦，改元，孝悌力田为父后者赐爵一级，赉宿卫文武各有差。

《梁书 · 本纪第三 · 武帝下》

【简注】①法会：佛教用语，指供佛、施僧、说法等宗教集会。

【译文】（南朝梁武帝中大同元年）夏四月丙戌这一天，皇帝在同泰寺讲解佛家精义，设立法会。大赦天下罪囚，改“大同”年号为“中大同”，赐孝敬父母、友悌兄弟、努力耕田的人晋爵位一级，赏赐守卫的文武官员（钱帛）不等。

梁武帝太清元年夏四月丁亥改元大赦赐孝悌令

（太清元年）夏四月丁亥，舆驾还宫，大赦天下，改元，孝悌力田为父后者赐爵一级。

《梁书 · 本纪三 · 武帝下》

【译文】（南朝梁武帝太清元年）夏四月丁亥这一天，皇帝车驾回至宫庭之中，下令大赦天下，改“中大同”年号为“太清”，赐孝敬父母、友悌兄弟、努力耕作的人和已有子女的家族继承人晋爵一级。

梁元帝承圣元年冬十一月丙子诏

承圣元年冬十一月丙子，世祖即皇帝位于江陵。诏曰：“夫树之以君，司牧黔首。帝尧之心，岂贵黄屋，诚弗获已而临莅之……可改太清六年为承圣元年。逋租宿责，并许弘贷；孝子义孙，可悉赐爵；长徒锁士①，特加原宥；禁锢夺劳②，一皆旷荡。”

《梁书 · 本纪第五 · 元帝》

【简注】①锁士：指被囚禁的士人。 ②夺劳：古时对犯罪官吏剥夺其职务，令其服劳役的一种制度。

【译文】（南朝梁元帝）承圣元年冬十一月丙子这一天，世祖皇帝即位于江陵。下诏说：“国家拥立君主，是为了管理百姓、治理国家。帝尧治理天下的心志，难道仅是看重了权势？实际上是不得已而登上了帝位……可以改‘太清六年’的年号为‘承圣元年’，拖欠国家旧日租税的人允许宽免，孝敬父母的人国家都可以赐予爵位，触犯法令的人特别加以宽宥，因禁锢而失去劳作机会的人解除禁锢。”

梁敬帝太平元年九月壬寅改元赦天下赐孝悌令

（太平元年）九月壬寅，改元大赦，孝悌力田赐爵一级，殊才异行，所在奏闻，饥难流移，勒归本土……

《梁书 · 本纪第六 · 敬帝》

【译文】（南朝梁敬帝太平元年）九月壬寅这一天，皇帝改“绍泰”年号为“太平”，下令大赦天下，赐孝敬父母、友悌兄弟、努力耕作的人晋爵一级。身具特殊才能、品行卓异有木”

《陈书 · 本纪第三 · 世祖》

【译文】（南朝陈世祖）永定三年六月景午这一天，陈高祖崩逝，遗诏陈世祖陈蒨承继帝位……陈世祖在太极殿登基即位。并且下诏说：“上天降下了灾祸，累及了国家，大行皇帝离开了自己的国家、百姓，天下百姓就像丧失了主心骨一样无所适从，（朕）也失去了父亲……文武官员，根据各自功绩加官晋爵。赐孝敬父母、友悌兄弟、努力耕田的人和已为人父的家庭继承人晋爵一级。”

陈世祖天嘉元年春正月癸丑诏

天嘉元年春正月癸丑，诏曰：“朕以寡昧，嗣纂洪业，哀茕在疚，治道弗昭，仰惟前德，幽显遐畅，恭己不言，庶几无改。虽宏图懋轨，日月方弘，而清庙廓然，圣灵浸远，感寻永往，瞻言罔极。今四象①运周，三元②告献，华夷胥洎，玉帛骏奔，思覃遗泽，播之亿兆。其大赦天下，改永定四年为天嘉元年。鳏寡孤独不能自存立者，赐谷人五斛。孝悌力田殊行异等，加爵一级。”

《陈书 · 本纪第三 · 世祖》

【简注】①四象：指春夏秋冬四时。体现于卦上，指少阳、老阳、少阴、老阴四种爻象。古时用来表示天空东、北、西、南四个方向的星象。即东方苍龙，北方玄武，西方白虎，南方朱雀。

②三元：农历正月初一，年、月、日的开始，称为三元。旧历称农历正月、七月、十月的十五日为上元、中元、下元，统称为三元。或号天、地、人或指日、月、星，这里应代指天象。

【译文】（南朝陈世祖）天嘉元年春正月癸丑这一天，皇帝下诏说：“朕以浅薄的德行，承继了祖宗的大业，内心十分的愧疚，（朕）治理国家不能彰显德行，只是依靠先帝的遗德才得以正大位，才可以将德行显达于幽昧之间，将政令通达于远方之地，（在处理政事上，朕）神情肃穆，不敢自作主张，施政方略基本上不去更改先帝治国的方略、教化的方针。国家现在正常运行，是因为庙堂清明、先帝圣灵护佑的原因，（朕）的心中感怀不已，现在天地四象正常运转、三元处在合适位置，中外各国咸来朝贺，玉帛等贡品出现在朝堂，这都是因为先帝的遗泽，遍及于万民。（下令）大赦天下，改年号‘永定四年’为‘天嘉元年’，鳏夫寡妇及孤独不能自养的人，每人赐谷物五斛，孝敬父母、友悌兄弟、努力耕田、品行殊异的人，赐晋爵一级。”

陈世祖天嘉三年春正月辛亥诏

（天嘉）三年春正月庚戌，庙帷宫于南郊，币告胡公以配天。辛亥，舆驾亲祠南郊。诏曰：“朕负荷宝图，亟回星琯，兢兢业业，庶几治定，而德化不孚，俗弊滋甚，永言念之，无忘日夜。阳和布气，昭事上玄，躬奉牲玉，诚兼飨敬，思与黎元，被斯宽惠。可普赐民爵一级。其孝悌力田，别加一等。”……

秋七月己丑，皇太子纳妃王氏，在位文武赐帛各有差，孝悌力田为父后者赐爵二级。

《陈书 · 本纪第三 · 世祖》

【译文】（南朝陈世祖）天嘉三年春正月庚戌这一天，在京城的南郊设立帷宫，使用缯帛这样的祭礼告胡公以配祭上天。辛亥这一天，皇帝车驾亲至南郊祭祀。下诏书说：“朕承继帝位，殚心竭力地治理国家，兢兢业业地处理政事，国家现在治理的比较平静、比较安定了，可是道德教化尚且不足，风俗依然相当鄙陋，朕时常在思考为什么会出现这样的现象，因此日夜不能忘怀。上天广布阳和之气，使得天地间光明永照，朕亲自献上牺牲、玉帛，加倍虔诚地祭祀上天，是想和百姓们一起蒙受上天的恩泽、德惠。（令）可以普遍地赐百姓晋爵一级，对于那些孝敬父母、友悌兄弟、努力耕作的人，另外再赐晋爵一级。”……

秋七月己丑这一天，皇太子娶王氏为妃，在职的文武百官各有不同的赏赐，孝敬父母、友悌兄弟、努力耕田的人及已为人父的家族继承人各赐晋爵二级。

陈世祖天嘉六年春正月甲午诏

（天嘉）六年春正月甲午，皇太子加元服，王公以下赐帛各有差，孝悌力田为父后者赐爵一级，鳏寡孤独不能自存者谷人五斛。

《陈书 · 本纪第三 · 世祖》

【译文】（陈世祖天嘉）六年春正月甲午这一天，皇太子行加冕礼，王公以下按等级受到不同的赏赐，孝敬父母、友悌兄弟、努力耕作的人，赐晋爵一级。鳏夫寡妇及孤独不能自存者每人赐谷物五斛。

陈废帝光大元年春正月癸酉乙亥诏

（光大元年春正月癸酉乙亥）诏曰："昔昊天成命，降集宝图，二后重光，九区咸乂。闵余冲薄，王道未昭，荷兹神器，如涉灵海。庶亲贤并建，牧伯惟良，天下雍熙，缅同刑措。今三元改历，万国充庭，清庙无追，具僚斯在。言瞻宁位，触感崩心。思播遗恩，俾覃黎献。可大赦天下，改天康二年为光大元年，孝悌力田赐爵一级。"

《陈书·本纪第四·废帝》

【译文】（南朝陈废帝光大元年春正月癸酉乙亥）皇帝下诏："以往上天降下运数，汇集在一起护佑着国家，这才使得天地重现光明，九州出现太平景象。可惜朕年幼无知、见识浅陋，不明白何为王道，虽然承继祖宗的大业，但却如同横渡大海那样战战兢兢，幸亏有皇亲和贤能大臣协力辅佐，地方上的守宰贤良，这才使得天下出现和乐的现象，刑法不再使用。现在三元更换，天下诸侯咸来朝贺，这是前代所达不到的。（朕）在朝堂之上每当看到群臣列位的时候，看到先帝以往所站立的位置，心中便充满了感伤。朕想传播先帝遗泽于天下，使得天下众贤得到恩泽。（令）大赦天下罪囚，改'天康二年'年号为'光大元年'，对孝敬父母的人、友悌兄弟的人、努力耕作的人，赐晋爵一级。"

陈宣帝太建元年春正月甲午诏

太建元年春正月甲午，即皇帝位于太极前殿，诏曰："夫圣人受命，王者中兴，并由懿德，方作元后。高祖武皇帝揖拜尧图，经纶禹迹，配天之业，光辰象而利贞，格地之功，侔川岳而长远。世祖文皇帝体上圣之姿，当下武之运，筑宫示俭，所务唯德，定鼎初基，厥谋斯在。朕以寡薄，才非圣贤，夙荷前规，方传景祚。虽复亲承训诲，志守藩维，咏季子[①]之高风，思城阳之远托，自元储绍国，正位君临，无道非几，伫闻刑措。岂图王室不造，频谋乱阶？天步艰难，将倾宝历？仰惟嘉命，爰集朕躬。我心贞确，空誓苍昊，而群辟启请，相喧渭桥，文母尊严，悬心长乐。对扬玺绂，非止殷汤之三辞，履涉春冬，何但代王之五让。今便肃奉天策，钦承介圭，若据沧溟，逾增兢业。思所以云行雨施，品物咸亨，当与黔黎，普同斯庆。可改光大三年为太建元年，大赦天下，在位文武赐位一阶，孝悌力田及为父后者赐爵一级，异等殊才并加策序。鳏寡孤独不能自存者，人赐谷五斛。”

《陈书 · 本纪第五 · 宣帝》

【简注】①季子：指春秋时吴王寿梦的少子季札。

【译文】（南朝陈宣帝）太建元年春正月甲午这一天，陈宣帝即皇帝位于太极殿前。下诏说：“帝王受命于天，于是中兴王朝，都是因为帝王具有崇高的德行，才能成为天下的主人。高祖武皇帝接受了前朝的禅让，成就了帝业，他的业绩符合天命，北极方向的帝星也因此而光照四方，大得天下民心，他的功绩感天动地，就像江河山岳那样久远地存在。世祖文皇帝的德行具备了上圣的资质，因此承继了王朝的武运，他修建宫室崇尚节俭，他的言行具有着美好德行，以至于国家建立之初便安定了社稷，直到现在他治国的谋略依然发挥着作用。朕的功德寡薄，才能比不上前代的圣贤，治理国家只是沿用先帝的政令制度，这才延续了国运。（朕）治国理政时的理念只是亲身承受了先帝的教诲，于是先帝托朕去镇守国家卫护朝廷，朕经常赞叹季子让位这种高风亮节，经常思量先帝托孤的重任。朕以太子之位承继了大统，正式君临天下之后，在施政上常有失政的举动，以至于许多相关的刑法弃而不用。这难道是因为王室的血脉不兴旺，因而经常出现动乱？因为天步维艰，而使得国家将要出现倾覆的危机？朕仰思上天意旨，全部集于朕之一身，朕的心志不移，上告苍天没有其他的心思，可是群臣纷纷奏议请朕继位，京城之中群情喧嚷请朕继位，太后慈训尊贵而严厉，她在长乐宫中时刻挂念着家国大事。而朕面对皇帝印玺和袍服，又何止像殷汤那样再三推辞，在经历了冬春二季之后，又何止像汉文帝那样一再逊让。现在朕庄肃地承奉了上天旨意，恭敬地接过皇帝印玺，深感自己身上的责任重大，就犹如在大海中一样战战兢兢，行事更加谨慎。承帝业之后当思考如何才能广施恩泽于天下，使天下万物得以兴旺，和天下百姓共同享受上天的福祉。可改‘光大三年’年号为‘太建元年’，在职的文武百官各晋职一级，孝敬父母、友悌兄弟、努力耕田的人及已为人父的家族继承人各赐晋爵一级，有特殊才能的人，(各级官员都要上奏朝廷，)都要在朝廷之中备案，鳏夫寡妇及孤独不能自养的人，每人赐谷物五斛。”

陈宣帝太建十四年春正月丁巳诏

（太建十四年正月）丁巳，太子即皇帝位于太极前殿，诏曰："上天降祸，大行皇帝奄弃万国，攀号擗踊，无所迨及。朕以哀茕，嗣膺宝历，若涉巨川，罔知攸济。方赖群公，用匡寡薄。思播遗德，覃被亿兆，凡厥遐迩，咸与惟新。可大赦天下；在位文武，及孝悌力田为父后者，并赐爵一级；孤老鳏寡不能自存者，赐谷人五斛，帛二匹。"

《陈书 · 本纪第六 · 后主》

【译文】（南朝陈宣帝太建十四年正月）丁巳这一天，皇太子（即陈后主陈叔宝）即皇帝位于太极殿前，下诏说："上天降下灾祸，大行皇帝抛弃了国家、抛弃了天下万民，人们抚着丧车顿足捶胸地大声哭号，却不能挽回先帝的生命。朕怀着哀伤悲痛的心情，承继了大业，就如同只身横渡大江，却不知道如何才能渡过，只好依靠朝中公卿，辅助朕这德行寡薄之人。朕思虑着先祖遗德，他们的恩泽依然遍及天下百姓，天下各地的人，都参与着国家的革新。（令）可大赦天下，在位的文武百官及孝敬父母、友悌兄弟、努力耕田的人及已为人父的家族继承人各赐给爵位一级，孤独的人、老年人、鳏夫寡妇不能自存的，每人赐给谷物五斛、帛二匹。"

陈后主至德二年秋七月戊辰太子加元服赐孝悌力田诏

（至德二年）秋七月戊辰，以长沙王叔坚[①]为侍中、镇左将军。壬午，太子[②]加元服，在位文武赐帛各有差，孝悌力田为父后者各赐一级，鳏寡孤老不能自存者人谷五斛。

《陈书 · 本纪第六 · 后主》

【简注】①叔坚：即指陈后主的弟弟陈叔坚。　②太子：即指陈后主三子陈琛。

【译文】（南朝陈后主至德二年）秋七月戊辰这一天，任命长沙王陈叔坚为侍中镇左将军。壬午这一天，皇太子行加冕礼，在朝文武官员依据品级不同赐帛不等。孝敬父母、友悌兄弟、努力耕田的人及已为人父的家族继承人各赐给爵位一级。鳏夫寡妇、孤独的人、老年人不能自存的每人赐给谷物五斛。

《资治通鉴》一则

齐武帝永明九年冬十月告太庙诏

（永明九年[①]冬十月，魏明堂、太庙成）诏曰：“孝悌之至，无所不通。今飘风[②]、旱气皆诚慕未浓，幽显无感也。所言过哀之咎，谅为未衷。”

宋 · 司马光《资治通鉴 · 卷一百三十七 · 齐纪三 · 世祖武皇帝中》

【简注】①齐武帝永明九年，即北魏孝文帝太和十五年。 ②飘风：即风灾。

【译文】（齐武帝永明九年冬十月，北魏的明堂、太庙建成）皇帝下诏说：“人如果孝敬父母、友悌兄弟这一品行达到了极处，天下便没有不通达的事情。现在风灾、旱灾时常发作，这都是世间诚慕的风气不浓，幽明之处没有感应到的原因。臣子们的奏言中因有许多过于悲观的言语而获处罚的，只是由于不明白这些道理罢了（不要治他们的罪）。”

二、荐举孝贤

《宋书》一则

宋孝武帝大明六年赦天下、举孝悌令

（大明六年春正月）大赦天下，孝子、顺孙、义夫、悌弟，赐爵一级，慈姑、节妇及孤老、六疾，赐帛五匹，谷十斛。下四方旌赏茂异，其有怀真抱素，志行清白，恬退自守，不交当世，或识通古今，才经军国，奉公廉直，高誉在民，具以名奏。

《宋书·本纪第六·孝武帝》

【译文】（南朝宋孝武帝大明六年春正月）皇帝下令大赦天下的罪囚，赏赐孝子、顺孙、义夫、悌弟，并对这些人赐晋爵一级，赐予（天下）具慈爱品性的母亲、贞节的妇女和孤苦的老人、身患六种顽疾者，每人帛五匹、谷物十斛。下令各州郡褒奖优异的人才，其中包括性格朴实、品行清洁、操守清白、性格淡泊而自持、不结交权贵的人；或者博通古今，才能可治国理军，行政廉洁奉公，在民间享有盛誉的人才，将他们的名字具实上奏朝廷。

《梁书》一则

梁敬帝太平二年春正月壬寅举孝悌中正诏

（太平二年春正月壬寅）诏："诸州各置中正，依旧访举。不得辄承单状序官，皆须中正押上，然后量授。详依品制，务使精实。其荆、雍、青、兖虽暂为隔阂，衣冠多寓淮海，犹宜不废司存。会计罢州，尚为大郡，人士殷旷，可别置邑居。至如分割郡县，新号州牧，并系本邑，不劳兼置。其选中正，每求耆德该悉，以他官领之。"①

《梁书·本纪第六·敬帝》

【简注】①东晋、南北朝时南北分裂，战乱频繁，各朝如遇有州郡暂被敌占，则往往暂借别地重置，仍用其旧名，称为“侨置”。

【译文】(南朝梁敬帝太平二年春壬寅这一天) 皇帝下诏说：“各州各自设置中正这一官职，要依照旧例去寻访 (有才能的人，品行卓异的人，孝悌忠信的人) 向朝廷举荐，中央及各州的地方官员不得仅凭简单的介绍就委派其官位，都必须经中正签字画押呈报后，才可以量才授官。所授的官职要严格按照其品制行事，务使选才得当。其中荆州、雍州、青州、兖州虽然因国家暂未一统而阻隔，但士家大族、文采风流之士却多寓居于淮海之地，有关司衙仍不应废弃抚恤，可以计划着罢去一些州，复置为大郡，在士人众多的地方，可另外设置一些城邑让他们居住。至于因此而分割的州郡，新任命的州、郡、县的牧、守、令都由本地选任，不再兼领。新置州郡的中正在选举、荐举人才之时，要访求当地年高德劭的耆老，去考察他们的德行，让其他官员去荐举他们。”

《陈书》一则

陈世祖天嘉元年秋七月甲寅举孝悌贤良诏

(天嘉元年) 秋七月甲寅，诏曰：“朕以眇身，属当大宝，负荷至重，忧责实深。而庶绩未康，胥怨犹结，伫咨贤良，发于梦想。每有一言入听，片善可求，何尝不褒奖抽扬，缄书绅带。而傅岩[①]虚往，穹谷尚淹，蒲帀空陈，旌弓不至。岂当有乖则哲，使草泽遗才？将时运浇流，今不逮古？侧食长怀，寝兴增叹。新安太守陆山才有启，荐梁前征西从事中郎萧策，梁前尚书中兵郎王暹，并世胄清华，羽仪著族，或文史足用，或孝德可称，并宜登之朝序，擢以不次。王公已下，其各进举贤良，申荐沦屈，庶众才必萃，大厦可成，使《朴》[②]载哥，《由庚》[③]在咏。”

《陈书 · 本纪第三 · 世祖》

【简注】①傅岩：殷商武丁时期的辅臣傅说曾隐于傅岩，后世因以傅岩泛指隐居的贤士或隐逸之士。 ②《朴》：《诗经 · 大雅》中的篇名。该诗序称此首诗咏“文王能官人也”，这里借喻贤才众多。 ③《由庚》：《诗经 · 小雅》中的篇名，此诗已佚。

【译文】(南朝陈世祖) 天嘉元年秋七月甲寅这一天，皇帝下诏说：“朕凭借着微薄的资质登上帝位，(深知身上的) 担子十分繁重，心中的忧虑实在是十分深切，可是天下的事业未成，国家内部的积怨依然存在，（朕）十分渴望能得到贤能之士的指点，这是梦寐以求的事情。每当有一言可以被采纳，有一件善事可作，（朕）是不吝于褒奖和赏赐的，并将这些事记下来悬于腰带上随身携带。但是现在像傅说那样隐于世间的贤士已经很少出现，穹谷已经淹灭，蒲币空设，胜利的消息不再传来。这难道是朕违背了上天运行的法则，使得民间的贤能之士得不到重用，还是因为世风不在，现代不如古代？（这些事情）朕吃饭时、睡觉时都在想，只是空增叹息罢了。新安太守陆山才有奏章，推荐前梁（即南朝萧梁）时的征西从事萧策、前梁的尚书中兵郎王暹，说他们都是世家出身、羽翼望族，他们或因为文才可期足堪任用，或因为孝德可以称道，都可以在朝廷中任职。（令）王公贵族爵位以下的人，都要荐举贤才能士，起用被埋没的人才，只有这样人才汇集到一起，大厦才可以建成，才可以使得《朴》可以歌唱，《由庚》可以歌咏。”

三、法令条文

《宋书》一则

宋后废帝元徽二年穷老蠲课调令

（元徽二年）夏四月，遣尚书郎到诸州检括民户，穷老尤贫者，蠲除课调。

《宋书 · 本纪第九 · 后废帝》

【译文】（南朝宋后废帝元徽二年）夏四月，皇帝派遣尚书郎到全国各州郡检括民户，（下令）免除国内年老的人、特别是年老且贫苦的人的赋役和课调。

《南齐书》二则

齐高帝建元二年蠲孤老租税诏

（建元二年二月）甲午，诏："江西北民避难流徙者，制遣还本，蠲今年租税，单贫及孤老不能自存者，即听悉籍，郡县押领。"

《南齐书 · 本纪第二 · 高帝下》

【译文】（南朝齐高帝建元二年二月）甲午这一天，皇帝下诏说："大江西北的百姓如果有因避难而成为流民或迁徙他地的，按照国家的法令迁回故乡的人，要免除他们今年的田租赋税，那些孤单、贫苦、孤苦不能自存的老人，（不能跋涉的）就在当地落户，由郡县签押认领。"

齐武帝永明二年恤老哀枯骨诏

（永明二年八月）甲子，诏曰："窆枯掩骼，义重前诰，恤老哀瘼，是惟令典。朕永思民瘼，弗忘鉴寐。声惠未敷，物多乖所。京师二县，或有久坟毁发，可随宜掩理。遗骸未椁，并加敛瘗。疾病穷困不能自存者，详为条格，并加沾赉。"

《南齐书 · 本纪第三 · 武帝》

【译文】（南朝齐武帝永明二年八月）甲子这一天，皇帝下诏说："收殓枯骨、掩埋遗尸这种行为，在前代是一种重义的行为，也是一种重义的训诫，而体恤老年人、哀怜有疾病的人，则是国家的法令。朕经常思考百姓们的疾苦，没有忘怀他们，以至于（经常）睡不安稳。（朕）的声名并不高，所处理的政事往往出现失误。京师二县，如果出现老坟被挖开、毁坏的，要随时掩埋。遗骸没有棺椁的，要一并收殓掩埋。身患疾病穷困不能自存的人，要详细地列出，并制定出条例，一并加以赏赐。"

《梁书》三则

梁武帝天监十一年春正月壬辰悼耄减刑诏

（天监）十一年春正月壬辰，诏曰："夫刑法悼耄，罪不收孥，礼著明文，史彰前事，盖所以申其哀矜，故罚有弗及。近代相因，厥网弥峻，髫年华发，同坐入愆。虽惩恶劝善，宜穷其制，而老幼流离，良亦可愍。自今逋谪之家及罪应质作，若年有老小，可停将送。"

《梁书·本纪第二·武帝中》

【译文】（南朝梁武帝天监）十一年春正月壬辰这一天，皇帝下诏说："刑法之中刑罚不及于老人和幼童，治罪不收捕罪犯的妻子和儿女，这是礼法上明文规定的，在史书上记载彰显这些事，不过是用来表达对这些（弱势）人的哀悯之情，因此在刑罚上对这些人有所顾及。然而自近世以来刑法相承继，律法越来越严密，老年人和幼小的人，（经常）因为同一件事而被牵连以至于获罪，虽然惩罚恶行、颂扬善举（是国家的制度），（那些触犯刑法的人）应当受到刑法的制裁，但是老年人和幼小的人却因此而流离失所，实在是令人感到怜悯。从现在起，以后有流、配、谪、放之家以及获罪应当以作押被人役使的人之中，如果其中有老年人或小儿，可以停止对他们的发配。"

梁武帝大通元年春正月辛未蠲役赐孝悌诏

（大通元年春正月辛未）诏曰："奉时昭事，虔荐苍璧，思承天德，惠此下民。凡因事去土，流移他境者，并听复宅业，蠲役五年。尤贫之家，勿收三调。孝悌力田赐爵一级。"

《梁书·本纪第三·武帝下》

【译文】（南朝梁武帝大通元年春正月辛未这一天）皇帝下诏说："恭敬地奉行时令，以昭示敬奉上天的礼仪，用青、黑色的玉璧虔诚地敬奉上天，思虑、行政时要秉承上天的德行，去施惠于天下百姓。（令）凡是因为战乱、兵事而离开家乡，流离于其他地方的人，都允许其恢复以往的田宅土地，同时免除五年的劳役。尤其是贫苦之家，三年之内不征收其粟、帛、杂三调。赐孝敬父母的人、友悌兄弟的、努力耕作的人晋爵一级。

梁武帝中大通元年秋七月甲子知母不知父诏

（中大通秋七月甲子）诏曰："禽兽知母而不知父，无赖子弟过于禽兽，至于父母并皆不知，多触王宪，致及老人。耆年禁执，大可伤愍。自今有犯罪者，父母祖父母勿坐。唯大逆不预今恩。"

《梁书 · 本纪第三 · 武帝下》

【译文】（南朝梁武帝中大通元年秋七月甲子这一天）皇帝下诏说："禽兽知道母亲是谁而不知道父亲是谁，可是奸滑强横的子弟种种行为甚至超过禽兽，以至他们的行为背离了父母的养育之恩，这些人累次触犯王法，牵连至家中、族中老人。而老年人受到囚禁，是一件十分令人同情的事情。从现在起凡是触犯刑法的人，父母、祖父母不再连坐，唯独大逆不道的罪行不适用于这条法令。"

《陈书》一则

陈宣帝太建二年秋八月军士年六十放还诏

（太建二年秋八月）诏曰："民惟邦本，著在典谟[①]，治国爱民，抑又通训[②]。朕听朝晏罢，日仄劬劳，方流惠泽，覃被亿兆。有梁之季，政刑废缺，条纲弛紊，僭盗荐兴，役赋征徭，尤为烦刻。大陈御宇，拯兹余弊，灭扈戡黎，弗遑创改。年代弥流，将及成俗，如弗解张，物无与厝，夕惕疚怀，有同首疾。思从卑菲，约已济民，虽府帑未充，君孰与足。便可删革，去其甚泰，冀永为定准，令简而易从。自今维作田，值水旱失收，即列在所，言上折除。军士年登六十，悉许放还……"

《陈书 · 本纪第五 · 宣帝》

【简注】①典谟：《尚书》中《尧典》《舜典》《大禹谟》《皋陶谟》诸篇的称谓，也可专指《尚书》。②通训：即是普遍的训诫。

【译文】（南朝陈宣帝太建二年秋八月）皇帝下诏说：“百姓是天下的根本，这句话是记载在典谟上的训示。治理国家一定要爱护百姓，这是圣人们在治理国家时一贯的训示。朕每天上朝听政很长时间，日日夜夜地辛劳，才勉强能施惠于天下百姓，使百姓们能感受到国家的恩泽。在梁朝末期政令、刑法荒废缺乏，律例、纲纪松弛败坏，僭号的盗贼时常聚集，各种苛税赋役，尤为繁多刻薄。大陈自拥有天下以来，拯救万民，去除梁朝时余弊，消除并戡定了各地的割据势力，正因为事务繁多，无暇创新律法、革新弊政，而随着时间推移，有许多弊病将要成为习俗，如果不及时去更改，国家将无法治理，朕因此而十分焦虑，心情十分沉重。于是思量着从节约宫室、官府开支开始，约束好自己和百官，用余下的钱粮去拯救百姓，即使各级官府的财物不那么充实，难道还满足不了君主的生活？因此一些可以省掉的费用都要予以删革，而省去的部分，永远成为定制不再增补，同样法令简约也利于百姓遵守。从现在开始农田耕种，如果遇到水、旱等自然灾害而出现歉收的情况，相关司衙要列出受灾的地区，向朝廷呈报以适当减免赋税。从军的军士年满六十的，全部可以回到故乡……”

《隋书》二则

梁武帝天监十一年正月壬辰老人获罪停行诏

旧狱法，夫有罪，逮妻子，子有罪，逮父母。十一年正月壬辰，乃下诏曰：“自今捕谪之家，及罪应质作，若年有老小者，可停将送。”十四年，又除黵面之刑。

《隋书 · 志第二十 · 刑法》

【译文】原先的司狱之法，丈夫如果获罪，妻子、儿女将被逮捕，儿女有罪父母也将被逮捕。（梁武帝天监）十一年正月壬辰这一天，武帝颁诏书说：“从现在开始，被逮捕将要被遣送远方服役的人家，以及应该作为人质服役的的罪人，如果其中有老年人或者少年人，可以停止遣送。”天监十四年，又废除了在脸上刺字的刑罚。

陈国诏令：不孝及内乱者发诏弃之

陈氏承梁季丧乱，刑典疏阔，及武帝即位，思革其弊，乃下诏曰：“朕闻唐、虞道盛，设画像而不犯，夏、商德衰，虽孥戮其未备……制《律》三十卷，《令律》四十卷。采酌前代……其制唯重清议禁锢之科。若缙绅之族，犯亏名教，不孝及内乱者，发诏弃之，终身不齿……”

《隋书·志第二十·刑法》

【译文】南方的陈氏政权承继了梁末丧乱之世，发现梁朝的刑典疏薄、疏漏之处很多，到陈武帝即位以后，考虑着革除其中的弊病。于是下诏说：“朕听说唐尧、虞舜之时道德昌明，（对于犯罪的人）国家只是象征性地画下他们的形象以示刑罚，这样去做却没有人敢去触犯刑法，夏、商时道德日衰，即使杀戮也不能防止犯罪……于是制定《律》三十卷，《令律》四十卷，酌情采用了前代的律令……其中所定的制度注重‘清议’和‘禁锢’二处科目。如士大夫的家族触犯或者损于礼教，犯不孝及乱伦罪的，国家发出诏书予以免官废职，终身不再任用……”

《通典》一则

宋孝武帝时孔渊之判张氏骂母案及武帝诏

孔渊之大明中为尚书比部郎时。安陆应城县人张江陵与妻吴共骂母黄，黄忿恨自缢死，遇赦。律文：“子杀伤殴父母，枭首；骂詈，弃市。妇谋杀夫之父母，亦弃市。遇赦，免刑，补冶。”江陵骂母，母以之自裁，重于伤殴，若同杀科，则疑重；同伤殴及骂科，则疑轻。准制：唯有打母遇赦犹枭首，无骂母致死遇赦之科。

渊之议曰：“夫题里逆心，仁者不入，名且恶之，况乃人事。故殴伤咒诅，法所不原，詈之致尽，则理无可宥。罚有从轻，盖疑失善，求之文旨，非此之谓。江陵虽遇赦恩，故合枭首。妇本以义，爱非天属，黄之所恨，情不在吴，原死补冶，有允正法。”诏如渊之义。

《通典·刑法五·杂议下》

【译文】孔渊之在南朝刘宋孝武帝大明年间任尚书比部郎中的时候，安陆应城县百姓张江陵和妻子吴氏共骂其母黄氏，黄氏因羞忿恼恨自缢死，（按律依法处以死刑，）遇到了国家大赦，对于这种事情，律文上说："儿子杀伤、殴打父母，要处以枭首，侮骂父母，要处以弃市。妇人谋杀丈夫的父母，也要弃市。遇至大赦令，免于刑罚，给予其他的刑罚。"有些臣子认为张江陵骂母，母亲羞而自裁，罪行重于伤害殴打之类，同于杀人罪，则显得过重；等同于伤害、殴打以及侮骂则又显得轻。按照律制：唯有殴打母亲的罪行遇到大赦时依旧枭首，没有侮骂母亲，以致其身死的，遇赦时免其刑责。

孔渊之议论说："这种提法是逆心的言语，有仁心的人是说不出这样的话的，听到这种事就心生厌恶，更何况是真人其事。因此殴打、伤害、诅咒、侮骂父母，法律上是不可以原谅的。侮骂而使其自尽，于情于理不可原宥。刑罚上有从轻之说，只是为了让人们从心向善，求取律法的文旨，并不是宽宥这种行为的理由。张江陵虽然遇到恩赦，也应该处以枭首。媳妇吴氏对公婆本来只是从于情义，对公婆的爱敬并不是出于天性，黄氏所恨，其情不在于吴氏，原来应处以死刑的可以重新审处，以公正司法。"皇帝下诏听从了孔渊之的建议。

《资治通鉴》一则

陈宣帝太建十三年九月隋主杨坚诏

（陈宣帝太建十三年[①]九月）隋郑译以上柱国[②]归第，赏赐丰厚。译自以被疏，呼道士醮章[③]祈福，为婢所告，以为巫蛊；译又与母别居，为宪司所劾。由是除名。隋主下诏曰："译若留之于世，在人为不道之臣；戮之于朝，入地为不孝之鬼。有累幽显，无所置之。宜赐以《孝经》，令其熟读。"仍遣与母共居。

宋 · 司马光《资治通鉴 · 卷一百七十五 · 陈纪九 · 高宗宣皇帝下》

【简注】①陈宣帝太建十三年即隋文帝开皇元年。　②上柱国：官名。战国时楚国始置，凡是立覆军斩将之功者，可官封上柱国，位极尊宠。北魏时设柱国大将军职，北周时增设上柱国大将军，唐宋也以上柱国为武官勋爵中的最高级，柱国次之。之后历代沿用，清代废止。　③醮章：设斋祭天，并向天庭上表章奏告，这里指设道场。

【译文】（陈宣帝太建十三年九月）隋朝的郑译以上柱国的官阶致仕还家，皇帝赏赐给他许多东西。自从郑译被君主疏远之后，他在家中招唤道士为自己祈福，家中的婢女认为他行巫蛊之事，将他告发，郑译还和自己的母亲分门别居，不去奉养母亲，也被相关司衙所弹劾。于是被朝廷除去了封号。隋朝的皇帝（隋文帝）下诏书说："郑译这种行为如果留存于世间，为人就会成为不遵臣道的人；如果杀了他，进入地府，就会成为不孝之鬼。他的这种行为将拖累天地对国家的感应，实在是无法处理他。可以赐给他《孝经》，让他熟读此书。"于是押遣着他和他的母亲共同居住，奉养其母。

第四卷　北朝

一、孝亲敬老诏令

《魏书》十一则

北魏道武帝天兴元年春正月诏

（天兴元年春正月）庚子，车驾自中山行幸常山之真定，次赵郡之高邑，遂幸于邺[①]。民有老不能自存者，诏郡县赈恤之。

《魏书·帝纪第二·太祖道武帝》

【简注】①邺：即今河北省临漳县西（河南省安阳市北）。春秋齐桓公开始筑城，秦代置县。三国曹魏时置为邺都。晋代为避怀帝讳，改为监漳。之后前秦、后赵、东魏、北齐的都城，均建于此。隋代复为邺县，宋代废。

【译文】（北魏道武帝天兴元年春正月）庚子这一天，皇帝车驾从中山开始巡幸常山郡的真定城，之后巡幸赵郡的高邑城，之后巡幸邺城。（巡幸时）百姓如果有年老生活不能自理或自存的人，诏令各郡县要赈济抚恤他们。

北魏明元帝泰常七年九月辛酉见耆年赐爵号

（泰常七年秋九月）辛酉，幸桥山，遣使者祠黄帝、唐尧庙。因东幸幽州，见耆年，问其所苦，赐爵号。分遣使者循行州郡，观察风俗。

《魏书·帝纪第三·太宗明元帝》

【译文】（北魏明元帝泰常七年秋九月）辛酉这一天，皇帝巡幸桥山，派遣使者祭祀黄帝、唐尧的庙堂。之后向东巡幸幽州，访问年高德劭的人，询问百姓疾苦，赐予他们爵号。分遣使者巡行各郡县，观察各地风俗。

北魏太武帝太延元年二月庚子诏

（太延元年）二月庚子，蠕蠕[①]、焉耆[②]、车师[③]诸国各遣使朝献。诏长安及平凉民徙在京师，其孤老不能自存者，听还乡里。

《魏书·帝纪第四上·世祖太武帝》

【简注】①蠕蠕：南北朝时期我国古代北方民族名。即柔然。　②焉耆：古西域国名。　③车师：古西域国名。

【译文】（北魏太武帝太延元年）二月庚子这一天，蠕蠕、焉耆、车师等诸国分别派遣使节来到朝堂向皇帝献贡。皇帝下诏长安和平凉迁徙至京师的百姓，其中孤苦衰老不能自存的人，可以回归故里。

北魏太武帝太延三年二月乙卯问疾苦存耆老

（太延三年）二月乙卯，行幸幽州。存恤孤老，问民疾苦。还幸上谷，遂至代。所过复田租之半。

《魏书 · 帝纪第四上 · 世祖太武帝》

【译文】（北魏太武帝太延三年）二月乙卯这一天，皇帝巡幸幽州，抚慰赈恤孤苦、年老的人，询问百姓疾苦。回来时又巡幸上谷城，之后到达代这个地方。皇帝车驾所经过的地方，免除其田租的一半。

北魏孝文帝太和五年二月辛卯诏

（太和五年）二月辛卯朔，大赦天下，赐孝悌、力田、孤贫不能自存者谷帛有差；免宫人年老者还其所亲。

《魏书 · 帝纪第七上 · 高祖孝文帝》

【译文】（北魏孝文帝太和五年）二月辛卯这一天，皇帝下令大赦天下，赐孝敬父母、友悌兄弟、努力耕田的人和孤苦贫弱不能自存的人谷物和帛不等，免除宫中年老的宫人差事，让他们回家与家人团聚。

北魏孝文帝太和十三年夏四月丁丑诏

（太和十三年）夏四月丁丑，诏曰："升楼散物，以赍百姓，至使人马腾践，多有毁伤，今可断之，以本所费之物，赐穷老贫独者。"

《魏书 · 帝纪第七下 · 高祖孝文帝》

【译文】（北魏孝文帝太和十三年）夏四月丁丑这一天，皇帝下诏说："登楼散发物品，以赐予百姓的这种做法，容易出现人马相互践踏的现象，而且百姓多有死伤。从今天开始这种做法废止，将本应耗费的财物，赐给那些年老、孤苦、贫弱的人。"

北魏孝文帝太和二十一年秋九月丙申诏

（太和二十一年）九月丙申，诏曰："哀贫恤老，王者所先，鳏寡六疾，尤宜矜愍。可敕司州洛阳之民，年七十已上无子孙，六十以上无期亲，贫不自存者，给以衣食；及不满六十而有废痼之疾，无大功之亲穷困无以自疗者，皆于别坊遣医救护，给医师四人，豫请药物以疗之。"

《魏书 · 帝纪第七下 · 高祖孝文帝》

【译文】（北魏孝文帝太和二十一年）九月丙申这一天，皇帝下诏说："哀怜贫苦的人、抚恤老人，是君主治理国家的急务，鳏寡之人和身患六种难治疾病的人，尤其令人哀怜。下令给司州、洛阳的百姓，年满七十没有子女的人，六十以上身边无具有服丧一年资格的亲属的人，贫苦不能自存的人，供给他们衣食；年不满六十却身患重病积久难治，身边无具有服丧九个月资格的亲属，穷困无法治病的人，都要另外访求医馆寻求医生去救护他们，官府可指派医师四人，要预先筹办药物去给他们治疗。"

北魏宣武帝延昌二年十二月丙戌诏

（延昌二年）十有二月丙戌，丏[①]洛阳、河阴二县租赋。乙巳，诏以恒、肆地震，民多离灾，其有课丁没尽、老幼单辛、家无受复者，各赐廪以接来稔。

《魏书 · 帝纪第八 · 世宗宣武帝》

【简注】①丏：同"免"，免除、取消的意思。

【译文】（北魏宣武帝延昌二年）十二月丙戌这一天，皇帝下令免除洛阳、河阴二县的租赋。乙巳这一天，因为恒州、肆州出现地震，百姓多因地震而受灾。于是皇帝下诏令：凡是由于交纳租赋的课丁因地震而丧失丁壮，只余下老年人和幼童且家境出现困顿的，家中又没有受到免除租赋待遇的，各赐予口粮并且接济到来年物谷成熟的时候。

北魏宣武帝延昌四年九月乙巳诏

（延昌四年）九月乙巳，皇太后亲览万机，诏曰："高祖革礼成治，遗泽在民。世宗纂承丕业，圣德昭远。朕以冲孺，属当宝图，洪基至重，若履冰薄。王公百辟群牧庶官，皆受遇先朝，宠荣自昔，宜各勉崇，共康世道，戮力竭诚，以匡辅不逮。其有怀道丘园[①]、昧迹板筑[②]、山栖谷饮、舒卷从时者，宜广戋帛，缉和鼎饪[③]。有能谠言直谏、济世益时者，在所以闻，当待以不次之位。孝子、顺孙、义夫、节妇，表其门闾，以彰厥美。高年、孤独不能自存者，赡以粟帛。若因饥失业，天属流离，或卖鬻男女以为仆隶者，各听归还……”

《魏书 · 帝纪第九 · 肃宗孝明帝》

【简注】①丘园：即家园、乡村，这里代指隐逸。 ②板筑：古时泛指土木建筑。 ③鼎饪：相传商代的贤臣傅说曾以调鼎烹饪之事向商王武丁喻说治国的道理。后世遂以“鼎饪”喻治理国政或治国的大臣。

【译文】（北魏宣武帝延昌四年）九月乙巳这一天，皇太后亲自处理国家大政和日常事务，（代替皇帝）下诏书说：“高祖皇帝改革旧有的礼制成就了大道，他的恩泽遗惠于民间，世宗皇帝承继了高祖大业，圣德昭彰远播天下，朕以幼小的年龄承继国运担当大业，深知宏大祖宗基业是最重要的事情，却如同踏足于薄冰而战战兢兢。朝中的王公诸侯及各州郡的牧、守、令、宰，都曾受到过先帝的恩遇，其荣宠恩遇都来自以前的岁月，都应当各自勉励，共同开拓先王的基业，努力从政，竭尽诚心，来辅佐朕以匡正朕的不足。国中如果有胸怀道德却隐迹于田野之中，或隐迹于街道里巷之中，或在山谷中栖息养气，或进退符合时世的人，各级官员应多带上布帛等物，去招揽他们，供给他们美食以安抚他们。如果这些人中有能直言劝谏的人，或者有能救助社会的才能、对时政有所补益的人，各地都要及时上报朝廷，国家将对他们破格进行擢拔。孝子、顺孙、义夫、节妇，官府要给他们题写门闾，表彰他们的美行，年老、孤独贫弱不能自存的人，国家要用谷物、粟、布、帛去养活。如果因为饥荒而失去本业流离失所，为生活所迫卖儿卖女成为奴仆的，准允他们还乡……”

北魏宣武帝永平二年十月丙戌立太子诏旌孝友之家

（北魏宣武帝永平二年）至十月，立皇太子，赐为父后者爵，旌孝友之家。

《魏书 · 志第四 · 天象四》

【译文】（北魏宣武帝永平二年）到了十月，皇帝册立皇太子，赐予成为父亲的人爵位，旌表孝敬父母、友悌兄弟的家庭。

北魏高祖孝文帝哀文明太后诏

时文明太后（冯太后）崩，已过期月，高祖（孝文帝）毁瘠犹甚……诏曰：“苟孝悌之至，无所不通。今飘风亢旱，时雨不降，实由诚慕未浓，幽显无感也。所言过哀之咎，谅为未衷，省启以增悲愧。”

《魏书 · 列传第十五 · 穆亮》

【译文】当时文明太后（冯太后）崩，已经过了一年，孝文帝仍心情悲伤十分消瘦……皇帝下诏书说："如果孝悌到了极点，世间是没有什么会不通畅的。现在国家风灾、大旱，实在是朕诚挚的思念不够造成的，实在因为天地没有被朕的诚心感动。你（即穆亮）所说的过度悲伤的过失，实在不是中肯的言语，读过你的奏章后更增加了心中的惭愧。"

《北齐书》一则

北齐文宣帝天保九年秋七月诏赐京畿老人

（天保九年）秋七月辛丑，给京畿老人刘奴等九百四十三人版职及杖帽各有差。

《北齐书 · 帝纪第四 · 文宣》

【译文】（北齐文宣帝天保九年）秋七月辛丑这一天，皇帝下令赐给京城及其周边地区的老人刘奴等九百四十三人官位称号，赐手杖、帽子各有不同。

《广弘明集》一则

北周武帝建德六年十一月四日诏

（北周武帝建德六年十一月四日）上临邺宫新殿……诏曰："孝道之义，宁非至极，若专守执，惟利一身，是使大智权，方反常合道。汤武伐主，仁智不非，尾生①守信，祸至身灭，事若有益，假违要行，傥非合理，虽顺必翦，不可护已……令沙门还俗，省侍父母成天下之孝。各各自活，不恼人使，率土获利，舍戎从夏，六合②同一，即是扬名万代，以显太祖，即孝之终也……"

唐 · 释道宣《广弘明集 · 卷十 · 叙任道林辨周武帝除佛法诏》

【简注】①尾生：古代传说中坚守信约的男子。事见《庄子 · 盗跖》："尾生与女子期于梁下，女子不来，水至不去，抱梁柱而死。"　②六合：天地四方，亦指天下、人世间。

【译文】（北周周武帝建德六年十一月四日）皇帝驾临邺宫新殿……下诏说：“孝道的意义，已经达到了天下的极致，如果只是抱守着固执的念头，只是对自己有利，只有使用大的智慧和权力，才能消除反常的事情，才能合乎正道。商汤、周武王征伐不义，不能说他们没有仁德智慧，尾生信守信义，却祸及自身而亡，如果是有益的事情，就算是不愿意做也要去做，如果是不合理的事情，虽然是顺畅也要去除它，不可以去袒护……令佛家子弟还俗，去侍奉自己的父母以成全天下的孝道。要让所有的人都能存活，不为老年时是否有人侍奉烦恼，让天下百姓都能得到利益，舍去不好的习俗以遵从华夏的风俗，这样才会出现天下六合一统的现象，这种做法是扬名于千秋万代，并且能彰显祖宗恩德的做法，是符合孝的终始之意的……”

二、高年尊享

《魏书》十二则

北魏孝文帝太和元年冬十月宴赐京邑耆老

（太和元年）冬十月癸酉，宴京邑耆老年七十以上，于太华殿，赐以衣服。

《魏书 · 帝纪第七上 · 高祖孝文帝》

【译文】（北魏孝文帝太和元年）冬十月癸酉这一天，皇帝在太华殿宴请京城中七十岁以上的老人，并赐给他们衣服（以示尊养）。

北魏孝文帝太和三年辛酉养老诏

（太和三年五月）辛酉诏曰："昔四代养老，问道乞言。朕虽冲昧，每尚其美。今赐国老[①]各衣一袭，绵五斤，绢、布各五匹。"

秋七月壬寅，诏宫人年老及疾病者，免之。

《魏书 · 帝纪第七上 · 高祖孝文帝》

【简注】①国老：指国家告老退职的卿、大夫、士。也代指掌教化的官或国之重臣。

【译文】（北魏孝文帝太和三年五月）辛酉这一天，下诏说："从前四代尊养老人，是为了访问治国之道、听取朝政得失和建议，朕虽然年轻蒙昧，却时常以为这种习俗是一种美行，现在赏赐国老每人衣服一袭、绵五斤、绢和布各五匹（以示国家对他们尊奉）。"

秋七月壬寅这一天，诏令宫中年老的、有疾病的宫女，放他们出宫（与家人团聚）。

北魏孝文帝太和十七年九月丁巳高年赐爵诏

（太和十七年九月）丁巳，诏以车驾所经伤民秋稼者，亩给谷五斛。戊辰，济河，诏洛、怀、并、肆所过四州之民，百年以上假县令，九十以上赐爵三级，八十以上赐爵二级，七十以上赐爵一级；鳏寡孤独不能自存者粟人五斛、帛二匹；孝悌廉义、文武应求者，皆以名闻。

《魏书 · 帝纪第七下 · 高祖孝文帝》

【译文】（北魏孝文帝太和十七年九月）丁巳这一天，皇帝下诏令：因车辆行驶，损伤百姓秋季庄稼的，每亩地赔给谷物五斛。戊辰这一天，皇帝车驾经过黄河，诏令洛州、怀州、并州、肆州及车驾所经过的州府，百岁老人赐给县令的名号，九十岁以上的老人赐晋爵三级，八十岁以上老人赐晋爵二级，七十岁以上的老人赐晋爵一级，鳏夫寡妇及孤独贫弱不能自存者每人赐给谷物五斛、帛二匹，以孝敬父母、友悌兄弟、廉洁自律、仁义通达，且具有文武才能而被征召的人，各州郡都要把他们的名字上报。

北魏孝文帝太和十八年春正月癸亥高年赐爵诏

（太和十八年春正月）癸亥，车驾南巡。诏相、兖、豫三州：百年以上，假县令，九十以上，赐爵二级，七十以上，赐爵一级；孤老鳏寡不能自存者，赐粟五石、帛二匹；孝悌廉义、文武应求者，皆以名闻。

《魏书 · 帝纪第七下 · 高祖孝文帝》

【译文】（北魏孝文帝太和十八年春正月）癸亥这一天，皇帝车驾南巡。诏令相州、兖州、豫州三州，百岁以上的老人赐给县令的名号，九十岁以上的老人赐晋爵三级，八十岁以上老人赐晋爵二级，七十岁以上的老人赐晋爵一级，鳏夫寡妇及孤独贫弱不能自存者每人赐给谷物五斛、帛二匹，以孝敬父母、友悌兄弟、廉洁自律、仁义通达，且具有文武才能而被征召的人，各州郡都要把他们的名字上报。

北魏孝文帝太和十八年十一月辛未朔高年赐爵诏

（太和十八年）十有一月辛未朔，诏冀、定二州民：百年以上假以县令，九十以上赐爵三级，八十以上赐爵二级，七十以上赐爵一级；鳏寡孤独不能自存者，赐以谷帛；孝义廉贞、文武应求者具以名闻。

《魏书 · 帝纪第七下 · 高祖孝文帝》

【译文】（北魏孝文帝太和十八年）十一月辛未初一这一天，诏令冀州、定州二州，百岁以上的老人赐给县令的名号，九十岁以上的老人赐晋爵三级，八十岁以上老人赐晋爵二级，七十岁以上的老人赐晋爵一级，鳏夫寡妇及孤独贫弱不能自存的人每人赐给谷、帛，以孝敬父母、信义昭著、廉洁自律、品行贞烈，且具有文武才能而被征召的人，各州郡都要把他们的名字上报。

北魏孝文帝太和十八年十一月丁卯高年赐爵诏

（太和十八年十一月）辛亥，车驾南伐。丁卯，诏郢、豫二州之民：百龄以上假县令，九十以上赐爵三级，八十以上赐爵二级，七十以上赐爵一级；孤寡鳏老不能自存者赐以谷帛；缘路之民，复田租一岁；孝悌廉义、文武应求，具以名闻。

《魏书 · 帝纪第七下 · 高祖孝文帝》

【译文】（北魏孝文帝太和十八年十一月）辛亥这一天，皇帝向南伐齐国（即南朝齐政权）。丁卯这一天，诏令郢州、豫州二州的百姓，百岁以上的老人赐给县令的名号，九十岁以上的老人赐晋爵三级，八十岁以上老人赐晋爵二级，七十岁以上的老人赐晋爵一级，鳏夫寡妇及孤独贫弱不能自存的人赐给他们谷物和帛，百姓住家靠近军队行进路线边上的，国家免除其一年的田租，以孝敬父母、友悌兄弟、廉洁自律、仁义通达且具有文武才能而被征召的人，州郡官员都要把他们的名字上报。

北魏孝文帝太和十九年夏四月辛亥高年赐爵诏

（太和十九年夏四月）辛亥，诏赐百岁以上假县令，九十以上赐爵三级，八十以上赐爵二级，七十以上赐爵一级；孤寡老疾不能自存者，赐以谷帛，德著丘园者具以名闻。

《魏书 · 帝纪第七下 · 高祖孝文帝》

【译文】（北魏孝文帝太和十九年夏四月）辛亥这一天，皇帝下诏：百岁以上的老人赐给县令的名号，九十岁以上的老人赐晋爵三级，八十岁以上老人赐晋爵二级，七十岁以上的老人赐晋爵一级，鳏夫寡妇及孤独贫弱不能自存的人赐给他们谷物和帛，并由州郡县之中将德行卓著且名闻乡里的人上报朝廷。

北魏孝文帝太和十九年六月壬子高年赐爵诏

（太和十九年六月）壬子，诏济州、东郡、荥阳及河南诸县车驾所经者，百年以上赐假县令，九十以上赐爵三级，八十以上赐爵二级，七十以上赐爵一级；孤老鳏寡不能自存赐以谷帛，孝悌廉义、文武应求者具以名闻。

《魏书 · 帝纪第七下 · 高祖孝文帝》

【译文】（北魏孝文帝太和十九年六月）壬子这一天，下诏给济州、东郡、荥阳以及河南诸县，皇帝车驾所经过的地方，百岁以上的老人赐给县令的名号，九十岁以上的老人赐晋爵三级，八十岁以上老人赐晋爵二级，七十岁以上的老人赐晋爵一级，鳏夫寡妇及孤独贫弱不能自存的人赐给他们谷物和帛，以孝敬父母、友悌兄弟、廉洁自律、仁义通达，且具有文武才能而被征召的人，州郡官员都要把他们的名字上报。

北魏孝文帝太和十九年冬十月甲辰高年赐爵诏

（太和十九年）冬十月甲辰，曲赦相州。民百年以上假郡守，九十以上假县令，八十以上赐爵三级，七十以上赐爵二级；孤老痼疾不能自存者，赐以谷帛。

《魏书 · 帝纪第七下 · 高祖孝文帝》

【译文】（北魏孝文帝太和十九年）冬十月甲辰这一天，皇帝下令赦免相州的罪囚。（诏令）百岁以上的老人赐给郡守的名号，九十岁以上的老人赐给县令的名号，八十岁以上老人赐晋爵三级，七十岁以上的老人赐晋爵二级，鳏夫寡妇及孤独贫弱不能自存的人赐给他们谷物和帛。

北魏孝文帝太和二十一年三月甲寅高年赐爵诏

（太和二十一年三月）甲寅，诏汾州民百年以上假郡守，九十以上假县令，八十以上赐爵三级，七十以上赐爵二级。

《魏书 · 帝纪第七下 · 高祖孝文帝》

【译文】（北魏孝文帝太和二十一年三月）甲寅这一天，皇帝下诏汾州，百岁以上的老人赐给郡守的名号，九十岁以上的老人赐给县令的名号，八十岁以上老人赐晋爵三级，七十岁以上的老人赐晋爵二级。

北魏孝文帝太和二十一年五月庚寅高年赐爵诏

（五月）庚寅，诏雍州士人，百年以上假华郡[①]太守，九十以上假荒郡[②]，八十以上假华县令，七十以上假荒县令；庶老以年各减一等，七十以上赐爵三级；其营船之夫，赐爵一级，孤寡鳏贫、穷疴废疾，各赐帛二匹、谷五斛，其孝友德义、文学才干，悉卯贡举。

《魏书 · 帝纪第七下 · 高祖孝文帝》

【简注】①华郡：繁华的郡邑。下文“华县”同。　②荒郡：偏僻或不繁华的郡邑，下文“荒县”同。

【译文】（北魏孝文帝太和二十一年五月）庚寅这一天，皇帝下诏给雍州的百姓，百岁以上的老人赐予华郡太守的名号，九十以上老人赐予荒郡太守的名号，八十以上的老人赐予华县县令的名号，七十以上的老人赐予荒县县令的名号，庶族的老人依据其年纪各降一级，七十以上的赐晋爵位三级，经营船只的人赐晋爵位一级，孤单贫弱的人、寡妇、鳏夫、得怪病的人、残疾的人每人赐给帛二匹、谷物五斛，州县之中凡是孝敬父母的、友悌兄弟的、德行卓异的、信义卓著的、具有文学才干的，都要荐举他们，让他们在朝中任职。

北魏宣武帝延昌元年十一月丙申高年赐爵诏

（延昌元年）十有一月丙申，诏曰：“朕运承天休，统御宸宇，太子体藉灵明，肇建宫华，明两既孚，三善方洽，宜泽均率壤，荣泛庶胤。其赐天下为父后者，爵一级；孝子、顺孙、廉夫、节妇旌表门闾，量给粟帛。”

《魏书 · 帝纪第八 · 世宗宣武帝》

【译文】（北魏宣武帝延昌元年）十一月丙申这一天，皇帝下诏说：“朕承奉上天的意旨，统御天下万民，太子天赋聪颖、机敏、英明，（可以）开府建衙设立官府，使帝王的功业相承相继，亲亲、尊尊、长长三善周而复始，国家应该把天地的恩泽均施于天下，让祖宗的荣耀遍及后代子孙。因此赐给已成为父亲的人，每人晋爵位一级；孝子、顺孙、廉夫、节妇，国家都要题写门间加以表彰，依据不同情况赐给他们粟和帛。”

《北齐书》一则

北齐孝昭帝皇建元年诸郡国老人授版职诏

（皇建元年八月乙酉）诸郡国老人各授版职①，赐黄帽鸠杖。

《北齐书 · 帝纪第六 · 孝昭》

【简注】①版职：以白版形式授予的职务或封号。一般为荣誉性的职务或封号。

【译文】（北齐皇建元年八月乙酉这一天）各郡、诸侯国的老人各授以官位称号，赐予他们黄帽和鸠杖。

《周书》一则

北周武帝建德二年十二月癸巳尊年尚齿诏

（建德二年十二月癸巳）诏曰："尊年尚齿，列代弘规，序旧酬劳，哲王明范。朕嗣承洪业，君临万邦，驱此兆庶，置诸仁寿。军民之间，年多耆耋，眷言衰暮，宜有优崇。可颁授老职，使荣沾邑里。"

《周书 · 帝纪第五 · 武帝上》

【译文】（北朝周武帝建德二年十二月癸巳这一天）皇帝下诏说："尊奉老年人，是历代王朝重要的律令，国家按功绩排定次序以酬答臣民的功劳，这是明王圣贤留下的典章规范。朕承继先帝大业，统御万国，驱使万民，从心中希望他们都能长寿。在军民之中，有许多年老的人，（朕）顾念着他们衰老，各地应当对他们特别优待和尊崇，国家可以颁给他们优崇性质的职号，让他们能体会到国家的恩泽并在其家乡树立表率。"

三、荐举孝贤

《魏书》四则

北魏孝文帝太和十一年冬十月荐举孝贤诏

（太和十一年）冬十月辛未，诏罢起部无益之作，出宫人不执机杼者。甲戌，诏曰："乡饮礼废，则长幼之叙乱。孟冬十月，民闲岁隙，宜于此时导以德义。可下诸州，党里之内，推贤而长者，教其里人，父慈、子孝、兄友、弟顺、夫和、妻柔。不率长教者，具以名闻。"

《魏书·帝纪第七下·高祖孝文帝》

【译文】（北魏孝文帝太和十一年）冬十月辛未这一天，皇帝下诏罢除没有价值的工程，放出宫中不能纺织的宫女。甲戌这一天，又下诏说："如果乡饮酒这一礼法废除了，那么长幼之间的次序就会出现混乱，每年的孟冬十月，正是百姓农闲时节，时间相对宽裕，应该用仁义、道德去教化百姓，可颁令各州，在乡党、村镇之中推举贤明德惠且年长的人，在村中教导百姓父慈、子孝、兄友、弟恭、夫和、妻柔的道理，各州郡之中有不遵从长者教导的人，各级官衙都要将他们的名字呈报上来。"

北魏孝文帝太和二十年三月丙寅赐国老职用荐举孝贤诏

三月丙寅，宴群臣及国老、庶老于华林园。诏曰："国老黄耇以上，假中散大夫、郡守，耆年以上假给事中、县令，庶老直假郡县，各赐鸠杖、衣裳。"

丁丑，诏诸州中正各举其乡之民望，年五十以上守素①衡门②者，授以令长。

《魏书·帝纪第七下·高祖孝文帝》

【简注】①守素：保持素养的贤人、安于平淡的贤人。　②衡门：借指隐逸的贤士所居住的地方。

【译文】三月丙寅这一天，会宴群臣和众国老、庶老于华林园中。皇帝下诏说："国老在八十以上的，赐予中散大夫、郡县守名位；六十以上的赐予给事中、县令的名位；庶老，还在州郡之中的可以享受郡守县令的职位。之后分别赐予他们鸠形的拐杖和衣服。”

丁丑这一天，诏令各州的中正向朝廷推举在乡里和百姓中有声望，年纪在五十岁以上且一向安于平淡的、隐居的贤人，授予他们为县令或县中长官的名号。

北魏孝明帝正光四年八月戊寅举孝贤诏

（正光四年八月）戊寅，诏曰：“……宜诏百司，各勤厥职，诸有鳏寡穷疾冤滞不申者，并加厘恤。若孝子顺孙、廉贞义节、才学超异、独行高时者，具以言上，朕将亲览，加以旌命。”

《魏书·帝纪第九·肃宗孝明帝》

【译文】（北魏孝明帝正光四年八月）戊寅这一天，皇帝下诏说：“……可宣示诏令给各司衙，百官要各自履行自己的职责，只要辖境有鳏寡穷困或冤屈滞积不能申诉的人，都要对他们加以抚恤、审理。至于孝敬父母的子孙，廉贞义节、才学卓异、独立特行，高于世人的人，各地州郡都要奏报上来，朕将亲自阅览，对他们加以表彰。”

北魏前废帝建义元年三月庚寅诏天下孝仁赴阙

（建义元年三月）庚寅，诏天下有德孝仁贤忠义志信者，可以礼召赴阙，不应召者以不敬论。

《魏书·帝纪第十一·前废帝》

【译文】（北魏前废帝建义元年三月）庚寅这一天，皇帝诏令天下有德行的人、具有孝这种品行的人、身具仁爱品行的人、贤明的人、忠诚于国家的人、有节义之人、志向笃实的人、为人信诚的人，可以依朝廷礼仪征召他们，让他们赴朝廷任职，不应诏的人以不敬论处。

四、法令条文

《魏书》七则

北魏文成帝太安元年夏六月诏令

（太安元年）夏六月壬戌，诏名皇子曰讳弘[①]，曲赦京城，改年。癸酉，诏曰："夫为治者，因宜以设官，举贤以任职。故上下和平，民无怨谤。若官非其人，奸邪在位，则政教陵迟，至于凋薄。思明黜陟，以隆治道。今遣尚书穆伏真等三十人，巡行州郡，观察风俗。入其境，农不垦殖，田亩多荒，则徭役不时，废于力也。耆老饭蔬食，少壮无衣褐，则聚敛烦数，匮于财也。闾里空虚，民多流散，则绥导无方，疏于恩也。盗贼公行，劫夺不息，则威禁不设，失于刑也。众谤并兴，大小嗟怨，善人隐伏，佞邪当途，则为法混淆，昏于政也。诸如此比，黜而戮之。善于政者，褒而赏之。其有阿枉不能自申，听诣使告状，使者检治。若信清能，众所称美，诬告以求直，反其罪。使者受财，断察不平，听诣公车上诉。其不孝父母，不顺尊长，为吏奸暴，及为盗贼，各具以名上。其容隐者，以所匿之罪罪之。"

《魏书·帝纪第五·高宗文成帝》

【简注】①皇子曰讳弘：即指北魏孝文帝拓跋宏（元宏）。

【译文】（北魏文成帝太安元年）夏六月壬戌这一天，皇帝下诏给皇子起名为弘，赦免京城的罪囚，改兴光年号为太安。癸酉这一天，皇帝下诏说："治理天下的人，应该依据国家的具体情况设立官职，推举贤才委任其职务，这样才会使得国家上下和睦，出现和平景象，百姓才不会出现怨愤的情绪，才不会有诽谤朝廷的言语。如果官员所授非人，奸邪之人身在官位，就会使国家政令和教化出现衰微的情况，国家也会渐渐衰弱。（朕）思虑着国家应该明确官吏的升降制度，以使国家兴盛出现大治的景象。现在派遣尚书穆伏真等三十多人，巡视各州郡，考察各地民情。（巡视中）进入州郡的境内，如果发现农民不耕田，土地出现荒芜的现象，就是征发徭役时不合时节，空耗了劳力；如果出现了老年人吃着粗陋的食物，青壮年没有粗布衣物遮身，就是官吏征收租税频繁，百姓被搜刮尽了财物；如果出现乡村里空荡少人，百姓多有逃亡，就是引导安抚地方无方，治理时施政时寡恩淡薄。如果出现境内盗贼横行，抢劫等现象不能止息，就是官吏在行政时禁令得不到执行，刑罚处理上多的亏缺；如果境内有种种诽谤之语出现，境内官绅百姓多有怨恨之心，那么就是官吏施政不当致使其境内政治昏暗。诸如此类情况，一旦出现就罢免直至杀了当地官吏。善于施政的人，国家要褒奖、赏赐他们。如果出现冤屈不能申诉的人，准许他们去巡视使者那里告状，由巡视官员核查处理。如果当地官员清廉能干，被众人所赞美，却有人诬告他们，巡视官员对诬告者要以相应的罪名处罚他们；如果巡视使者接受财物，出现裁判不公正的情况，允许官员去上级司衙申诉。不孝敬父母、不顺从尊长、为官奸诈对百姓残暴，以及为匪为盗的人，巡视使者都要将他们一一列举呈报上来，如果有纵容隐瞒的，以隐瞒罪名治罪。”

北魏孝文帝太和十二年春正月乙未父母年老减刑诏

（太和）十有二年春正月辛巳朔，初建五牛旌旗。乙未，诏曰：“镇戍流徙之人，年满七十，孤单穷独，虽有妻妾而无子孙，诸如此等，听解名还本。诸犯死刑者，父母、祖父母年老，更无成人子孙，旁无期亲者，具状以闻。”

《魏书 · 帝纪第七下 · 高祖孝文帝》

【译文】（北魏孝文帝太和）十二年春正月辛巳这一天，大魏首次设置五牛旌旗这一军事建制。乙未这一天，皇帝下诏说：“军镇之中有许多因流亡、迁徙而从军的人，他们这些人有的年满七十，孤单穷困，虽然有的有妻妾却没有子孙，这种类型的人，国家允许他们削去军籍回归故土。（各州郡之中）各种犯死罪的人，如果父母、祖父母年老，没有其他成年子孙奉养，亲属之中没有具有服丧一年资格的亲属，各州郡都要陈述其情况上报朝廷。”

北魏孝文帝太和十八年秋七月丙寅养年老者诏

（太和十八年秋七月）乙丑，南还。所过皆亲见高年，问民疾苦，贫窘孤老赐以粟帛。

丙寅，诏六镇及御夷城人：年八十以上而无子孙兄弟，终身给其廪粟；年七十以上家贫者，各赐粟十斛。

又诏诸北城人：年满七十以上及废疾之徒，校其元犯，以准新律，事当从坐者，听其一身还乡，又令一子抚养，终命之后，乃遣归边；自余之处，如此之犯，年八十以上，皆听还。

《魏书 · 帝纪第七下 · 高祖孝文帝》

【译文】（北魏孝文帝太和十八年秋七月）乙丑这一天，皇帝车驾南还。在所经过的州郡县之中亲自接见年高德劭的人，询问百姓疾苦，赐给贫苦、孤独的人和老年人粟、帛。

丙寅这一天，皇帝下诏给边境六镇和御夷城的人：年满八十岁的老人如果没有子孙奉养、兄弟依靠的，国家将终身赐予他们廪粟等生活物品；年满七十以上的老人且家境贫苦的人，赐给他们粟十斛。

又下诏给诸北城的人：年满七十以上的老人和身有残疾的囚犯，要推究其所犯何事，根据新法规定，如果是因受到牵连而触连坐之法的，准许其一人还乡，还乡后令其一子奉养终身，当老人去世后，犯人的儿子再遣返诸北城继续服刑；其他地方，如果出现此类的罪犯，犯事之人如果年满八十，都允许回乡。

北魏宣武帝正始三年五月丙寅掩枯骨养孤老诏

（正始三年）五月乙丑朔，诏尚书丞义阳初附之户。丙寅，诏曰："掩骼埋胔，古之令典；顺辰修令，朝之恒式。今时泽未降，春稼已旱。或有孤老馁疾，无人赡救，因以致死，暴露沟堑者，洛阳部尉依法棺埋。"

《魏书 · 帝纪第八 · 世宗宣武帝》

【译文】（北魏宣武帝正始三年）五月乙丑初一，皇帝下诏令尚书丞义阳清查初归附的民户。丙寅这一天，皇帝下诏说："掩埋枯骨和荒野暴尸，是从上古传下来的令典；顺应天时遵循节令，是朝廷规定的章程。今年雨水一直未降，春旱已成。有些孤苦的老年人已经因饥饿而患病，却没有人去救助他们，导致他们死亡，使他们的尸体暴露于荒野之中，洛阳各部及主管官员要依照法令用棺材盛殓并埋葬他们。"

北魏孝明帝神龟元年十二月辛未存恤民父母诏

（神龟元年）十有二月辛未，诏曰："民生有终，下归兆域。京邑隐赈，口盈亿万，贵贱攸凭，未有定所，为民父母尤宜存恤。今制乾脯山以西，拟为九原。"

《魏书 · 帝纪第九 · 肃宗孝明帝》

【译文】（北魏孝明帝神龟元年）十二月辛未这一天，皇帝下诏说："人生有终止的时候，终归要归于坟墓。京城富裕繁华，人口满亿万之数，人的贵贱凭其门阀家籍，这种情况下让许多贫穷之人居无定所，作为百姓的父母官，尤其应该体恤（那些贫弱的人）。现在规定乾脯山以西，作为墓地。”

北魏高祖太和十一年三千之罪莫大于不孝诏

（北魏高祖太和）十一年春，诏曰：“三千之罪，莫大于不孝，而律不逊[①]父母，罪止髡刑[②]，于理未衷。可更详改。”

《魏书 · 志第十六 · 刑罚》

【简注】①不逊：即傲慢无礼或不顺。　②髡刑：上古五刑之一，是将人头发全部或部分剃掉的刑罚，是一种耻辱刑，主要流行于夏、商、周至东汉。

【译文】（北魏高祖太和）十一年春，皇帝下诏说：“刑法中有三千种不同的罪行，没有一种罪行是大过不孝的；可是律法中对不尊敬、孝顺父母的人的处罚，仅止于剃去罪人须发，这种情况是不合于情理的。可以更加详尽地议定、更改对此种人的刑罚。”

北魏高祖太和十二年死刑犯无子孙养父母、祖父母诏

（北魏高祖太和）十二年，诏：“犯死罪，若父母、祖父母年老，更无成人子孙，又无期亲者，仰案后列奏以待报，著之令格[①]。”

《魏书 · 志第十六 · 刑罚》

【简注】①令格：令、格均为古代律法，此处泛指国家的法令或规章。

【译文】（北魏高祖太和）十二年，皇帝下诏说：“犯死罪的人，如果父母、祖父母年纪已老，家中没有其他的成年子孙，又没有可以为其服丧一年的近亲的，接到案件后要上奏朝廷等待批报，这一规定要写进法令当中。”

《周书》一则

北周宣帝大成元年八月丙寅诏制九条

（大成元年八月丙寅）诏制九条，宣下州郡：一曰，决狱科罪，皆准律文；二曰，母族绝服外者，听婚；三曰，以杖决罚，悉令依法；四曰，郡县当境贼盗不擒获者，并仰录奏；五曰，孝子顺孙义夫节妇，表其门闾，才堪任用者，即宜申荐；六曰，或昔经驱使，名位未达，或沉沦蓬华，文武可施，宜并

采访，具以名奏；七曰，伪齐七品以上，已敕收用，八品以下，爰及流外，若欲入仕，皆听预选，降二等授官；八曰，州举高才博学者为秀才，郡举经明行修者为孝廉，上州、上郡岁一人，下州、下郡三岁一人；九曰，年七十以上，依式授官，鳏寡困乏不能自存者，并加禀恤。

《周书 · 帝纪第七 · 宣帝》

【译文】(北朝周宣帝大成元年八月丙寅这一天）皇帝下诏书颁布九条律令，下达到各州郡之中：一是判决狱讼、确定罪行，一律要依照国家的律法条文；二是在五服以外的母族亲属，任从婚嫁；三是用杖刑处罚罪犯，要按照国家的法令判罚；四是在郡县之中捕获的盗贼，都要记录并且奏报上来；五是孝敬父母的贤良子孙、身具诚信忠义品质的人、贞洁的妇女，各地都要表彰其家庭，有才能可以为国家所用的，都要马上向朝廷荐举；六是曾经在官府中任职、但其名声和职位未曾显贵，沦落于贫寒之中，确有文武才能者，各地都要严加访查，记录他们的名字上奏朝廷；七是在齐政权（即北齐）曾经担任过七品以上官员，已经下令留用的，或者八品以下以及未入流的吏目，如果他们想再次进入仕途，都可以让他们作为预选官员，降二级授给他们官职；八是州一级的地方荐举的才能高远、学识广博的人可称为秀才，在郡一级荐举的通晓经义、品行优异的可称为孝廉，人口多的州、郡，每年荐举秀才、孝廉一人，人口少的州、郡每三年荐举秀才、孝廉一人；九是年纪在七十岁以上的人，按照国家规定授予他们职名称号，鳏夫寡妇等困乏不能自存的人，各州郡都要对他们给予抚恤。

《隋书》二则

《齐律》十恶

（北齐）孝昭在藩，已知其失，即位之后，将加惩革，未几而崩。（北齐）武成即位，思存轻典……河清三年，尚书令、赵郡王睿等，奏上《齐律》十二篇……又列重罪十条：一曰反逆，二曰大逆，三曰叛，四曰降，五曰恶逆，六曰不道，七曰不敬，八曰不孝，九曰不义，十曰内乱。其犯此十者，不在八议[①]论赎之限。是后法令明审，科条简要。又敕仕门之子弟，常讲习之。齐人多晓法律，盖由此也。

《隋书 · 志第二十 · 刑法》

【简注】①八议：即八辟。唐代长孙无忌主持修订的《唐律疏议·名例》中载："八议：一曰议亲，谓皇帝袒免以上亲，及太皇太后、皇太后缌麻以上亲，皇后小功以上亲；二曰议故，谓故旧；三曰议贤，谓有大德行；四曰议能，谓有大才业；五曰议功，谓有大功勋；六曰议贵，谓职事官三品以上，散官二品以上，及爵一品者；七曰议勤，谓有大勤劳；八曰议宾，谓承先代之后为国宾者。"

【译文】（北齐）孝昭帝尚未即位时，已知道刑法中对老年人的处罚有许多不合适的地方，即位之后，将要对其进行更改，不久却去世了。武成帝即位后，又考虑着从轻地使用国家的律法……河清三年尚书令、赵郡王高睿等奏呈了《齐律》十二篇……之后又列出了重罪十条：第一是反逆，第二是大逆，第三是叛乱，第四是投降敌国，第五是恶逆，第六是不遵从道义，第七是不敬，第八是不孝，第九是不义，第十是内乱。犯这十种罪行的人，不可以用八议之法用财物赎罪。之后明白地审明了各种法令，科目明白、简要。又下敕旨让官宦之家的子弟经常讲习律法。齐国的人多明晓法律，就是这个原因。

北周二十四条之制

周文帝之有关中也，霸业初基，典章多阙。大统元年①，命有司斟酌今古通变，可以益时者，为二十四条之制，奏之……保定②三年三月庚子乃就，谓之《大律》，凡二十五篇……不立十恶③之目，而重恶逆、不道、大不敬、不孝、不义、内乱之罪。

《隋书·志第二十·刑法》

【简注】①大统元年："大统"即西魏魏文帝年号。大统元年即公元535年。　②保定：北周周武帝年号。　③十恶：即"十恶不赦"。

【译文】（北）周文帝占据了关中之地后，才开始奠定了霸业，但是周的典章制章却有许多阙乏。大统元年，皇帝让相关司衙斟酌考虑现在的社会情况和古时的律法有无可以相通的地方，制定了有益于当时的律令，做了二十四条律制，上奏朝廷……保定三年三月庚子那一天律令大成，称呼其为《大律》，一共二十五篇……不设立十恶这一条目，而是从重刑罚恶逆、不道、大不敬、不孝、不义、内乱的罪行。

五、税役优恤

《魏书》四则

北魏孝文帝太和四年秋七月辛亥诏会京师耆老不徭役诏

（太和四年）秋七月辛亥，行幸火山。壬子，改作东明观。诏会京师耆老，赐锦彩、衣服、几杖、稻米、蜜、面，复家人不徭役。

《魏书·帝纪第七上·高祖孝文帝》

【译文】（北魏孝文帝太和四年）秋七月辛亥这一天，皇帝巡幸火山。壬子这一天，改建东明观。皇帝下诏集会京城中老年人，赐给他们锦缎、衣服、案几、手杖、稻米、蜜、面粉，并且免除其家人的徭役（以便更好地奉养老人）。

北魏明元帝神瑞二年六月丁卯见长老复租诏

（神瑞二年六月）丁卯，幸赤城。亲见长老，问民疾苦，复租一年。南次石亭，幸上谷，问百年，访贤俊，复田租之半。

《魏书·帝纪第三·太宗明元帝》

【译文】（北魏明元帝神瑞二年六月）丁卯这一天，皇帝巡幸赤城，亲自接见城中年高德劭之人，询问百姓疾苦，免去一年的田租。向南行进，驻跸于石亭，巡幸上谷，询问百岁老人，访问城中贤士俊才，免去他们半年的田租。

北魏孝文帝延兴三年十一月戊寅高年留子不从役诏

（延兴三年）十有一月戊寅，诏以河南七州牧守多不奉法，致新邦之民莫能上达，遣使者观风察狱，黜陟幽明。其有鳏寡孤独贫不自存者，复其杂徭，年八十已上，一子不从役；力田孝悌，才器有益于时，信义著于乡闾者，具以名闻。

癸巳，太上皇帝南巡，至于怀州。所过问民疾苦，赐高年、孝悌力田布帛。

《魏书·帝纪第七上·高祖孝文帝》

【译文】（北魏孝文帝延兴三年）十一月戊寅这一天，皇帝下诏以黄河以南的七个州的守牧不奉行国家的法令，使新建州郡的百姓不能正常反映自己心愿，所以派遣使者去考察那里的风俗和刑罚，罢黜昏聩的官员，擢升贤明的官员。(又下令)州郡里如果出现鳏夫寡妇、孤独贫苦不能自存的人，要免除他们的各种徭役；年纪八十岁以上的人，其一子不服徭役（以便奉养老人）；努力耕田、孝敬父母、友悌兄弟的人，才能有益于时世，诚信节义闻于乡里的人，（各地官员、属吏要认真查访，）将他们的名字上报朝廷。

癸巳这一天，太上皇（即北魏献文帝）向南巡视，车驾到达怀州，太上皇询问车驾所经过之处的民众疾苦，赐给老年人以及孝敬父母、友悌兄弟、努力耕田的人布、帛。

北魏高祖孝文帝准高年留子不从役事

魏初不立三长，故民多荫附。荫附者皆无官役，豪强征敛，倍于公赋。十年，给事中李冲上言：“宜准古，五家立一邻长[①]，五邻立一里长[②]，五里立一党长[③]，长取乡人强谨者……民年八十已上，听一子不从役。孤独癃老笃疾贫穷不能自存者，三长内迭养食之。”书奏，诸官通议，称善者众。

高祖从之，于是遣使者行其事。

《魏书 · 志第十五 · 食货》

【简注】①邻长：《周礼》中的官名，掌理一邻中互相纠举及收容安置之事。《汉书 · 食货志上》中记：“邻长位下士，自此以上，稍登一级，至乡而为卿也。” ②里长：一里之长，依周代闾胥、里宰之制而设置，后代或置或废，建制不一，北魏时曾设置。 ③党长：官职名。南北朝时北魏的基层地方官员，每一百二十五家设一党长，其主要职责是检查户口，监督耕作，征收税亩，征发徭役和兵役。

【译文】魏建国之初，国家没有设立基层的管理机构，因此百姓多荫附于当地的门阀大族。荫附的人大多都不服国家的劳役，但是门阀大族所征收的租赋，却比国家的租赋要多一倍。孝文帝太和十年，给事中李冲上书说：“应该依照古代的制度，五家设置一个邻长，五邻设置一个里长，五里设置一个党长，三长都应选择乡里强健而谨慎的人担任……百姓中年八十以上的人，可以允许其一子不服劳役。凡是孤苦、残疾、鳏寡之人贫穷不能自存的，在三长所辖的范围内供养他们。”李冲的奏议上呈之后，百官会集，多数大臣赞成。

孝文皇帝采纳了这一建议，派出官员去各地实施这一方案。

《隋书》二则

北齐武成帝河清三年六十免力役、六十六免租调令

河清[①]三年定令……率以十八受田，输租调[②]，二十充兵，六十免力役，六十六退田，免租调。

《隋书 · 志十九 · 食货》

【简注】①河清：北齐武成帝年号。 ②租调：即租和调。古代的税制。

【译文】（北齐武成帝）河清三年令……国家给十八岁的丁壮授田，让他们为国家输送租调，二十岁充兵役，六十岁免除其力役，六十六岁要求退还口分田（留永业田），免除其租调。

北周高祖年八十留子不从役制

后周[①]太祖作相，创制六官[②]……司役掌力役[③]之政令……其人有年八十者，一子不从役；百年者，家不从役。

《隋书 · 志十九 · 食货》

【简注】①后周：即北周，此记载时为南北朝时西魏这一时期。 ②六官：即六卿之官。北周复古制，依周代官制设官。 ③力役：即劳役，征用民力。

【译文】北周太祖当相国的时候，创制了“六官”这一官制……司役职掌力役等政令……（规定）百姓家中有八十岁以上的老人，一个儿子可以不服劳役；家中有百岁以上老人的，其家中的丁壮都可以不服劳役。

《通典》一则

北魏年八十留子不从役、三长养孤老令

魏（北魏）令：每调一夫一妇帛一匹、粟二石。人年十五以上未娶者，四人出一夫一妇之调……人年八十以上，听一子不从役。孤独病老笃贫不能自存者，三长内迭养食之。

《通典 · 食货五 · 赋税中》

【译文】北魏令：每次征调税赋，一夫一妇交纳帛一匹、粟二石。年纪在十五岁以上且未曾嫁娶的，四个人出一夫一妇的调赋……百姓年纪在八十岁以

上的，可以听凭其一子不服征役。孤独、疾病、老年笃贫不能自存的人，各地的三老要养济他们。

六、致仕终养

《魏书》二则

北魏孝明帝正光四年秋七月辛亥诏

（正光四年）秋七月辛亥，诏曰："达尊斯在，齿预一焉，崇敬黄苟，先代通训。故方叔[①]以元老处位，充国[②]缘自强见留。虽七十致仕，明乎典故，然以德尚壮，许其絷维。今庶僚之中，或年迫悬车，循礼宜退。但少收其力，老弃其身，言念勤旧，眷然未忍。或戴白在朝，未当外任；或停私历纪，甫受考级。如此之徒，虽满七十，听其莅民，以终常限。或新解郡县，或外佐始停，已满七十，方求更叙者，吏部可依令不奏。其有高名俊德、老成髦士、灼然显达、为时所知者，不拘斯例。若才非秀异，见在朝官，依令合解者，可给本官半禄，以终其身。使辞朝之叟，不恨归于闾巷矣。"

《魏书 · 帝纪第九 · 肃宗孝明帝》

【简注】①方叔：周宣王时贤臣。《诗经 · 小雅 · 采芑》记："显允方叔，征伐猃狁，蛮荆来威。"郑玄笺说："方叔先与吉甫征伐猃狁，今特往伐蛮荆，皆使来服于宣王之威，美其功之多也。" ②充国：即赵充国，字翁孙，陇西上邽人。汉武帝时以骑士补羽林，拜中郎，迁车骑将军长史。汉宣帝即位，封营平侯。本始中为蒲类将军，征匈奴，还为后将军少府，之后屯缘边九郡。神爵中定先零羌，还为后将军卫尉。甘露二年年八十六卒，谥为"壮侯"。

【译文】（北魏孝明帝正光四年）秋七月辛亥这一天，皇帝下诏说："在至为尊贵的事物中，高年是其中一项，崇敬高龄的人，是历代王朝的训谕和教导，因此方叔因为是国中元老而被留在职位上，赵充国因为自己的能力而被留任。虽然国家规定七十岁时官员就要致仕，这恰是标明在典章制度上的规定，却因为有些官员德行卓异身体还算强壮，皇帝同意他们继续留任。现在百官之中，有的官员年龄已接近致仕的年限，按照礼法应该让他们退位，只是（朕考虑着）当他们年轻时国家用其智、使其力，年老时却因为体衰而抛弃他们，考虑着他们在职时勤恳和旧时的功绩，（让他们退位）实在是于心不忍。有的官员在朝中干到头发斑白，却没有担任过地方官，有的闲居于家二十多年，刚刚通过考查，这样的人虽然已满七十岁，但准许他们治理百姓，完成他们的任职期限。有在郡县任职刚刚完成，有在外地任辅职刚结束，已满七十，又寻求连任的，吏部可依法不再上奏请命，如果官员中具有崇高名望且德行高尚的人、老成持重的俊杰、才名闻达于天下的人、为当代所共知的俊才，可以不拘泥于这一条例。如果才能并不优异，且在朝中任职，可依法解除其职务，供给其本身官禄的一半，直至去世。使退职的官员，不留遗憾地回到街巷之中。”

北魏孝明帝孝昌元年冬十一月辛亥诏

（孝昌元年）冬十有一月辛亥，诏曰：“大孝荣亲，著之昔典，故安平耄耋，诸子满朝。自今诸有父母年八十以上者，皆听居官禄养，温情朝夕。”

《魏书 · 帝纪第九 · 肃宗孝明帝》

【译文】（北魏孝明帝孝昌元年）冬十一月辛亥这一天，皇帝下诏说：“最大的孝敬是让自己的父母祖先感到荣耀，让他们的名字能被编入典籍，因此安平王年至八十，儿子们站满朝堂之上。从现在起凡是父母年八十以上的，都允许在任官员以俸禄赡养，朝夕侍奉他们，以显示国家对老年人的温情。”

七、太学养老礼及乡饮酒礼

《魏书》七则

北魏孝文帝太和三年五月养老诏

（太和三年五月辛酉）诏曰："昔四代养老，问道乞言。朕虽冲昧，每尚其美。今赐国老各衣一袭，绵五斤，绢、布各五匹。"

《魏书 · 帝纪第七上 · 高祖孝文帝》

【译文】（太和三年五月辛酉这一天，）皇帝下诏说："以往虞、夏、商、周四代都奉养老人，向他们请教治国之道和德行培养、教化的问题。朕虽然年幼愚昧，每每想到此事，都认为这是一件十分美好的事情。现在赐给国老每人衣一袭，绵五斤，绢、布各五匹，以奉养老人，以示对老人的尊奉。"

北魏孝文帝太和十一年十月乡饮酒诏

（太和十一年）冬十月……甲戌，诏曰："乡饮礼废，则长幼之叙乱。孟冬十月，民闲岁隙，宜于此时导以德义。可下诸州、党里之内，推贤而长者，教其里人，父慈、子孝、兄友、弟顺、夫和、妻柔。不率长教者，具以名闻。"

《魏书 · 帝纪第七下 · 高祖孝文帝》

【译文】（太和十一年）冬十月……甲戌这一天，皇帝下诏："乡饮酒这一礼法废止，则会出现长幼之序混乱的现象。每年的冬天第一个月，农闲、岁隙时节，宜于此时行乡饮酒礼，劝导百姓、宣明德行大义。此诏可下达于诸州、村镇之中，各地推举贤能、德高的老人，教化各地的人们，务必使各地出现父慈、子孝、兄友、弟顺、夫和、妻柔的现象。如果有不听从教化的人，要将他们的名字呈报上来（加以惩处）。"

北魏孝文帝太和十六年八月己酉养国老、庶老、行大射礼

（太和十六年八月）己酉，以尉元为三老，游明根为五更。又养国老、庶老。将行大射之礼，雨，不克成。

《魏书 · 帝纪第七下 · 高祖孝文帝》

【译文】（太和十六年八月）己酉这一天，皇帝以尉元为三老，以游明根为五更，又下旨奉养国老、庶老。将行大射礼时，因天降大雨，没有成礼。

北魏孝文帝太和十七年七月太子冠礼诫

太和十七年七月癸丑，立恂[①]为皇太子。及冠恂于庙，高祖临光极东堂，引恂入见，诫以冠义曰："夫冠礼表之百代，所以正容体、齐颜色、顺辞令。容体正、颜色齐、辞令顺，故能正君臣、亲父子、和长幼。然母见必拜，兄弟必敬，责以成人之礼。字汝元道，所寄不轻。汝当寻名求义……"

《魏书·列传第十·孝文五王·废太子恂》

【简注】①恂：生于482年，薨于497年。原名拓跋恂，字元道，小字宣道，北魏孝文帝拓跋宏的嫡长子，贞皇后林氏所生。由文明冯太后养育。太和十七年（493）七月被立为皇太子。孝文帝远征南齐，拓跋恂留守新都洛阳。太和二十年（496），拓跋恂逃至平城，得到反对汉化和南迁的贵族的支持。拓跋恂在旧势力的怂恿下，企图从洛阳逃回平城参加叛乱，但孝文帝拓践宏的改革已深入人心，叛乱很快就被平息。孝文帝返回平息了变乱之后，废黜了皇太子拓跋恂。

【译文】（北魏孝文帝）太和十七年七月癸丑这一天，皇帝册立元恂为皇太子。在太庙中为太子行冠礼，高祖（即孝文帝）至极光堂，诏引太子恂入见，训诫他加冠的意义说："冠礼显扬百代，因此行冠礼后要有严肃的神色、和顺的辞令，容貌端正，神色严肃。言辞和谐、和顺，才能整肃君臣之间的关系，亲近父子之间的感情，和睦长幼之间的次序。然后见母亲时一定要拜，兄弟之间一定要相互尊敬，这都是用成人的礼节来要求的，给你起名为元道，在你身上寄托希望不轻，你应该循名而求义……"

北魏太和二十年二月丙午行养老礼

（太和二十年二月）丙午，诏畿内七十以上暮春赴京师，将行养老之礼。

《魏书·帝纪第七下·高祖孝文帝》

【译文】（北魏孝文帝太和二十年二月）丙午这一天，皇帝诏令京城范围之内七十岁以上的老人晚春时节赴京城，在京城之中将行养老礼。

北魏孝文帝太和十六年养三老五更诏

（孝文帝太和十六年）诏曰：“夫大道凝虚，至德冲挹，故尹王法玄猷以御世，圣人崇谦光而降美。是以天子父事三老，兄事五更，所以明孝悌于万国，垂教本于天下。自非道高识博，孰能处之？是故五帝宪德，三王乞言，若求备一人，同之古哲。叔世之老，孰能克堪？师上圣，则难为其举；傅中庸，则易为其选。朕既虚寡，德谢曩哲，更、老之选，差可有之。前司徒、山阳郡开国公尉元，前大鸿胪卿、新泰伯游明根，并元亨利贞，明允诚素，少著英风，老敷雅迹，位显台宿，归终私第。可谓知始知卒，希世之贤也。公以八十之年，宜处三老之重；卿（尉元）以七十之龄，可充五更之选。”

《魏书 · 列传第三八 · 尉元》

【译文】（北魏孝文帝太和十六年）皇帝下诏说：“天地间最大的道包含在清虚之中，最高尚的德在于谦虚，因此帝王才会效法玄猷进而统御天下，圣人推崇谦虚、礼让而得到美誉。所以天子要像侍奉父亲那样去对待三老，像礼敬兄长那样去对待五更，并以此向天下申明国家宣扬孝义、教化的意旨和根本。如果没有高尚的道德、宏博的知识，谁能处在这个位置？所以五帝效法高德，三王请求好的言行，如果想寻找一个如同古时那样的完人，在这种战乱的时代，谁又能担当这一美誉？要寻求如同上古圣贤那样的人很难找到，若折中选取则容易达成愿望。朕的德行浅陋，德行不如以往的贤哲，五更、三老的人选，大约在国家中还能找到。前司徒、山阳郡开国公尉元，前大鸿胪卿、新泰伯游明根，都是善良通达且和气坚贞的人，他们德行高明、行止公允、待人真诚、行为朴素，在少年时就显现出英气，步入老年后业绩更为辉煌，且位居显赫、德行高远、致仕归家。他们可以说是慎始善终，是世上少有的贤人。尉元今年八十岁，按其德操行止可处于三老的位置上，游明根今年七十岁，可以充为五更的人选。”

北魏孝文帝太和十六年诏行养老

（孝文帝太和十六年）诏曰：“夫尊老尚更，列圣同致；钦年敬德，绵哲齐轨。朕虽道谢玄风，识昧睿则，仰禀先诲，企遵猷旨。故推老以德，立更以元，父焉斯彰，兄焉斯显矣。前司徒公元、前鸿胪卿明根，并以冲德悬车，懿量归老，故尊公以三，事更以五。虽更、老非官，耄耋罔禄，然况事既高，宜加殊养。三老可给上公之禄，五更可食元卿[①]之俸。供食之味，亦兴其例。”

《魏书 · 列传第三八 · 尉元》

【简注】①元卿：即九卿的另一种提法。

【译文】（北魏孝文帝太和十六年）皇帝下诏说："尊敬三老、崇尚五更，这是列祖先贤都致力去做的事情；钦佩年高的人、敬重有德行的人，这是先哲们共同遵循的原则。朕的德行虽然不如先贤，识见远逊于先哲，但仰承先帝的教诲，希望能遵从他们的意旨。所以依照人们的德行推崇三老，按照高龄去树立五更，要像彰显父亲的德行那样去彰显他们的德行，要像显耀兄长那样去显耀他们的节操。前司徒公尉元、前鸿胪卿游明根，他们都以谦逊的品行致仕，以美好的风范辞官，所以国家将他们尊为三老，奉为五更。虽然说三老、五更不是官职，老人们也没有因为年龄大而增加俸禄，但他们年事已高、功绩亦大，国家应当给他们增加特殊的供养。三老可给予上公的俸禄，五更可给予元卿的俸禄，供给他们食物的规格，也要和上公、元卿一样。"

《通典》三则

北魏孝文帝太和十六年养老诏、行养老礼

后魏孝文帝太和十六年诏：以前司徒尉元为三老，前大鸿胪卿游明根为五更。

于明堂设国老位，庶老位于阶下。皇帝再拜三老，亲袒割牲，执酱而馈，执爵而酳，于五更行肃拜之礼，赐国老、庶老衣服有差。既而三老言曰："自古人所崇莫重于孝顺，五孝六顺天下之所先，愿陛下重之以化四方。"

帝曰："孝顺之道天地之经，今承三老明言铭之朕怀。"

五更言曰："夫至孝通灵，至顺感幽，故《经》云'孝悌之至通于神明、光于四海'，愿陛下念之，以济黎庶。"

帝曰："五更助三老以言至范，敷展德音，当克己复礼以行来。"

授礼毕，乃赐步挽一乘，诏曰："三老可给上公之禄，五更可食九卿之俸，供养之味亦同其例。"

《通典·卷六十七·礼二十七·嘉十二》

【译文】北魏孝文帝太和十六年皇帝下诏：以前司徒尉元任三老，前大鸿胪游明根为五更。

在明堂中设国老的席位，庶老的席位设置在阶下。皇帝二次拜三老，亲自

脱下右臂之袖，袒露臂膀，执肉酱馈三老食物，执酒爵敬三老酒酳，对五更行肃拜的礼节，赐国老、庶老衣服不等。之后三老说道："自古人们所崇慕的事情没有超过孝顺的，五孝六顺是天下所有行为的根本，愿陛下重视此事，以教化天下四方。"

皇帝说："孝顺之道是天经地义的事情，今天承蒙三老明确说明，朕一定铭记心怀。"

五更说道："至孝这种品行可以通于灵异，至顺这种品行可以感于幽冥。因此《孝经》上说'孝悌之至通于神明、光于四海'，愿陛下时刻想着此事，以抚育天下百姓。"

皇帝说："五更助三老用言语讲述治国成人的规范，再次展现了圣贤的德音，朕定当克己复礼以使国家通行于将来。"

授礼完毕后，皇帝赐步挽一乘给三老五更，并下诏说："三老可以给予上公的俸禄，五更可以食九卿的俸禄，供养他们的东西也要如同此例。"

北齐仲春令辰行养老礼赐鸠杖黄帽

北齐制：仲春令辰陈养老礼。

先一日，三老五更斋于国学。皇帝进贤冠玄纱袍至辟雍，入总章堂。列宫悬。王公以下及国老、庶老各定位，司徒以羽仪、武贲安车迎三老五更于国学，并进贤冠[①]、玄服、黑舄[②]、素带，国子生黑介帻、青衿、单衣乘马从。以至皇帝释剑、执珽[③]迎于门内，三老至门、五更去门十步，皆降车以入，皇帝拜三老五更，摄斋答拜，皇帝揖进。三老在前，五更在后，升自右阶就筵，三老坐五更立，皇帝升堂北面，公卿升自左阶北面。三公授几杖，卿正履，国老、庶老各就位。皇帝拜三老，群臣皆不拜五更，乃坐。皇帝西面肃拜五更，进珍馐食，亲袒割牲执酱以馈，执爵而酳以次进五更，乃设酒醴[④]于国老、庶老。皇帝升御坐，三老乃论"五孝六顺[⑤]"、典训[⑥]大纲，皇帝虚躬请授，礼毕而还。

又都下及外州人年七十以上赐鸠杖、黄帽。

《通典 · 卷六十七 · 礼二十七 · 嘉十二》

【简注】①进贤冠：古时朝见皇帝的一种礼帽。原为儒者所戴，唐代时百官皆用。《后汉书 · 舆服志下》载："进贤冠，古缁布冠也，文儒者之服也。前高七寸，后高三寸，长八寸。公侯三梁，中二千石以下至博士两梁，自博士以下至小吏、私学弟子，皆一梁。” ②黑舄：黑颜色的厚底木鞋。 ③珽：即大圭。古代天子所持的玉笏。 ④醴：古代一种用黍米酿成的酒。 ⑤五孝：古代五种等级的人所行的孝道，语出《孝经》即“天子、诸侯、卿大夫、士、庶人”的孝行；六顺：《左传·隐公三年》记：“君义，臣行，父慈，子孝，兄爱，弟敬，所谓六顺。” ⑥典训：《尚书》中《尧典》《伊训》等篇的并称。

【译文】北齐的礼制：仲春的吉日，国家要陈设养老礼。

在行礼的前一天，三老、五更要在国学之中斋戒。皇帝头戴进贤冠、身穿玄纱袍，来到辟雍，进入总章堂。堂内要悬挂金钟。王公以下及国老、庶老要各就其位。司徒以及羽林持仪仗、武贲用安车迎接三老、五更于国学之中，（三老、五更）要戴进贤冠，穿黑色的袍服、黑色的鞋子，腰系白绢缝制的大带。国子生们要头戴黑色的裹发巾、穿青色的袍服、着单层无里子的单衣，乘马跟从来到辟雍。皇帝解去佩剑，手执珽，在门内迎三老、五更。三老走到门前，五更要离门十步，从安车上下来走进辟雍。皇帝拜揖，三老、五更一起答谢拜揖。皇帝拜揖进入，三老在前、五更在后，从右边的台阶上，就筵。三老坐、五更立。皇帝升堂后面朝北站立，公卿从左阶上而朝北站立。三公授几杖，卿正履，国老、庶老都各就各位。皇帝拜三老，群臣都要拜三老，不拜五更。（拜后）就位，皇帝面朝西，肃立着拜五更。（之后）进呈珍馐酒食，（皇帝）袒臂割肉，手执酱去馈赠三老，往酒爵中注满酒敬奉三老。之后依次进呈五更。又陈设酒酏敬奉国老、庶老。皇帝升上御座后，三老开始论述五老六顺、典训大纲，皇帝要身子前倾听取训诫。礼毕后都从辟雍归还。

又都城以下及外州年纪在七十岁以上的人，国家要赐给他们鸠杖、黄帽。

北周武帝保定三年定三老、太学行养老礼

后周武帝保定三年诏以太傅燕国公于斤为三老，赐延年杖。

皇帝幸大学以食之。三老入门皇帝迎拜门屏之间，三老答拜。设三老席于中楹南面，太师晋国公宇文护升阶设几于席。三老升席南面凭几而坐，大司寇楚国公豆卢宁升阶正舄[①]，皇帝升立于斧扆之前西面。有司进馔，皇帝跪授酱豆[②]，亲袒割牲，三老食讫，皇帝又亲跪授爵以酳，彻去。

皇帝北面立访道，三老乃起立于席后。皇帝曰：“猥当天下重任，自惟不才，不知政理之要，公其诲之。”三老答曰：“木纵绳则正，后纵谏则圣，自

古明王圣主皆虚心纳谏以知得失天下乃安，惟陛下念之。”又曰：“为国之本在乎忠信，是以古人云‘去食、去兵、信不可失[③]。’国家废兴在乎赏罚，若有功必赏、有罪必罚，则为善者日益，为恶者日止；若有功不赏、有罪不罚，则天下善恶不分，下人无所措手足。”又曰：“言行者立身之本，言出行随诚宜相顾，陛下三思而言、九虑而行，若不思不虑必有过失。天子之过，事无大小如日月之蚀，莫不知者，愿陛下慎之。”三老言毕，皇帝再拜受之，三老答拜。礼成而出。

《通典 · 卷六十七 · 礼二十七 · 嘉十二》

【简注】①舄：以木为复底的鞋子。 ②豆：盛酱的食器。 ③去食、去兵、信不可失：典出《论语·颜渊》：“子贡问政。子曰：‘足食，足兵，民信之矣。’子贡曰：‘必不得已而去，于斯三者何先？’曰：‘去兵。’子贡曰：‘必不得已而去，于斯二者何先？’曰：‘去食。自古皆有死，民无信不立。’”

【译文】北周武帝保定三年，皇帝下诏以太傅燕国公于斤为三老，赐予他延年杖。

皇帝巡幸太学去行养老礼。三老进入太学门时，皇帝于门屏之间迎候，三老答谢礼拜。陈设三老的席位在厅堂中楹的南面，太师晋国公宇文护登上台阶陈设案几于席位。三老登上台阶凭几而坐，大司寇楚国公豆卢宁升阶摆正木履，皇帝登上台阶站立于厅堂中仪仗和靠窗的屏风前边并面朝西。相关司衙进奉食馔，皇帝跪着接受酱豆等食物、器皿，亲自袒露臂膀切割食物（进奉三老），三老吃完后，皇帝跪着亲自将盛满酒的爵进奉三老，然后撤去饮食。

皇帝面朝北询问治国的道理，三老于是起身站立在席位之后。皇帝问道："朕品性粗劣却担当了国家的大任，自己觉得才德不足，不知道治国理政的要旨，望公教诲。”三老回答说：“木材用绳子标定后就会正直，帝王善于采纳良好的谏议就会成为圣主，自古明王圣主都能够虚心纳谏，才能够拥有天下、知道天下的得失，国家才会安定，这种品行望陛下细细思考。”又说：“治国理政的根本在于是否讲求忠信，因此古人说：‘（治国）可以去除物质方面的东西、可以去除军事力量，但是信义是不可以失去的。’国家的兴亡在于是否赏罚得当，如果有功必赏、有罪必罚，那么行善行的人就会日益增多，行恶行的人就会日益减少；如果有功不赏、有罪不罚，那么天下就会善恶不分，百姓们也会不知所措。”又说：“言语、行动是一个人立身的根本，言出行随诚信也会相顾，陛下（处理政事、治理国家）应三思后再说，九虑后再行，如果不思不虑则必然会出现过失。天子的过失，事情没有大小都如日蚀、月蚀一样，没有不知道的，愿陛下谨慎地对待。”三老说完之后，皇帝再次拜谢，表示接受这些谏议，三老回礼答拜。礼成之后出太学。

《资治通鉴》三则

北魏孝文帝太和二十年二月行养老礼诏

（建武三年[①]二月）丙午，魏诏：“畿内七十已上，暮春赴京师行养老之礼。三月，丙寅，宴群臣及国老、庶老于华林园。”

宋 · 司马光《资治通鉴 · 卷一百四十 · 齐纪六 · 高宗明皇帝中》

【简注】①建武三年：建武是南北朝时齐明帝年号，是年496年，也是北魏孝文帝太和二十年。

【译文】（南朝萧齐明帝建武三年二月）丙午这一天，北方魏国的皇帝下诏：“京畿之内年满七十以上的老人，在暮春时节赴京师参加国家举行的养老礼。在三月丙寅这一天，皇帝将宴请群臣以及国老、庶老于京师的华林园中。”

北魏孝文帝太和二十年二月敬老诏

（建武三年二月）诏：“国老，黄耇[①]已上，假中散大夫、郡守；耆年[②]已上，假给事中、县令。庶老，直假郡、县。各赐鸠杖、衣裳。”

宋 · 司马光《资治通鉴 · 卷一百四十 · 齐纪六 · 高宗明皇帝中》

【简注】①黄耇：头发已发黄的老人，这里指七十岁以上的老人。 ②耆年：指六十岁的老人。 ③衡门：即指横木为门。代指简陋的屋舍。语出《诗经 · 陈风 · 衡门》：“衡门之下，可以栖迟。”古时代指隐士隐居的地方。

【译文】（南朝萧齐明帝建武三年二月）魏国皇帝下诏：“国老、七十以上的老人，国家将授予他假中散大夫、郡守的尊号；六十以上的老人国家将授予假给事中、县令的尊号；庶老直接授予假郡县长官的尊号。并要依照不同的品级赐给他们鸠杖、衣裳。”

北魏孝文帝太和二十年三月敬老诏

（建武三年三月）丁丑，魏诏："诸州中正各举其乡民望，年五十已上守素衡门者，授以令、长。"

宋·司马光《资治通鉴·卷一百四十·齐纪六·高宗明皇帝中》

【译文】（南朝萧齐明帝建武三年三月）丁丑这一天，魏国皇帝又下诏："天下各州的中正要举荐乡里之中德高望重的人担任，年纪在五十岁以上隐居且有德行的人，国家要授给他们县的令、长之类的尊号。"

第五卷　隋唐五代（上）

一、孝亲敬老诏令

《隋书》八则

隋文帝开皇九年夏四月壬戌诏

（开皇九年夏四月）壬戌，诏曰：

往以吴、越之野，群黎涂炭，干戈方用，积习未宁。今率土大同，含生遂性，太平之法，方可流行。凡我臣僚，澡身浴德，开通耳目，宜从兹始。丧乱已来，缅将十载，君无君德，臣失臣道，父有不慈，子有不孝，兄弟之情或薄，夫妇之义或违，长幼失序，尊卑错乱。朕为帝王，志存爱养，时有臻道，不敢宁息。内外职位，遐迩黎人，家家自修，人人克念，使不轨不法，荡然俱尽。兵可立威，不可不戢，刑可助化，不可专行。禁卫九重之余，镇守四方之外，戎旅军器，皆宜停罢。代路既夷，群方无事，武力之子，俱可学文，人间甲仗，悉皆除毁。有功之臣，降情文艺，家门子侄，各守一经，令海内翕然，高山仰止。京邑庠序，爰及州县，生徒受业，升进于朝，未有灼然明经高第。此则教训不笃，考课未精，明勒所同，隆兹儒训。官府从宦，丘园素士，心迹相表，宽弘为念，勿为局促，乖我皇猷……

《隋书·帝纪第二·高祖下》

【译文】（隋开皇九年夏四月）壬戌这一天，皇帝下诏说：

以往在吴、越之地，百姓遭受到了祸患，战事频仍，很长时间得不到平息。现在国家一统，天下大同，天下的生灵应遵从其本性，这样才能促使国家太平时节的法令得以施行。凡是我朝的官员，从现在开始，都要洁身以修德，开通耳目。自国家一统战争开始后，将近十年，君主没有君主的德行，臣子失去臣子之道，父亲失去慈爱之心，儿子失去孝敬之道，兄弟们之间情义淡漠，夫妇之间相互背离，长幼之间失去秩序，世间的尊卑关系出现错乱。朕作为帝王，对天下百姓心存养育爱护之心，胸怀至高的德行，不敢有片刻的停息。朝廷内外任职的官员，各地的百姓，家家户户都要增加自我修养，人人都要勤于思考，使天下不合法度的事情完全消除干净。使用武力树立国家的威严，对于一个国家来说是不可以不这样去做的，国家的法令可以帮助教化世人，却不能独断专行。国家的军事力量，除警卫皇城、镇守边城之外，其他的军事力量，都应该撤除。（国家一统之后）沟壑之路都已疏通，天下四方战事平息，军人子弟，都可以学文，民间的军械，都要销毁。有功的臣子，要虚心地学习文化，家族中的子侄要各自研习一部经典，以促使天下安宁，让海内敬仰。京城之内的学校，各州县的学校，学生要认真学习，以求晋入朝堂，如果学生中没有出现通晓经义、成绩优异的，就是教化训导的不深、学校的核查不精，要查明其缘由，以崇扬儒道的训示。官府之中供职的官员，乡野之中隐逸的贤才，要袒露自己的心迹，要有宽容、弘大的心念，心胸不要狭窄，不要违背国家的大道……

隋文帝仁寿元年春正月乙酉诏

仁寿元年春正月乙酉朔，大赦，改元……辛丑，诏曰：“君子立身，虽云百行，唯诚与孝，最为其首。故投主殉节，自古称难，殒身王事，礼加二等。而代俗之徒，不达大义，至于致命戎旅，不入兆域。亏孝子之意，伤人臣之心，兴言念此，每深愍叹！且入庙祭祀，并不废阙，何止坟茔，独在其外。自今已后，战亡之徒，宜入墓域。”

《隋书 · 帝纪第二 · 高祖下》

【译文】（隋文帝）仁寿元年春正月乙酉初一这一天，皇帝下令大赦天下罪囚，改“开皇”年号为“仁寿”……辛丑这一天，皇帝下诏说：“君子立身存世，虽然说有各种各样的行为，但唯有诚信和孝悌，才是最重要的。因此背弃其主毁弃自己的名节，自古以来都会遭到非难，因为王事而葬生，其礼遇却增加二个等级。可是世俗之中的人，不能够通晓大义，以至于投身于军旅之中，（有许多）没有埋葬在墓地之中。这实在是损伤了孝子、人臣的心意。（朕）一想到这些，经常深深叹息！更何况凡是列入祠庙中祭祀的，都不应当废弃缺失，为何那些坟茔，却在此之外？从今以后，凡战死的军士，都要埋入墓地。”

隋文帝仁寿三年夏五月癸卯诏

（仁寿三年）夏五月癸卯，诏曰：“哀哀父母，生我劬劳[①]，欲报之德，昊天罔极。但风树不静，严敬莫追，霜露既降，感思空切。六月十三日，是朕生日，宜令海内为武元皇帝、元明皇后断屠。”

《隋书 · 帝纪第二 · 高祖下》

【简注】①“哀哀父母，生我劬劳”句：语出《诗经 · 小雅 · 蓼莪》：

“蓼蓼者莪，匪莪伊蒿，哀哀父母，生我劬劳。”

【译文】（隋文帝仁寿三年）夏五月癸卯这一天，皇帝下诏说：“（朕）因为思念自己的父母，心情悲伤地回想他们养育自己的辛苦，想去报答他们的恩德，可是茫茫上天却降下灾祸让朕无法如愿。因为父母亡故自己却不能奉养他们，这种心情实在难以平复，霜露一再地降下，思念的心情也越发悲切。六月十三日，是朕的生日，令天下各地都要为武元皇帝、元明皇后祈福，停止屠宰。”

隋文帝仁寿三年夏六月甲午诏

（仁寿三年）六月甲午，诏曰：

《礼》云：“至亲以期断。”盖以四时之变易，万物之更始，故圣人象之。其有三年，加隆尔也。但家无二尊，母为厌降，是以父存丧母，还服于期者，服之正也。岂容期内而更小祥[①]！然三年之丧而有小祥者，《礼》云：“期祭，礼也。期而除丧，道也。”以是之故，虽未再期，而天地一变，不可不祭，不可不除。故有练焉，以存丧祭之本。然期丧有练，于理未安。虽云十一月而练，乃无所法象，非期非时，岂可除祭。而儒者徒拟三年之丧，立练禫之节，可谓苟存其变，而失其本，欲渐于夺，乃薄于丧。致使子则冠练去绖，黄里縓缘，绖则布葛在躬，粗服未改。岂非绖哀尚存，子情已夺，亲疏失伦，轻重颠倒！乃不顺人情，岂圣人之意也？故知先圣之礼废于人邪，三年之丧尚有不行之者，至于祥练[②]之节，安能不坠者乎？

《礼》云：“父母之丧，无贵贱一也。”而大夫士之丧父母，乃贵贱异服。然则礼坏乐崩，由来渐矣。所以晏平仲之斩粗缞，其老谓之非礼，滕文公之服三年，其臣咸所不欲。盖由王道既衰，诸侯异政，将逾越于法度，恶礼制之害己，乃灭去篇籍，自制其宜。遂至骨肉之恩，轻重从俗，无易之道，隆杀任情。况孔子没而微言隐，秦灭学而经籍焚者乎！有汉之兴，虽求儒雅，人皆异说，义非一贯。又近代乱离，唯务兵革，其于典礼，时所未遑。夫礼不从天降，不从地出，乃人心而已者，谓情缘于恩也。故恩厚者其礼隆，情轻者其礼杀。圣人以是称情立文，别亲疏贵贱之节。自臣子道消，上下失序，莫大之恩，逐情而薄，莫重之礼，与时而杀。此乃服不称丧，容不称服，非所谓圣人缘恩表情，制礼之义也。

然丧与易也，宁在于戚，则礼之本也。礼有其余，未若于哀，则情之实也。今十一月而练者，非礼之本，非情之实。由是言之，父存丧母，不宜有练。但依礼十三而祥[③]，中月而禫[④]。庶以合圣人之意，达孝子之心。

《隋书·帝纪第二·高祖下》

【简注】①小祥：即小祥祭，亲丧十三个月的祭祀。②祥练：即练祭。③祥：即祥祭，亲丧满二十五个月祭祀。④禫：即禫祭，去除丧服时的祭祀。

【译文】（隋文帝仁寿三年）六月甲午这一天，皇帝下诏说：

《礼记》中说："至亲的人去世，期丧以一周年为终始。"之所以这样规定，是因为天地间四季变幻，万物每年都要出现一次更始，因此圣人用此来类比。父母丧亡后丧期为三年，只是更加隆重地对待这类事罢了。只是一家之中不能有两个最受尊敬的人，母亲去世为其减省礼法，定为一年的丧期，是因为母亲亡故父亲还在，在服丧满周年时脱去丧服，是服丧的正道。哪能允许在周年的服丧期内另外再加小祥祭！《礼记》中说："周年的丧祭，是符合礼法的。周年之后，去除丧服，是符合天道的。"正是因为这个缘故，虽然不用再守丧一周年，然而天地变化，却不能不去祭祀，不能在守丧期内除满丧。（有人认为）居丧的第十一个月在家庙祭祀时有穿练帛的规定，这是用来保存丧祭本源的原因。在周年的丧期时穿练帛进行祭祀，在道理上是不妥当的。虽然说在礼法上有在十一个月时举行穿练帛的小祥祭的规定，但这一时间规定没有取法天象，这个时间既不是服丧周年，也不一定就合乎节令，居丧的人又怎么能除去丧服呢！而现在的儒者只是拟定了三年的丧礼时间，确定了小祥祭和除去丧服时的礼节，只能说是姑且保存了其中的变化，却失去其本来的缘由。想要逐渐消除这种做法，有的人却害怕有损于丧礼。以至于出现了让儿子头上戴着练带而脱去丧服，里面穿着配以浅红色边的黄色衣服，外面穿着粗葛布织成的丧服，粗制的衣服没有变。这种情况难道不正是表示服丧还没有结束，而儿子服丧的心情却已经淡弱了？这种情况是亲疏已经失去、伦理不通明、轻重已经颠倒的表现！这样不符合人情的礼法，难道是圣人的本意？因此说先圣先贤所倡行的礼法已经被人废弃，现在有许多人连三年的丧礼也不去遵行，至于说祥祭、练服之类的礼仪，又如何能不废坏呢？

《礼记》中说："父母亡故之后的丧礼，无论对贫富贵贱都是一样的。"然而现在士大夫和门阀之族失去父母时的礼节和丧服，都与一般富贵、贫贱之家是不同的。由此可见礼法的荒废礼乐的崩坏，是早已渐渐发生的。所以以往晏平仲斩断粗麻所制的丧服，年老的人认为这种做法是不合礼法的，滕文公打算服丧三年，臣子们都不同意。这是由于当时周王朝的礼法制度已经衰弱，各诸侯国之间礼法各不相同的原因，（那些）诸侯的行为超越了礼法，厌恶礼法会妨害自己的行为，就毁坏典籍制度，甚至自己制定制度。以至骨肉之间的恩情，随着世俗的变化而不知轻重，天地间不可改变的道义，也因为个人的性情而出现了变异。更何况自孔子去世后微言大义之言渐渐消隐，于是秦朝灭除天下学业，天下的经籍典册都被焚毁！自汉代以来，虽然人人寻求儒雅之风，可是人们各自执有不同学说，意见并不统一。再加上近代以来战乱频仍、百姓流离，（所建立的王朝）只是注重征伐，对于经典礼仪因为时世的原因不去顾及。（真正说起来）礼法是不会从天而降的，也是不会从地而生的，只是在于人们是否关注罢了。因此恩意厚重的人其礼仪就会隆重、增加，情义淡薄的其礼仪就会轻慢、减少。圣人为衡量人情而设立了礼仪，用这种办法来区别人与人之间的亲疏和人们性情的贵贱程度。自从臣僚、子女之间的道义消失，国家上下失去了应有的秩序，无比大的恩义，也随着人与人之间情分的淡薄而逐渐淡漠，无比大的礼法，也随着时世的推移而逐渐减少。这就是丧服的礼仪不合于丧事，居丧之人的神情不合于丧服之礼要求的原因，这种情况并不是所谓的圣人依其恩德来表达情义，也不是制度礼仪的本意。

然而就丧礼与其所变更的部分来说，宁可看重悲戚程度而不是看重形式，这才是礼的根本所在。礼法上另外的规定，居丧不一定非要表达出哀痛之情才是真性情的表现。如今十一个月改穿练服祭祀，不符合礼法的规定，不能够表达真实的感情，因此父亲健在而母亲亡故，不应改穿练服去祭祀。应依据礼法第十三个月举行小祥祭，大祥祭后一个月举行除丧服的禫祭，这样才符合圣人的本意，才能更好地表达孝子之心。

隋炀帝大业元年春正月戊申诏

大业元年春正月壬辰朔，大赦，改元……戊申，发八使巡省风俗。下诏曰：

昔者哲王之治天下也，其在爱民乎？既富而教，家给人足，故能风淳俗厚，远至迩安。治定功成，率由斯道。朕嗣膺宝历，抚育黎献，夙夜战兢，若临川谷。虽则聿遵先绪，弗敢失坠，永言政术，多有缺然。况以四海之远，兆民之众，未获亲临，问其疾苦。每虑幽仄莫举，冤屈不申，一物失所，乃伤和气，万方有罪，责在朕躬，所以寤寐增叹，而夕惕载怀者也。

今既布政惟始，宜存宽大。可分遣使人，巡省方俗，宣扬风化，荐拔淹滞，申达幽狂。孝悌力田，给以优复。鳏寡孤独不能自存者，量加赈济。义夫节妇，旌表门闾。高年之老，加其版授，并依别条，赐以粟帛。笃疾之徒，给侍丁者，虽有侍养之名，曾无周赡之实，明加检校，使得存养。若有名行显著，操履修洁，及学业才能，一艺可取，咸宜访采，将身入朝，所在州县，以礼发遣。其有蠹政害人，不便于时者，使还之日，具录奏闻。

《隋书 · 帝纪第三 · 炀帝上》

【译文】（隋炀帝）大业元年春正月壬辰初一日，大赦天下罪囚，改“仁寿”年号为“大业”……戊申这一天，派遣八位使者去巡视各地的风俗，皇帝下诏说：

以往圣明的哲王治理天下，（其基础）大概在于爱民吧？百姓们富裕后国家就要去教化他们，只有百姓衣食丰足，国家对其进行了教化，才能使国家的风俗淳厚，才能使远方的人前来归附，近处的人安居乐业。天下大治，功德告成，都是遵循、沿用了这一方法。朕自从承继了帝业，抚养天下百姓，每天都战战兢兢，就好像面对着大江深谷。虽然（朕）恭顺地遵行先帝的遗训，不敢有所缺失，可是处理国家政事时，却多有缺失。更何况天下广大，百姓众多，（朕）不能尽去询问他们的疾苦，每当想到还有隐居的高人贤士还没有得到重用、提拔，许多百姓的冤屈还没有得到伸张，一件事的处理失当，就会伤害国家的和顺之气，天下一旦出现罪过，责任都在朕身，就昼夜叹息，心中戒慎恐慌。

现在朕刚刚开始在各地施行政教，处理问题时应该持有宽大的态度。可分遣使者去巡视各地的风俗，宣扬国家的政令、礼法，举荐、选拔长期得不到晋升的贤才良士，伸张百姓们的冤屈。具有孝敬父母、友悌兄弟品质和努力耕田的人，国家都要给予他们优待，免除他们的赋税和徭役。鳏夫寡妇、孤苦贫弱不能自存的人，要根据实际情况对他们加以赈济。信义诚达的人、贞洁的妇女，都要在他们所在的村中给予表彰。对老人，要依据国家的规定授予官名职号，并依照条例，赏赐给他们粟和帛。对身患重疾的，要指派专人照顾他们，虽然这些人没有侍养老人的名分，可是国家怎么能没有救济老人的实际行动呢？各级官员及巡视使者要明确对这些人进行核查，使他们能够存活下来。如果有名声显著、品行优异、操行高洁，学问和才能有一技之长的人，各级官员和巡视使者，都要去寻访他们，将其迎入朝中，这些人所在的州县，要按国家所定礼仪去发送。如果各州县出现妨害国家政令、不利于时世的人，发现对时局不利的事，巡视使者回朝时，都要抄录上来奏报朝廷。

隋炀帝大业三年夏六月丁亥诏

（大业三年六月丁亥，诏曰：）“聿追孝飨，德莫至焉，崇建寝庙，礼之大者……”

《隋书 · 帝纪第三 · 炀帝上》

【译文】（隋炀帝大业三年六月丁亥这一天，皇帝下诏说：）“尊奉祖先时要恭敬地祭祀，没有什么事情比这更能展现祖先恩德的了。因此大建陵寝祠庙，是礼仪中最大的事情……”

隋炀帝大业六年宴江南父老诏

（大业六年）夏四月丁未，宴江淮已南父老，颁赐各有差。

《隋书 · 帝纪第三 · 炀帝上》

【译文】（隋炀帝大业六年）夏四月丁未这一天，皇帝宴请江淮以南的老年人，根据不同情况给予不同的赏赐。

隋文帝开皇初教化敬老诏

（开皇初）诏曰：

建国重道，莫先于学，尊主庇民，莫先于礼。自魏氏不竞，周、齐抗衡，分四海之民，斗二邦之力。递为强弱，多历年所。务权诈而薄儒雅，重干戈而轻俎豆，民不见德，唯争是闻。朝野以机巧为师，文吏用深刻为法，风浇俗弊，化之然也。虽复建立庠序，兼启黉塾，业非时贵，道亦不行。其间服膺儒术，盖有之矣，彼众我寡，未能移俗。然其维持名教，奖饰彝伦，微相弘益，赖斯而已。王者承天，休咎随化，有礼则祥瑞必降，无礼则妖孽兴起。人禀五常，性灵不一，有礼则阴阳合德，无礼则禽兽其心。治国立身，非礼不可。

朕受命于天，财成万物，去华夷之乱，求风化之宜。戒奢崇俭，率先百辟，轻徭薄赋，冀以宽弘。而积习生常，未能惩革，闾阎士庶，吉凶之礼，动悉乖方，不依制度。执宪之职，似塞耳而无闻，莅民之官，犹蔽目而不察。宣扬朝化，其若是乎？古人之学，且耕且养。今者民丁非役之日，农亩时候之余，若敦以学业，劝以经礼，自可家慕大道，人希至德。岂止知礼节，识廉耻，父慈子孝，兄恭弟顺者乎？始自京师，爰及州郡，宜祗朕意，劝学行礼。

《隋书 · 列传第十二 · 柳昂》

【译文】（隋文帝开皇初年）皇帝下诏说：

建立国家推行王道，没有什么事情比兴办学校、教化百姓更重要的事。尊重长上、庇护百姓，没有什么比讲求礼仪更为重要的事。自魏朝衰弱后，北方周、齐相互对抗，分割了天下百姓，两个国家比拼国力，相互攻伐，历时很久，当时社会上流行着权谋和欺诈的习气，鄙薄修习儒术、行止文雅的人，倚重于刀兵，轻视礼器，（在社会上）看不到百姓的德行，只是听到些争斗。朝廷内外崇尚机巧专营，通达上下的文牍和执行的吏员执法仿效刻薄，使得天下风俗恶薄，这都是国家没有对百姓进行教化的原因。那时国家虽然也建立公学，兼设私塾，可是当时学业不被世人所重，因而教化难以推行。在这段时间虽然也有潜心研习儒术的人，但由于势单力孤，改变不了风俗，可是维持礼教，颂扬伦常道德，并对其加以推广发扬，也都是依赖着他们。行王道的人承受着天命，吉凶顺遂变化，有礼法去节制万民则祥瑞一定会出现，无礼法去节制万民，妖孽凶怪的现象必然产生。天下的人禀受着五常这样的伦理，每个人的性情不一，如果人们懂得并运用礼节天下就会和顺，不懂得礼节其心性就如同禽兽一样。所以，治理国家、立身存世，非要明白礼不可。

朕受命于上天，去理顺天下的万事万物，去除因华夷杂乱相处而带来的冲突，思考如何推行风俗教化才能适当。（因此朕）戒止奢华的习气崇尚俭朴的风气，为百官作出表率，轻徭薄赋，以希望国家能得到宽宏的评价。可是国家以往那些不好的积习，难以马上革除。街巷之中的士子、庶人，其吉庆、凶丧的礼节，动辄违反礼的规定，不遵照制度执行，而执法的官员、吏目，却对此充耳不闻，亲近百姓的官员也犹如被施以障眼法一样觉察不到。宣扬国家的教化，这样做可以吗？古人的学业，讲求边耕作边修养身心。现在百姓在没有劳役之日的时候、农闲的时候，如果督促他们讲习学业，鼓励研读经义学习礼法，那么必定人人向往至德大道。岂会只是仅懂得礼节、知廉耻、父慈子孝、兄友弟恭？（这种制度要）从京城开始，推广到天下各州郡，各地应当深体朕的心意，鼓励学业、奉行礼仪。

《旧唐书》七则

唐太宗贞观五年十二月丙午赐新丰高年令

（贞观五年十二月）丙午，赐新丰高年帛有差。

《旧唐书 · 本纪第三 · 太宗下》

【译文】（唐太宗贞观五年十二月）丙午这一天，（皇帝下令）对新丰这个地方老年人依据不同情况赐予帛。

唐高宗永徽六年二月乙巳太子加元服敬老事

（永徽六年）二月乙巳，皇太子忠[①]加元服，内外文武职事五品已上为父后者，赐勋一级。大酺三日。

《旧唐书 · 本纪第四 · 高宗上》

【简注】①忠：即指唐高宗的废太子李忠。生于643年，薨于665年。字正本，唐高宗李治的长子，唐高忠永徽三年被立为太子，六年为他加元服。不久后被废，贬为梁王。高宗显庆五年，又废为庶人，迁徙至黔州。麟德元年，被赐死。

【译文】（唐高宗永徽六年）二月乙巳这一天，给皇太子李忠行冠礼，朝廷内外文武官员品级在五品以上已经有后代人的都赐晋勋位一级，大宴三天。

唐玄宗天宝四年成丁及家藏《孝经》诏

（天宝四年十二月）甲寅，亲祀九宫贵神于东郊，礼毕，大赦天下。百姓十八已上为中男，二十三已上成丁。每岁庸调，八月起征，可延至九月。诏天下民间家藏《孝经》一本。

《旧唐书 · 本纪第九 · 玄宗下》

【译文】（唐玄宗天宝四年十二月）甲寅这一天，皇帝亲自在东郊祭祀九宫贵神，礼仪完毕后，下令大赦天下。定制：百姓十八岁以上成为中男，二十三岁成丁。每年租庸调，从八月开始征收，可延续到九月。下诏令天下百姓每家都要收藏一本《孝经》。

唐肃宗至德二年春正月庚戌诏

（至德二年春正月）庚戌朔，乃下诰曰："至和育物，大孝安亲，古之哲王，必由斯道。朕往在春宫，尝事先后，问安靡阙，视膳无违。及同气天伦，联华棣萼[①]，居尝共被，食必分甘。今皇帝奉而行之，未尝失坠，每有衔命而来，戒途将发，必肃恭拜跪，涕泗涟洏，左右侍臣，罔不感动。间者抱戴[②]、赤雀[③]、白狼[④]之瑞，接武荐臻，此皆皇帝圣敬之符，孝友之感也。故能诞敷德教，横于四海，信可以光宅寰宇，永绥黎元者哉！其天下有至孝友悌行著乡闾堪旌表者，郡县长官采听闻奏，庶孝子顺孙沐于玄化也。”

《旧唐书·本纪第十·肃宗》

【简注】①棣萼：比喻兄弟。《晋书·孝友传序》中记："夫天伦之重，共气分形，心睽则叶悴荆枝，性合则华承棣萼。" ②抱戴：太阳周围的光圈。历代认为是祥瑞的征兆。 ③赤雀：传说中的瑞鸟。 ④白狼：白色的狼。古时的祥瑞之兽。

【译文】（唐肃宗至德二年春正月）庚戌初一这天，皇帝下诏说："天地之间阴阳和顺才能孕育出万物，具有大孝的品性的人才可以使亲人安定，古代贤哲的帝王治国理政，都遵从这个道理。朕当太子的时候，曾经服侍太上皇，问候安康，无时或缺，侍奉膳食，从不误时。对待同胞兄弟，兄友弟恭，经常同榻而眠，如果有饮食一定要共同分享甘甜。如今朕承继帝位，依然遵循着此道，不曾丢弃，每次太上皇派使者前来传旨，他所要求备办的事均能完成，使者将要出发时，朕一定要恭拜跪送，经常涕泪交流，身边的侍臣，没有不感动的。近来太阳出现光晕，赤雀、白狼等祥兽接连出现，这都因为皇帝圣明、恭敬的原因，也是上天被皇帝的孝顺敬爱的品性所感动，这是国家大力推广文德教化的结果。这种德行的确可以满溢于四海之内，广施于天下之间，可令百姓永安呀！令天下各州县如有至孝、友爱、品行、操守名闻于乡里的人应给予表彰的，郡县的守令都要详加访查奏报，使天下孝子顺孙沐浴在圣王的德化之下。"

唐代宗永泰二年春正月乙酉制

（永泰二年春正月）乙酉，制："治道同归，师氏为上，化人成俗，必务于学。俊造之士，皆从此途，国之贵游，罔不受业。修文行忠信之教，崇祗庸孝友之德，尽其师道，乃谓成人……"

《旧唐书·本纪第十一·代宗》

【译文】（唐代宗永泰二年春正月）乙酉这一天，皇帝下制说："世间治理天下的道理同归于一处，教化百姓是首要任务，教化百姓形成风俗，必须致力于办学。天下学识精深的贤才，都是从这条道路中培养出来的，因此国家的贵族子弟，无不接授学业。修文要用忠信去教化，崇敬要用孝友去教化，尽得其师的学识，就叫成人……”

唐太宗贞观十三年赦罪赐高年事

高祖神尧葬于献陵，贞观十三年正月乙巳，太宗朝于献陵……是日曲赦三原县及从官卫士等，大辟已下，已发觉，未发觉，皆释其罪。免民一年租赋。有八十已上，及孝子顺孙、义夫节妇、鳏寡孤独、有笃疾者，赐物各有差。

《旧唐书 · 志第五 · 礼仪五》

【译文】唐高祖崩后葬在献陵，贞观十三年正月乙巳这一天，太宗皇帝到献陵祭祀……当天特赦三原县及随从官员、卫士等，大辟罪以下的，已发觉的和未发觉的，都赦免其罪行，免去百姓一年的租赋。各地八十岁以上的老人，孝敬父母的孝子顺孙，有忠信节义的男子、贞洁的妇女、鳏夫寡妇、孤独贫苦的人、身患重病的人，都要依据不同情况给予不同的赏赐。

京兆、河南、太原劝课农桑旌表孝义令

京兆、河南、太原牧及都督、刺史掌清肃邦畿，考核官吏，宣布德化，抚和齐人，劝课农桑，敦敷五教。每岁一巡属县，观风俗，问百年，录囚徒，恤鳏寡，阅丁口，务知百姓之疾苦。部内有笃疾才学异能闻于乡闾者，举而进之。有不孝悌，悖礼乱常，不率法令者，纠而绳之……若孝子顺孙，义夫节妇，精诚感通，志行闻于乡闾者，亦具以申奏，表其门闾。

《旧唐书 · 志第二四 · 职官三》

【译文】京兆、河南、太原牧及都督、刺史执掌着清肃城邦、京畿，以及考核官吏的职责，还有宣布国家德化政令，抚慰和合百姓，劝导百姓交纳课税、重视农桑，用五种道德去敦睦教化百姓的职责。这些地方的牧守每年都要巡视所属的县，观察风俗，慰问百岁老人，查录囚徒问清是否有冤情，抚恤鳏夫寡妇等贫弱的人，查阅人口丁壮数目，一定要知道辖境内百姓的疾苦。所属地区如果有才学出众且闻名于乡里的人，要举荐他们，如果有不孝敬父母、不友悌兄弟、悖乱礼法离乱纲常、不遵守法令的，要纠察他们，将他们绳之于法……如果境内有孝敬父母的孝子、敬奉尊长的顺孙、具有忠诚信义品性的人、贞洁的妇女，他们的精诚感应天地的，志行闻名于乡里的，也要具实奏闻于朝廷，（朝廷将）表彰其行为，宣扬其行义，光大其门楣。

《新唐书》十则

唐太宗贞观三年四月戊戌赐孝义、高年令

（贞观三年）四月乙亥，太上皇徙居于大安宫。甲午，始御太极殿。戊戌，赐孝义之家粟五斛，八十以上二斛，九十以上三斛，百岁加绢二匹，妇人正月以来产子者粟一斛。

《新唐书 · 本纪第二 · 太宗》

【译文】（唐太宗贞观三年）四月乙亥这一天，太上皇徙居于大安宫中。甲午这一天，皇帝开始在太极殿处理政事。戊戌这一天，皇帝下令赐天下孝敬父母、忠诚信义的人家每户粟五斛，年纪在八十以上的赐予粟每人二斛，九十以上的每人三斛，百岁以上的每人再加赐绢二匹，妇女在贞观三年正月以来生育的每人赐粟一斛。

唐太宗贞观四年七月辛卯赐孝义、高年令

（贞观四年七月）甲戌，太上皇不豫，废朝。辛卯，疾愈，赐都督、刺史、文武官及民年八十以上、孝子表门闾者有差。

《新唐书 · 本纪第二 · 太宗》

【译文】（唐太宗贞观四年七月）甲戌这一天，太上皇身体不适，皇帝因此暂停朝会。辛卯这一天，太上皇病愈，皇帝下令对都督、刺史、文武百官和百姓之中年纪八十以上的老人、因孝敬父母而被旌表门闾的人家，依据不同情况给予赏赐。

唐太宗贞观十七年四月丙戌赐孝义、高年令

（贞观十七年四月）丙戌，立晋王治为皇太子，大赦，赐文武官及五品以上子为父后者爵一级，民八十以上粟帛，酺三日。

《新唐书 · 本纪第二 · 太宗》

【译文】（唐太宗贞观十七年四月）丙戌这一天，皇帝册立晋王李治为皇太子，下令大赦天下。赐晋文武官员五品以上和已成父亲的家族传人晋爵一级，百姓年八十以上的赐予粟和帛，下令全国大宴三天。

唐太宗贞观十八年十月癸卯宴赐父老高年事

（贞观十八年）十月辛丑朔，日有食之。癸卯，宴雍州父老于上林苑，赐粟帛。

《新唐书 · 本纪第二 · 太宗》

【译文】（唐太宗贞观十八年）十月辛丑初一日，天上出现日食。癸卯这一天，皇帝大宴雍州老年人于上林苑中，赐给他们粟和帛。

唐高宗显庆元年正月辛未改元、立太子赐高年令

显庆元年正月辛未，废皇太子[①]为梁王，立代王弘为皇太子。壬申，大赦，改元，赐五品以上子为父后者勋一转[②]，民酺三日，八十以上粟帛……

《新唐书 · 本纪第三 · 高宗》

【简注】①废皇太子：指唐高宗子李忠。 ②“为父后者勋一转”句：一转即指加勋位一级。唐制，五品以上的官员可荫其子入仕，品阶不同，所荫其子数不同，五品可荫一子，一般来说因荫入仕的儿子，要先从嫡长子开始，其品秩要低于其父四个品阶，即五品所荫的长子其勋位为八品。

【译文】（唐高宗）显庆元年正月辛未这一天，皇帝废皇太子李忠为梁王，册立代王李弘为太子。壬申这一天，下令大赦天下，赐晋五品以上官员和已成为父亲的家族传人勋一级，百姓大宴三天，赐给八十以上的老人粟和帛……

唐高宗显庆元年四月壬寅诏

（显庆元年）四月壬寅，诏五品以上老疾不以罪者同致仕。

《新唐书 · 本纪第三 · 高宗》

【译文】四月壬寅这一天，下诏让五品以上年老的官员、身患疾病的官员且没有罪名的致仕。

唐玄宗开元十一年十一月戊寅赐高年、孝子勿事徭役令

（开元十一年）十一月戊寅，有事于南郊，大赦。赐奉祠官阶、勋、爵，亲王公主一子官，高年粟帛，孝子顺孙终身勿事。天下酺三日，京城五日。

《新唐书 · 本纪第五 · 玄宗》

【译文】（唐玄宗开元十一年）十一月戊寅这一天，皇帝祭祀于南郊，下令大赦天下罪囚。赐奉祠的官员官阶、功勋、爵位，亲王、公主的儿子一子恩荫出仕，赐予年纪大的老人粟和帛，孝敬父母、长辈和孝子顺孙终身免于赋

役。天下大宴三天，京城大宴五天。

唐玄宗开元十七年十月乙巳赐高年、旌孝子勿事徭役令

（开元十七年十月）乙巳，拜乾陵。戊申，至自乾陵，大赦。免今岁税之半。赐文武官阶、爵，侍老帛。旌表孝子顺孙、义夫节妇，终身勿事。

《新唐书 · 本纪第五 · 玄宗》

【译文】（唐开元十七年十月）乙巳这一天，皇帝去祭拜乾陵。戊申这一天，皇帝到达乾陵，下令大赦天下罪囚，免除今年天下一半的赋税。赐晋升文武官员官阶、爵位。恭敬地对待老人并赐给他们帛。旌表天下孝敬父母、长辈的孝子顺孙以及心怀忠义的人和贞洁的妇女，并免除他们终身的赋役。

唐宪宗元和元年六月癸巳赐高年令

（元和元年）五月辛卯，尊母为皇太后。六月癸巳，降死罪以下。赐百姓有父母、祖父母八十以上者粟二斛、物二段，九十以上粟三斛、物三段。

《新唐书 · 本纪第七 · 宪宗》

【译文】（唐宪宗元和元年）五月辛卯这一天，皇帝尊母妃为皇太后。六月癸巳这一天，免除死罪以下罪囚的罪行。赐予百姓中父母、祖父母健在且已八十岁以上的人家粟二斛、锦物二段，九十岁以上的粟三斛、锦物三段。

唐懿宗大中十三年赐文武耆老令

（大中十三年）十月辛卯，大赦。赐文武官阶、勋、爵，耆老粟帛。

《新唐书 · 本纪第九 · 懿宗》

【译文】（唐懿宗大中十三年）十月辛卯这一天，皇帝下令大赦天下，赐晋文武官员官阶、勋位、爵位，赐予八十以上的老人粟和帛。

《唐会要》三则

唐玄宗天宝十二年七月十三日父老改耆寿敕

天宝十二载七月十三日敕：诸郡父老，宜改为耆寿。

《唐会要 · 卷五十九 · 户部郎中》

【译文】天宝十二年七月十三日皇帝下敕：各地六十岁以上的老人，都将被称为“耆寿”。

唐玄宗开元七年三月解读《孝经》诏

开元七年三月一日敕：“《孝经》《尚书》，有古文本孔郑注，其中旨趣，颇多舛驳，精义妙理，若无所归，作业用心，复何所适。宜令诸儒并访后进达解者，质定奏闻。”

其月六日，诏曰：“《孝经》者，德教所先，自顷已来，独宗郑氏，孔氏遗旨，今则无闻。又《子夏易传》，近无习者，辅嗣注《老子》，亦甚甄明，诸家所传，互有得失，独据一说，能无短长？其令儒官详定所长，令明经者习读，若将理等，亦可并行。其作《易》者，并帖《子夏易传》共写一部，亦详其可否奏闻。”

《唐会要 · 卷七十七 · 论经义》

【译文】唐玄宗开元七年三月一日敕令：“《孝经》《尚书》二书，自古以来有古文本及孔安国、郑玄的注疏，但其经文之中的意旨，有许多错乱、驳杂的地方，经文之中许多的精妙的义理，犹如无所归依，其中注疏时用心所做的内容，不知指向何处，宜令儒生们访求能解答疑惑、通解经文的人，确定文旨后奏闻。”

当月的六日皇帝又下诏说：“《孝经》这部经典，是以道德教化作为首务的，自出现以来，其经义独以郑玄的注疏为宗，汉代孔安国的注疏，至今已经无人可见。又《子夏易传》，近代以来没有人能读习精通。汉代的王辅嗣所注的《老子》，其文意可以说是能使人通晓全文，可是诸家传习之后，却互有得失，各自独据一说，怎么能没有释义准确的和模糊的区别呢？其令儒官们详细审定（以上）诸书，取其释义精准的（汇集于一起），让明白经术的人习读，如果理顺经义，可以一并刊行。其中作《易》经的儒生，和《子夏易传》并帖，合为一部，也要详解经文可否奏闻。”

唐玄宗天宝四年六月十四日敕

天宝四载六月十四日敕：“顷以乡闾侍丁，优给孝假，官吏等仍科杂役。天宝初，已遣优矜，如闻比来乃差征镇，岂有舍其轻而不恤其重，放其役而更苦其身。眷言及此，良用恤然。自今后，将侍丁[①]孝假[②]。不须差行。”

《唐会要 · 卷八十二 · 休假》

【简注】①侍丁：历代制度中留侍父母的丁男。 ②孝假：历代居父母丧的人，在一定期限内免征劳役赋税，称“孝假”。

【译文】（唐玄宗）天宝四年六月十四日，皇帝下敕说：“听说现在各乡闾之中侍奉老人的丁壮，国家要优渥他们，于是给予他们孝假，各地官吏却仍然要求他们交纳科租、服行杂役。天宝初年，国家已经下诏优渥他们，听说现在仍然服差役、征调他们，这种行为岂不是既舍去轻的亦不怜恤重的，免其劳役却又更加苦痛其身。（朕）话说到这里，心中十分怜惜。从现在起，凡是侍丁的孝假，各地不要再令他们服差役。”

《锦里耆旧传》一则

前蜀王建改元武成敕文

奉先养老化民之本尤重恤孤，或矜黄发之年，或念白华之节，衰老者宜加矜恤，孤茕者亦在抚安。应国内有耆老，年八十已上赐米二石，九十已上赐米三石，百岁已上赐米五石，兼绵绢酒肉有差，并仰所在长吏切加安存，其有不幸者量与津置，殡送仍抚其孤弱。义夫、节妇、孝子顺孙阈加旌表门闾，终身优假。国之教化庠序为先，民之威仪礼乐为本，废之则道替，崇之则化行。其国子监直令有司，约故事速具修之。①

宋 · 勾延庆《锦里耆旧传 · 卷一》

【简注】①此文为公元908年，五代时前蜀王建建国为蜀时，改元武成年号时的敕文。

【译文】奉先、养老、化民的根本在于国家重视赈恤孤弱，对那些年幼的人、年老的人、衰老的人国家宜加以矜怜和抚恤，孤弱的人也要抚慰安排。所有国内的老人，年纪在八十岁以上的老人要赐给米二石，九十岁以上的老人要赐给米三石，百岁以上的老人要赐给米五石和绵、绢、酒、肉不等，并且各地的长官要对他们详加慰问，使他们能安心生活，其中如果有不幸去世的，各级官府要酌情给予丧葬的费用以殡送他们，还要安抚其后代中孤弱的人。具有忠诚信义品行的人、贞洁的妇女、孝敬父母的孝子、顺承尊长的顺孙，国家要对他们加以旌表，以光大他们的门楣，终身优免他们、给予他们孝假。国家的教化是以学校的教育为先的，百姓的威仪是以是否遵从礼乐为根本的，如果废弃了这些，道德将会更替；崇扬这些，则会使百姓们遵从教化有良好的行为。其令国子监直令相关司衙，整理故事从速修撰（有关教化的规程）。

《唐大诏令集》五则

唐高祖武德元年神尧即位敕

……大赦天下改隋义宁二年为武德元年。自五月二十日昧爽以前，罪无轻重，已发露、未发露皆赦除之，子杀父、奴杀主不在赦限。百官及庶人赐爵一级；义师所行之处给复三年，自余给复一年；孝子顺孙、义夫节妇旌表门闾；孝弟力田，鳏寡孤独量加风赈恤。

宋 · 宋敏求《唐大诏令集 · 卷二 · 帝王 · 即位赦上》

【译文】（唐高祖武德元年）神尧即位敕书：

……皇帝大赦天下，改“大隋义宁二年”的年号为“大唐武德元年”。自五月二十日清晨以前犯罪的人其罪责无论轻重，已经暴露的和未曾暴露的都要赦免，但儿子弑杀父亲、奴仆弑杀主人的罪行不在赦免之列。朝廷官员和庶人都赐晋爵位一级；义师征伐所经过的地方免除赋役三年，其他地方免除赋役一年；孝敬父母、敬奉长辈的孝子顺孙、具有忠诚信义品性的人、贞洁的妇女国家将对其进行旌表，以光大他们的门楣；具有孝敬父母、友悌兄弟、努力耕田品行的人，鳏夫、寡妇、孤独贫弱的人，要按不同情况给予优恤和赈济。

唐德宗改元建中赦书

改元建中（唐德宗年号）赦：

……有贤良方正能直言极陈及博通坟典[①]过于教化，并识洞韬略堪任将帅者，委常添官。及所在长吏闻荐天下孤老及鳏寡茕独不能自活者，并委州县长吏量加优恤；其有年九十以上者刺史、县令就门存问；义夫节妇、孝子顺孙，旌表门闾，终身勿事……

宋 · 宋敏求《唐大诏令集 · 卷五 · 帝王 · 改元赦下》

【简注】①坟典：即三坟、五典的并称，借指古代典籍。

【译文】（唐德宗）改元建中敕书：

……如果有贤良方正的人、能直言敢谏的人及博通坟典善于教化的人，同时有富有韬略可以充任将帅的人，国家将委派他们官职、晋升官阶。各地守令以及官吏如果听说天下的孤老之人以及鳏夫、寡妇、穷独不能自存的要上奏朝廷，国家委派各州的守令要根据不同情况去优恤、赈济他们；其中如果有年纪在九十岁上以的人，当地刺史、县令要到他们的家中去慰问；具有忠诚信义品行的人、贞洁的妇女，孝敬父母、敬奉长辈的孝子顺孙，国家要旌表他们，光大他们的门楣，终身免除他们的赋役……

唐太宗贞观三年四月赐孝义高年粟帛诏

百行之本，要道维先，一言终身恕而已矣！春生夏长，宽裕之令行焉，齐礼、道德、耻格[①]之义斯在！

朕爰自幼年，夙禀庭训[②]，岂徒学闻诗礼，因令匡定家国，是以手提三尺之剑，起一旅之师，歼鲸鲵于原野，救蒸人于涂炭。云雷缔构备尝夷险，仁发于心，义形于色，大敌必勇，匪为身谋，大憝必诛，志安天下。太上皇留情姑射，尚想轩辕驻跸大安，使朕正居紫极[③]，顾惟虚薄，辞不获免，祗奉制诰，负扆当朝。乃睠宫宇、载怀冰谷，未明求衣，乙夜忘寝，思齐七政[④]，言念九功[⑤]，何以答上玄之心，称严君之志。庶欲勤恤典刑，举直措枉，允厘臣工，任贤用能，拯济困穷，抑损浇伪，开直言之路，广不讳之门。闻所未闻，日慎一日，望人皆见德变，于至道若一物失所、一人有恶，则朕躬之责训道不笃。

朕闻《书》曰“至诚动神”，况于兆庶乎！比闻远近黔黎耻为盗贼，州县囹圄多并空虚，岂由德教至此！自是人知厌乱，因其迁善可以化之。朕往因征伐，行天下多矣，每见村落丘墟未尝不抚膺叹息。自登九五，不许横役一人，惟冀遐迩休息得相存养，长幼有序、敬让兴行。

其孝义之家赐粟五石； 年八十以上赐粟二石；九十以上三石；百岁加绢二匹；妇人正月以来生男粟一石。鳏寡茕[⑥]独不能自存，逃户初还郊无粮贮，州县长官量加赈恤。诸州官吏或正直廉平刑清讼息，或贪婪货贿害政损人，宜令都督、刺史以名封进。白屋[⑦]之内、闾阎之人，但有文武材能灼然可取；或言行忠谨，堪理时务；或在昏乱而肆情，遇太平而克己，亦录名状与官人同申。泣辜慎罚，前王所重，枉系一日，直等三秋，州县法司，特宜存恤。

布告天下，知朕意焉！

宋 · 宋敏求《唐大诏令集 · 卷八十 · 养老 · 赐孝义高年粟帛诏》

【简注】①耻格：知道羞耻因而归于正途。语出《论语 · 为政》：“道之以德，齐之以礼，有耻且格。”　②庭训：一般指家庭教育，古时候的父亲教育子女，被称之为庭训。　③紫极：星名，借指帝王的宫殿，这里指皇位。　④七政：指天、地、人、四时；《尚书大传》记：“七政者，谓春、秋、冬、夏、天文、地理、人道，所以为政也。”这里代指国家的政事。　⑤九功：古时候指“六府、三事”。《左传·文公七年》：“六府、三事，谓之九功。水、火、金、木、土、谷，谓之六府。正德、利用、厚生，谓之三事。”这里也可以代国家的政事、民生。　⑥茕：孤独、没有兄弟的人。　⑦白屋：即指茅屋。古时指平民的住屋。这里代指平民。

【译文】天下间各种行止有其根本之处，孝这种德行是世间各种行止的基础，一个字可以利于终身，是“恕”啊！天下万物春生秋长的原因，在于国家的宽裕之令能行之于天下，对于世间的人来说，依照礼法行事，能讲求道德行止，能明晓羞耻之事，就会明白世间大义之所在了。

朕自幼年开始，就禀承庭训，岂止是只知道学习诗礼这些知识，因此为了匡定家国，手提三尺剑，率一旅师，歼灭了那些凶恶之人于原野之中，救黎民于涂炭之际。轰轰烈烈做了许多有利于家国百姓的事情，其间备尝艰辛，这是因为朕仁德之念发忽于心，信义之形见之于神色，于是遇到大敌时必定勇猛，不去为自己所谋划，以讨伐那些有大恶的人或事，有志于安定天下。国家既定之后，太上皇留情于朕，想养老以安天年，于是让朕居于皇位之中，朕考虑着德行不足以担此大任，于是推辞，却不被太上皇所接受，于是只能奉诏旨，颁大诰于天下，位居于九五之中。即位之后（朕）不敢留恋宫宇之中，所想所行犹如处于冰面之上，因而战战兢兢，天未明就起身理政，往往到半夜时分为国事操劳忘记就寝，心中想的是修齐国家的政事，言语中说的也是这样的事情，所思、所想是为了报答天恩、申明上天的心意，以称太上皇拳拳爱民的志向。施政时希望自己能勤勉、宽恤、明正国家的刑法，于是提倡正直的行为、摒弃不好的事物，考察臣子们的德行，任用贤能之士，拯济百姓于穷困之中，抑制华奢浇薄伪诈之事，广开直言的门路，广大臣子们不避讳地进谏。于是在施政时听到了许多以往没有听到的事情，于是施政一日谨慎于一日，只看到他人德行的变化，以至于一物失去、一人有恶都会感慨不已，都会想到这是朕德行不够、品行不笃才会出现这种情况。

朕读《尚书》，书中有“至诚动神”这句话，更何况（朕）是以诚对待世间的百姓！曾经听说，国家各地现在无论远近，百姓们都以成为盗贼为耻，各州县的牢狱多空置，这岂不是由于仁德教化深入民心，才会达到的现象呀！由此知道人心厌弃离乱，对百姓施以向善的劝谕就可以教化他们了。朕因为往年征伐各地的原因，行走天下许多地方，每当看到村落的废墟，没有不抚胸长叹的。因此自朕登皇位之后，不许官吏强横地征役一人，心中想的只是让百姓们休养生息，以达到长幼有序、敬让兴行的景象。

因此下诏：具有孝义家风的家庭国家要赐粟五石；年纪达八十以上的老人国家要赐给他粟二石；九十以上的老人国家要赐给他粟三石；百岁以上的老人之家要加赐绢二匹；妇女自正月以来生养男子的要赐粟一石。鳏寡孤独不能自存于世的人，逃户还乡却无粮米贮备的人，各地州县的长官要酌量加以赈恤。各州的官吏有的正直廉平，境内刑罚不兴诉讼止息；有的贪婪于货物，行贿、受贿，在其所辖之地行害民之政以损百姓，各地都督、刺史对这样的人要以实名奏对。对于那些居住于茅屋之中的人，居住于乡间里巷中的人，只要其人具有文武之才，且有灼然可取之处的，或者言行忠谨，堪于处理时务的；或者在昏乱之中能肆情于世，太平之世中能克己守法的，各地长吏都要录其姓名共同申报于朝廷。各地长令一定要怜惜无辜，谨慎地使用刑法，以往圣明的君主所重的是，不使百姓被一日枉法所累，以至三秋之际被刑法惩罚。各州县的法司，一定要存恤百姓。

特此布告于天下，让天下的臣民知道朕的旨意。

唐玄宗开元七年三月令诸儒质定《古文孝经》等诏

令诸儒质定《古文孝经》《古文尚书》诏：

《孝经》《尚书》有古文本，孔[①]郑[②]注其中指趣颇多舛[③]，精义妙理若无所归，作业用心复何所适，宜令诸儒并访后进达解者质定奏闻。

宋 · 宋敏求《唐大诏令集 · 卷八十一 · 政事 · 经史 · 令诸儒质定古文孝经尚书诏》

【简注】①“孔”即孔安国。　②“郑”即郑玄。　③舛：错乱、驳杂的意思。

【译文】令诸儒家学者质定《古文孝经》《古文尚书》诏：

《孝经》《尚书》有古文本，孔安国、郑玄的注本之中的内容颇多与原旨相背离的地方，经文之中的精妙文义有许多没有表述出来，学习它们往往不知道其意旨在何处，可以让诸儒家学者去访求其中的原旨再进呈详细的解释，达到原文意旨之后质定上奏。

唐僖宗光启三年七月德音

……自今以后诸道所有祥瑞，并不要图画进献，补成教化实在贤良，用副旁求必资博采，宜令文武常参官[①]举刺史县令有异政殊绩者，沦滞山林有奇文异行者，所期表异无或面欺。孝子顺孙、义夫节妇各加旌表，以示乡闾父老；有年九十以上者赐帛二匹、粟五石，仍令所在以上供物支付；喑聋跛躃、鳏寡孤独者委所在切加存恤……[②]

宋·宋敏求·《唐大诏令集·卷八十六·政事·恩宥四·光启三年七月德音》

【简注】①常参官：日常在朝堂中参朝的官员。《新唐书·百官志三》载："文官五品以上及两省供奉官、监察御史、员外郎、太常博士，曰参，号常参官。" ②此为唐僖宗光启三年（887）文。

【译文】……从现在起天下各地所有的祥瑞，不要以图画的形式进呈贡献，天下良好风俗的形成在于对百姓进行教化，教化百姓在于任用贤良，用副榜去求贤良这一方法一定要广泛地选择录取，可以让文武常参官举荐刺史、县令中政绩优异的人，荐举那些滞留山林之中有奇文异行的人，所上呈的表章不要有异议，不得欺罔。孝敬父母敬奉长辈的孝子顺孙、具有忠诚信义品行的人、贞洁的妇女国家要对他们加以旌表，以光大他们的门楣，在乡闾之中彰显他们的德行；如果有年纪九十岁以上的老人，赐予他们帛二匹、粟五石，仍然令当地支付物品去赐予他们；聋哑残疾的人、鳏夫、寡妇、孤独贫弱的人，要委托所在地的官员们给予优恤赈济……

《全唐文》二十则

唐高祖旌表孝友诏

民禀五常，仁义斯重；士有百行，孝敬为先。自古哲王，经邦致治，设教垂范，莫尚于兹。叔世浇讹，民多伪薄，修身克己，事资诱劝。

朕恭膺灵命，临驭遐荒，愍兹弊俗，方思迁导。雍州万年县乐游乡民王世贵，孝性自天，力行无怠，丧其所怙，哀毁绝伦，负土成坟，结庐墓侧，盐酪之味，在口不尝，哭泣之声，感于行路。安福乡民宋兴贵，立操雍和，主情友睦，同居合爨，累世积年，务本力农，崇让履顺。

宏长民教，敦睦风俗，宜加褒显，以劝将来。可并旌表门闾，蠲免课役，布告天下，使明知之。

《全唐文·卷一·高祖皇帝一》

【译文】百姓所禀守的伦理纲常，仁义是最重要的；有德行的贤才，孝敬父母、尊崇长辈是首先要做到的。自古贤明圣哲的帝王，经营国家治理政事，定制教化规范垂范于天下，没有超过这件事的。可是现在国家历经乱世，百姓的品性和心性之中多了许多的虚伪和刻薄，要想让他们修身养性克己为公，这件事只能慢慢地去劝诱教导。

朕恭承上天的意旨，承继大业，统御八荒，看到百姓们这种状况及不好的习俗，经常思考如何去引导他们才能改变。雍州万年县乐游乡百姓王世贵，其孝敬的性情承自上天，奉养父母从来不敢怠慢，他的寡母去世后，哀伤的心情不能用言语来形容，亲自挖成墓穴并从远方背负土石堆成坟茔，在墓侧结庐为母亲守墓，守墓时盐和肉的滋味，从来不去品尝，哭泣的声音，可以让行路的人感动。安福乡百姓宋成贵，其操行高洁，为人雍和，情义深重，对待兄弟十分友善，和他们吃住在一起，已经有很多年了，他们明晓根本，努力耕作，有着敬让的习性，使得家族出现了和顺的现象。

宏扬好的社会习气并用其去教化世间的百姓，敦睦人与人之间的关系，以期形成良好的风俗，这样的事情都应该加以褒扬，以便劝化将来。他们的行为可以旌表门楣于其居住地，蠲免他们的赋税徭役，布告天下，让百姓都知道他们。

唐太宗即位大赦诏

……今绍祚伊始，奉答天休。思敷惠泽，被于黎献。可大赦天下。自武德九年①八月九日昧爽以前，罪无重轻，已发觉未发觉，系囚见徒，悉从原免。武德元年以来流配者亦并放还。凡厥庶僚，进爵一级。其五品已上先无爵邑者封开国男②，六品已下各加一级。关内及蒲、芮、虞、秦、陕、鼎六州，免二年租调。自馀率土，普给复一年。八十已上各赐米二石、绵帛五段；百岁已上各赐米四石、绵帛十段；仍加版授，以旌尚齿。鳏寡孤独不能自存者，量事优恤。其有至孝纯著，达于乡党，征诣阙庭③，厚加□擢；节义之夫，贞顺之妇，州府列上，旌表门闾；高年硕学，直言正谏，所在长官，随状荐举。亡命山泽，挟藏军器，百日不首，复罪如初。

《全唐文·卷四·太宗皇帝一》

【简注】①武德九年：即公元626年。 ②开国男：古时一个朝代中，新建立的诸侯国。晋代以后，以公、侯、伯、子、男五等爵之前加“开国”，作为所封之人的爵位封号。 ③阙庭：代指朝廷，也可借指京城。

【译文】……现国家创建初始，要敬奉答谢上天。思虑着上天降下的恩泽，可以与天下百姓共享。可以大赦天下罪囚。自武德九年八月九日黎明以前，罪责无论轻重，已经发觉罪行的罪犯和未曾发觉罪行的人，以及身系囚狱和被流放的人，都可以赦免。武德元年以来流放、发配的人一并赦免、放还。其他的各级庶族官僚，赐晋爵位一级。其中五品以上以往没爵位和封邑的官员加封为开国男，六品以下官员的官阶加晋一级。关内和蒲州、芮州、虞州、秦州、陕州、鼎州六州，免除二年租税和调赋，全国其他地方，免去租税、调赋一年。八十岁以上的老人每人赐予米二石、绵帛五段；百岁以上的老人各赐予米四石、绵帛十段；按照国家制度对这些老人都要赐予名号，以表示国家对老人的尊奉。鳏夫、寡妇、孤弱贫苦、独身不能自存的人，各州县按实际情况给予赈济优恤。百姓当中如果有孝敬父母达到极致，且名闻于乡里的，要将他们的事迹奏报于朝廷，国家将对他们从厚给予赏赐和提拔；忠信节义的人、贞洁的妇女，各州府要将他们的事迹呈报上奏，以便在他们所居住的地方旌表门楣，以示对其优崇；年高德劭的老人、学识渊博的人，敢于直言的人、敢于诤谏的人，他们所在地的长官，要将他们的行止上奏并举荐他们。亡命于山野、私藏军械兵器者，百天之内不自首的，其罪仍恢复如初。

唐太宗赐孝义高年粟帛诏

百行之本，要道惟孝；一言终身，恕而已矣。春生夏长，宽仁之令行焉；齐礼道德，耻格之义斯在。朕爰自幼年，夙禀庭训，岂徒学闻《诗》《礼》，因令匡定家国。是以提三尺之剑，起一旅之师，戮鲸鲵于原野，救黎蒸于涂炭……朕往因征伐，行天下多矣，每见村落邱墟，未尝不抚膺太息。自登九五，不得横役一人，惟冀遐迩休息，得相存养，长幼有序，敬让兴行。其孝义之家，赐粟五石；高年八十以上粟二石，九十以上三石，百岁加绢二匹；妇人正月以来生男者粟一石；鳏寡茕独，不能自存，逃户初还，家无粮贮，州县长官，量加赈恤。诸州官人，或正直廉平，刑清讼简；或贪婪货贿，害政损人，宜令都督刺史，以名封进；白屋之内、闾阎之人，但有文武材能，灼然可取，或言行忠信，堪理时务；或在昏乱而肆情，遇太平而克己，亦录名状，与官人同申。泣辜慎罚，前王所重，枉系一日，事等三秋，州县法司，特宜存意。普告天下，知朕意焉。

《全唐文 · 卷五 · 太宗皇帝二 · 赐孝义高年粟帛诏》

【译文】天下所有行为的根本，在于“孝”这个字；一个字可以利于终身，是“恕”。春天万物萌发、夏天万物生长，喻示着国家要用宽仁的法令行施于天下；让天下人都明白礼法道德，羞耻之事便不会发生，天下大义也就存于天地之间。朕从幼年开始，便受祖宗的训诫，岂止是听闻和学习《诗》《礼》这些书籍，更有着匡定天下的志向。所以手提三尺剑，率一旅之众，歼灭凶恶之人，拯救百姓于水火之中……朕以往因为征伐，行走天下，路过许多地方，每当看到村落的废墟，没有不抚胸叹息的。（朕）自登上帝位以来，从来不曾横加役使一人，只希望百姓能够休养生息，能够相互扶持着生活下去，希望国家之中能出现长幼有序的现象，更希望国家敬让的习气能风行于天下。因此具有孝敬父母、忠诚信义传统的人家，赐给他们每家粟五石；年纪在八十岁以上的老人赐给他们每人粟三石，九十岁以上的老人每人粟三石，百岁以上的老人在此基础上加赐绢二匹；妇女自正月以来生下男孩的赐予粟一担；鳏夫寡妇、茕弱孤独之人，不能独立生活的人，因战乱外逃刚刚回归故土的人，家中没有贮粮的人，各州县长官都要根据实际情况加以赈恤。各州县的守令之中，如果出现品性正直、行为廉洁、施政公平的官员，或者出现刑罚清明、讼述简明的官员；或者出现贪婪成性收受贿赂的官员，或者施政害民损伤百姓的官员，各州都督、刺史要写清他们的名字、情况上奏。布衣的百姓、居住在里巷中的人，如果有文武才能，有可取之处的；或者言行忠信，其才能可以处理政事的；或者说一遇到昏乱的世事便放纵，一遇到太平的世事便守法的人，也要将他们的名字、行状记录，和官员的状况一同上奏。悲泣无辜、慎重刑罚，是以往帝王所看重的，冤枉百姓入狱一日，给他们正名就要等到秋天之后，天下各州县的司法衙门都要谨慎地对待，要特别仔细地留意这些事情。这一诏令要诏告天下，让天下人都知道朕的本意。

唐高宗父在为母丧宜依古礼敕

惟周公制礼，当历代不刊，况子夏为传，乃孔门所受。格条之内，有父在为母齐衰三年，此有为而为，非尊严之义。与其改作，不如师古，诸服纪宜一依丧服文。

《全唐文·卷十四·高宗四·父在为母丧宜依古礼敕》

【译文】周公制定的礼法，已经成为国家的礼俗，即便不刊行于世，也为历代所遵循，更何况这些礼法子夏为之做传，这是根据儒家的思想所传授的。这些要求之中，有父亲健在而母亲去世，子女要为母亲服丧三年的规定，这一条文是为了彰显子女对母亲的孝敬，以回报母恩，并不是要去体现母亲在家中的尊严。与其改变这一礼法，不如师法古时的礼法，因此父亲健在母亲去世这种情况下要一律依古制服丧。

唐玄宗定致仕官俸诏

养老乞言，人惟求旧，尊儒尚齿，风化攸先。其致仕官所请物，宜令所司专定一官勾当，送至宅。

《全唐文 · 卷二十七 · 玄宗八 · 定致仕官俸诏》

【译文】奉养老人这样的制度许多官员上奏谈及此事，这是人们尊奉老人的表现。尊奉儒家的思想就要求人们尊奉老年人，这是改变世间风俗教化所首先要考虑的事情。因此致仕官员在致仕时所奏请的东西，宜令相关司衙专门指定官员负责，将致仕官员所要求的东西送到他们的家中。

唐玄宗整饬民风诏

尧屋可封，孔门无倨，此由淳风，彼洽德教。宏之在人，职归所属。如闻辇毂之下，闾阎之内，口无择言，行不近礼，则失长幼之序，岂仪刑之政。宜令府县长官左右金吾，明加训导捉搦。若有犯者，随事科绳。

《全唐文 · 卷二十七 · 玄宗八 · 整饬民风诏》

【译文】上古尧帝在位的时期人们的德行高尚，几乎是每户人家都可以达到可以封赠的地步，尊奉孔子之道、儒家思想的子女对自己的父母不会倨傲无礼。这种良好、淳朴的风尚，是要经过道德教化才能达到的。弘扬这样的风尚，是官员们的职责所在。如果在国家的统御之下，在街巷乡村之内，出现了对父母口不择言，行止上不以礼法去尊奉父母的现象，则会失去长幼之序，这岂是仪法、刑律所要求的政事？宜令各地的府县长官以及左右金吾，对百姓加以训导、教化，不要放纵。如果有触犯的，要据礼法、刑律给予责罚。

唐玄宗颁重注《孝经》诏

化人成俗，率繇于德本，移忠教敬，实在于《孝经》。朕思畅微言，以理天下，先为注释，寻亦颁行。犹恐至赜难明，群疑未尽，近更探讨，因而笔削①，兼为叙述，以究源流，将发明于大顺，庶开悟于来学。宜付所司，颁示中外。

《全唐文 · 卷三十二 · 元宗②十三 · 颁重注〈孝经〉诏》

【简注】①笔削：指著述。笔，书写记录；削，删改时用刀削刮简牍。 ②因《全唐文》成书于清朝嘉庆年间，为避清圣祖讳，“唐玄宗”记为“唐元宗”。

【译文】教化百姓形成良好的风俗，率领百姓以达到道德的根本，将忠诚移于国家，教天下百姓孝敬，（这些功德）实在都是《孝经》的功劳。朕思考着、畅读着圣人的言语，用其原理治理天下，先为《孝经》作了注释，之后颁行全国。却害怕圣人的话语难以明了，其中许多的疑问未曾明白，为了更深入地探讨其意思，写成了许多著述，对其中的内容进行了叙述，以查究其源流，并且将这些道理明发于天下，使天下人都能够明白，以便开启后来学者的灵智而去参悟。可以交付于相关司衙，颁示于中外各地。

唐玄宗千秋节赐父老宴饮敕

今兹节日[①]，谷稼有成，顷年以来，不及今岁。百姓既足，朕实多欢，故于此时，与父老同宴。自朝及野，福庆同之，并宜坐食，食讫乐饮。兼赐少物，宴讫领取。

《全唐文 · 卷三十五 · 元宗十六 · 千秋节赐父老宴饮敕》

【简注】①今兹节日：指千秋节。唐之后皇帝的诞辰即为此节。此节始自唐玄宗时期。《唐会要》中载：“开元十七年八月五日，左丞相源乾曜、右丞相张说等，上表请以是日为千秋节。”唐玄宗的生日为八月十五日，因此自天宝二年此节在其在位时名为“天长节”。

【译文】今天适逢千秋节，谷物庄稼丰收已成定局，这些年以来的岁收，都不如今年。百姓收成丰足，朕心中十分高兴，因此在这个时候和年纪大的老人及年高德劭的人共同宴饮，从朝廷到乡野，福庆同喜，都可以坐着宴饮，一定要高高兴兴地食用。同时赐予你们一些小的物件，宴会之后领取。

唐玄宗答李齐古《石台孝经》表批

孝者德之本，教之所由生也，故亲自训注，垂范将来。今石台[①]毕功，亦卿之善职。览所进本，深嘉用心。

《全唐文 · 卷三十七 · 元宗十八 · 答李齐古〈石台孝经〉表批》

【简注】①石台：即指《石台孝经》。唐玄宗天宝四年（745）李隆基为《孝经》作序并注训书后，由李亨篆额刻石，碑高为620厘米，共有四面，每面宽为120厘米。方额、盖石、顶上等均做了艺术化的处理，因此碑下有三层石制台阶，故称为《石台孝经》。

【译文】孝是世间各种德行的根本，世间的教化也是由此产生的，因此（朕）亲自注训《孝经》，以其垂范于将来。现在石台所刻的《孝经》已经完成，这是卿在职责之内的善行。看到你所献呈的刻本，是深体朕心的。

唐玄宗令郡县采奏孝弟诰

至和育物，大孝安亲，古之哲王，必由斯道。朕往在春宫，尝事先后，问安靡阙，视膳无违。及同气天伦，联华棣萼，居尝共被，食必分甘。今皇帝奉而行之，未尝失堕。每有衔命而来，戒途将发，必肃恭拜跪，涕泗涟涟，左右侍臣，罔不感动。间者抱戴赤雀、白狼之瑞，接武荐臻，此皆皇帝圣敬之符，孝友之感也。故能诞敷德教，横于四海，信可以光宅寰宇，永绥黎元者哉。其天下有至孝友弟，行著乡闾堪旌表者，郡县长官采听闻奏，庶孝子顺孙，沐于元化也。

《全唐文 · 卷三十八 · 元宗十九 · 令郡县采奏孝弟诰》

【译文】天地和顺才能孕育出万物，具有大孝的品性才可以使亲人安定，古代贤哲的帝王治国理政，都遵从这个道理。朕当太子的时候，曾经服侍太上皇（指唐睿宗李旦），问候安康，无时或缺，侍奉膳食，从不误时。至于对待同胞兄弟，兄友弟恭，经常同榻而眠，如有饮食一定要共同分享甘甜。如今朕承继帝位，依然遵循此道，不曾丢弃。每次太上皇派使者前来传旨，所备办的事物完成，使者将要出发时，朕一定要恭拜跪送，经常涕泪交流，身边的侍臣，没有不感动的。近来太阳出现光晕，赤雀、白狼等祥兽接连出现，这都因为皇帝圣明、恭敬的原因，也是因为上天被皇帝的孝顺敬爱的品性所感动，这是国家大力推广文德教化的结果。这种德行，的确可以满四海，广施天下，永安百姓呀！令天下各州县如有至孝、友爱、品行操守名闻于乡里的应给予表彰，郡县的守令都要详加访查奏报，使天下孝子顺孙，沐浴在圣王的德化之下。

唐玄宗谒陵大赦文

自开元十七年十一月二十二日昧爽已前，大辟罪已下，罪无轻重，已发觉未发觉，已结正未结正，系囚见徒常赦所不免者，咸赦除之……天下百姓无出今年地税之半，如已征纳，听折来年。逋租悬调在百姓腹内者，一切放免。孝子顺孙，义夫节妇，旌表门闾，终身勿事。诸州侍老，百岁已上赐帛十段，九十已上赐五段，八十已上赐三段。献陵、昭陵、定陵官吏并管陵县官各别加一阶，陵户并放从良，终身洒扫陵寝。仍每陵侧近取百姓六乡，以供陵寝，永勿徭役……

《全唐文 · 卷三十九 · 元宗二十 · 谒陵大赦文（节选）》

【译文】自开元十七年十一月二十二日清晨以前，大辟这一罪行以下，罪责无论轻重，已经被发现和未被发现的，已经审结的和未曾审结的，在狱中平常赦免不到的囚徒，都赦免解除刑罚……免去天下的百姓今年的一半地税，已经交纳的，折换到来年扣除。拖欠田租和拖欠调税的百姓如果确因生活所需而用的，一律免除。孝敬父母长辈的孝子顺孙、具有忠信节义的人、贞洁的妇女，国家要对他们给予旌表，以光大他们的门闾，终身可以免他们的租、赋、徭役。各州都要尊奉老年人，百岁以上的老人赐帛十段，九十岁以上的老人赐帛五段，八十岁以上的老人赐帛三段。献陵、昭陵、定陵处的官吏和陵墓所在县的长官其官阶各晋一阶，原守陵的军户都归入当地的民户，终身负责陵园的洒扫。依然按旧例，陵园的周围取六个乡的百姓，供养陵墓的用度，这些人永不服徭役。

唐宣宗大中改元南郊赦文

（唐宣宗大中元年正月十七日）立敬之本，在敦于耆老；劝俗之道，莫先于节义。天下百姓，九十已上各赐绢三匹，八十已上各赐绢两匹，仍委长吏斋帛就家宣赐。孝子顺孙，义夫节妇，旌表门闾，终身勿事，先已旌表者，量加优恤。岳渎孕灵，公侯列位，助宣景化，利及含生，宜委本州府长吏备礼致祭。

《全唐文 · 卷八十二 · 宣宗四 · 大中改元南郊赦文》

【译文】（唐宣宗大中元年正月十七日）树立崇奉、敬让的根本，在于敦厚民风、敬奉老人；劝化风俗的方法，首先在于培养人们的气节、信义。天下百姓之中，九十岁以上的每人赐予绢三匹，八十岁以上的每人赐予绢二匹，同时委派各地的守令在斋戒后持帛去老人的家中宣达旨意、赐予物品。孝敬父母、尊奉长辈的孝子顺孙，具有忠诚信义品行的人，贞洁的妇女，国家都要对他们给予旌表，以光大他们的门楣，终身免去他们的赋役。以往已经旌表的，要根据情况对他们给予优厚的赏赐。五岳及四渎孕育着天地间的灵气，公侯列位于朝堂，有助于宣扬朝廷威仪，使百姓景仰遵从国家的教化，这些都是有利于国家的教化、有利于天地万物的运行的，各州府的长吏要齐备祭品，去所辖地的名山大川中祭祀。

唐宣宗大中二年正月三日受尊号赦文

（大中二年正月三日）礼崇养老，道贵旌贤，爰示优恩，以宏教化。天下百姓，年九十已上，委所在长吏量加存问。孝子顺孙，义夫节妇，旌表门闾，终身勿事。先已旌表者，亦量加优恤。川岳元功，圣贤幽赞，宜因霈泽，用荐馨香。五岳四渎，宜委本州长吏备礼致祭。名山大川，自古圣帝明王忠臣烈士，委所在以礼致祭。

《全唐文 · 宣宗四 · 受尊号赦文》

【译文】（唐宣宗大中二年正月三日）礼法要求崇奉敬养老人，治国之道贵在于旌表正义任用贤才，向天下宣示优渥和恩泽，以广大教化、敦厚风俗。天下百姓之中，年满九十岁以上的，要委派各地的守令根据实际情况对他们给予存问。孝敬父母、尊奉长辈的孝子顺孙，具有忠诚信义品行的人，贞洁的妇女，国家都要对他们给予旌表，以光大他们的门楣，终身免去他们的赋役。以往已经旌表的，要根据情况对他们给予优厚的赏赐。大江大川、五岳名山有鼎立国家滋润天地这样的大功，圣贤给予它们许多赞颂，正因为它们降下了丰沛的恩泽，所以要用馨香去虔诚地去祭拜。五岳、四渎，国家将委派本州的守令齐备祭礼去祭拜。其他的名山大川，自古圣明帝王和忠臣烈士，各地要专门委派官员对其进行祭祀。

后唐明宗加恩臣寮父母敕

朕自恭承景运，祇荷丕图，念寰海生灵。录勋贤骨肉，承家莫尚于孝，报国莫大于忠，忠孝两全，古今所重。在朝文武臣寮并诸道节度刺史等有父母者，宜遍加恩泽，使天下为人父者知感，为人子者知恩，竞扬家国之风，显著君臣之道。

《全唐文 · 卷一百零九 · 后唐明宗 · 加恩臣寮父母敕》

【译文】朕自恭敬地承继皇统影从祖宗的大业以来，恭敬地遵承上天的意旨光大国运，心中念念不忘天下的生灵。以贤德人的血脉作为录用贤才、授予勋位的标准，能够承继家业的人只有具有孝行的人，能够报效国家的人只有具有对国家执有忠诚信念的人，所以说忠孝两全，是古今所看重的。要对在朝的文武官僚和诸道的节度使、刺史等人的父母，广施恩泽，让天下为人父的人能够感知其中的道理，让为人子的人能明白父母对他们的恩义，以此来弘扬家国的风气，昭显君臣之间的道义。

后唐明宗赠臣寮父母敕

凡居臣下，尽抱公忠，共为朝廷，各荣家族。具庆者继颁恩渥，俾耀晨昏；

既亡者宜泽泉扃[①]，以光封树[②]。应中外群臣及诸道节度防御团练刺史等父母亡殁者，并与追赠加封[③]。

《全唐文 · 卷一百零九 · 后唐明宗 · 赠臣寮父母敕》

【简注】①泉扃：即墓门，这里代指墓地。 ②封树：即堆土为坟，植树为饰。按礼制此为“士”以上的葬礼。 ③加封：在原有封号上再加封号，这是古时国家对去世的人一种尊享方式。

【译文】凡是居于臣子位置中的人，都要怀抱着为国尽忠的念头，共同去效力于朝廷，共同使各自家族显荣。具有这种品行的人国家将相继颁赐恩诏优渥于他，使他的德行光耀于天下。

已经去世的人要选择合适的墓地，以使他的德行在后世子孙中光大、显扬其封树。中外群臣和诸道节度使、防御使、团练使、刺史等父母去世的，国家都要对他们追赠封号。

后唐明宗敦劝孝义敕

王者以孝理万邦，化敷兆庶，每勋贤而按部，专行赏以宣风，其在惩劝知方，统临得术，比屋有可安之俗，六亲[①]无不和之人。

《全唐文 · 卷一百十一 · 后唐明宗六 · 敦劝孝义敕》

【简注】①六亲：历代的说法不一样。《老子》王弼注以为是：“六亲，父、子、兄、弟、夫、妇。”《管子 · 牧民》：尹知章的注以为：“六亲，谓父、母、兄、弟、妻、子。”西汉贾谊的《新书 · 六术》篇，以父、昆弟、从父昆弟、从祖昆弟、从曾祖昆弟、族兄弟为“六亲”。《史记》张守节的《正义》以为：“六亲谓外祖父母一，父母二，姊妹三，妻兄弟之子四，从母之子五，女子之子六也。”《左传 · 昭公二十五年》以为：“为父子、兄弟、姑姊、甥舅、昏媾、姻亚，以象天明。”

【译文】治国理政的帝王以孝作为根本去统御万邦，教化亿兆百姓，每次提升官员勋位都要按其品行贤德与否按部就班，以其是否有这种德行去赏赐他们，以宣扬朝廷教化之风，这种做法旨在惩劝那些不行孝义的人，统御万方得到这一治国之术，就如同安稳房屋那样，使国家有着安定的风俗，这样才可以让六亲之内没有不和顺的人。

后唐明宗七十已上人不得概注散官敕

耄年为政莅事，或有昏蒙，老成之人，安知不可师范？宜令铨司，此后有全不任待者，即别以优散官[①]资注拟。

《全唐文 · 卷一百一十 · 后唐明宗六 · 七十已上人不得概注散官敕》

【简注】①散官：即有官名而无职事的官称。我国封建时期表示官员等级的名号，这种名号是与职事官表示所任职务相对而言的。

【译文】八九十岁的老人依然在职，他们处理政事，或许有可能昏愦、固执、守旧，但是对于老人来说，他们的行政方法、经验怎会不能为后世所师范呢？宜令吏部铨选司，此后如果出现这样的官员，即拟奏朝廷给予他们优渥的待遇，给予他们散官的称号以备国家咨询。

后周世宗即位大赦文

（后周世宗显德二年三月七日）化理之本，孝弟为先，苟或亏违，实乱名教。其有士庶之内，凶率之徒，不顺于父兄，不恭于尊长，狂悖难状，训诲莫从，亲族容隐而不言，里巷畏避而不告，伤风败俗，莫甚于兹。今后或有不孝不义之人，违戾尊长，喧悖毁辱，及父母在异财别居略不供侍，如此之辈，不计官宦军人百姓之家，宜令御史台及本军本使所在州县厢界弹举觉察。如或容纵，不切简举，罪有归处。其有孝子顺孙，义夫节妇，宜所旌表，以厚人伦。

《全唐文 · 卷一百二十六 · 周世宗二 · 即位大赦文》

【译文】（后周世宗显德二年三月七日）教化这一道理的根本，孝悌是首要之事，如果违反了或者亏减了这一原则，实在是离乱了名教、纲常。其中有些官宦之族、百姓之家，有些性情凶顽的人，不孝敬顺从父兄，不恭敬地对待尊长，性情狂悖，其行为难以名状，无论怎样去训诲都没有什么效果，可是他的亲族却对此隐忍不言，街道里社之间因畏惧而回避不去告发，使得伤风败俗之事屡屡出现，实在是没有比这种事情更过分的了。今后如果有不孝敬父母、不遵从信义的人，或者违逆、凶戾尊长的人，喧闹、悖乱、抵毁、羞辱尊长的人，或者父母健在子女却分析财产、另起户籍、分居不侍奉老人的人，不管是官宦之族、军人之家、百姓之室，都要让御史台及本军长官、本使长官和所在州县的厢军、界军去弹劾、举发、觉察。如果故意纵容，发现此类情况不去检举，其罪行和上述那些人一样。其中各州、县、军、镇，如果出现孝敬父母、尊奉长辈的孝子顺孙，忠诚信义之人，贞洁的妇女，都要给予旌表，以使天下人伦出现敦厚的状况。

前蜀王建郊天改元赦文

（五代前蜀高祖王建武成元年）致理之源，无先养老；化民之本，尤在恤孤。或矜黄发之年，或念白华之节，衰老者宜加矜恤，孤□者亦在抚安。应国内有耆老年八十已上赐米二石；九十已上赐米三石；一百岁已上赐米五石，兼绵绢酒肉有差。并仰所在长吏，切加安存，其有不幸者，量与津置殡送，仍抚其孤弱。义夫节妇，孝子顺孙，并加旌表门闾，终身优假。国之教化，庠序为先；民之威仪，礼乐为本。废之则道替，崇之则化行。其国子监正，令、有司约故事，速具修之。

《全唐文 · 卷一百二十九 · 前蜀主 · 郊天改元赦文》

【译文】（五代前蜀高祖王建武成元年）天下伦理道德的源头，没有比养老这一规范更靠前的了；教化百姓的根本，其中最重要的是优恤贫弱抚恤孤独。或者是年幼的人，或者是年老的人，衰老的人要对他们加以矜怜和优恤，孤苦贫弱的人要对他们给予抚恤和安慰。国内老年人八十以上的每人赐米二石；九十以上的每人赐米三石；一百以上的每人赐米五石，同时据不同情况赐予不等的绵、绢、酒、肉。要求老人们所在地令、长、吏，要经常对他们进行存问，这些人中如果有不幸去世的，要酌情给予丧葬的费用以殡送他们，还要安抚其后代中孤弱的人。具有忠诚信义的人、贞洁的妇女，孝敬父母、尊奉长辈的孝子顺孙，都要对他们给予旌表，以光大他们的门楣，终身给他们以优崇、享受优免赋役的待遇。国家的教化，庠、序等学校的建设是优先考虑的；百姓是否具有威仪，礼乐是其成才的根本。废弃这些大道就会更替，崇尚这些就会使天下出现大治的局面。国子监、正、各地守令和相关司衙都要整理以往的相关故事，从速具表上奏，以便修正国家制定的相关律法。

前蜀王建郊天改元赦文

夫孝者，天之经、地之义、人之行。故上自天子，下至庶人，资于敬爱，以事父母。所谓冠五常之表，称百行之先，如或不由，其何以训？如闻道士女冠僧尼等，有不拜父母之礼，朕用思之，茫然罔识。且道释之教盖惩恶而劝善，父子之仪，岂缘情而易制……哀哀父母，生我劳瘁，故六亲有不和之戒，释号有报恩之旨，此又穷源本而启宗极也。今若为子而忘其生，傲亲而徇于末，背礼而强名于教，伤于教则不可行。行教而不废于礼，合于礼则无不遂。二亲之与二教，复何异焉？自是已后，道士女冠僧尼等，并令拜父母，丧纪变除，亦依月数，庶能正此□弊，用明典则，罔亏爱敬之风，自叶仙真之意。

《全唐文 · 卷二百五十四 · 苏颋 · 令道士女冠僧尼拜父母敕》

【译文】孝，是天之经、地之义、人之行的品行，因此上自天子，下至庶人，都要以敬爱的心态去事奉父母。所谓孝行是五种伦常之中的表率，所以称之为百行之先，（朕）如果不遵行孝这一德行，将何以训示天下？听到道士、道姑、僧人、尼姑有不拜自己父母的规矩，朕用心去思考，却茫然不知所谓。而且（朕知道）道教、释教的教义是惩恶扬善的，父子之间的礼仪，岂能缘于情而另外有所改动……哀哀父母，生我养我是那么的辛劳，（道家）因此有六亲不和的戒律，释家也有号称为报恩的佛旨，此是穷其源泉启发灵智而达到极处的表述呀！现在如果生而为人子却忘记其生于何处，用傲慢的态度去对待亲人，这是徇于末处的行为，是背于礼法且凌于教化之上的行为，这种有伤教化礼法的行为是不可行的。（道、释二教）宣扬教法却不可以废止礼法，合乎礼法则事情没有不顺遂的。二亲和二教，又有什么冲突哪？从现在开始，道士、道姑、僧人、尼姑等人，都要拜自己的父母，为他们服丧的丧服可以有所变化，但要依照月数去服丧，使他们能端正这一弊病，以明确国家的典则，从而不亏慢世间爱敬的风气，这才能真正地体会成仙、真身的含义。

《钦定续通志》一则

唐太宗贞观中旌表张公艺旨

张公艺，郓州寿张人，九代同居。贞观中敕加旌表。

清 · 《钦定续通志 · 卷五百二十三 · 孝友传 · 唐 · 张公艺》

【译文】张公艺，郓州寿张县人，其家九代同居。贞观中期敕文对其加以旌表。

二、高年尊享

《隋书》二则

隋炀帝大业五年版授高年令

（大业五年六月癸卯）其河北[①]诸郡及山西、山东[②]年九十已以者，版授太守，八十者，授县令。

《隋书 · 帝纪第三 · 炀帝上》

【简注】①河北：这里泛指黄河以北的地区。　②山东：历代指代不一。战国、秦、汉时称崤山或华山以东地区，也指战国时秦国以外的六国。汉代时也有称古齐鲁地区为山东。唐代山西指太行山以西，山东指太行山以东。

【译文】（隋炀帝大业五年六月癸卯这一天）皇帝下令黄河以北诸郡及太行山以西、以东的州郡，年纪在九十以上的老人国家授予他们等同太守的名号，年纪在八十以上的老人，国家授予他们等同县令的名号。

隋炀帝大业七年二月壬午版授高年令

（大业七年二月）壬午，诏曰："武有七德[①]，先之以安民。行有六本[②]，兴之以教义。……今往涿郡，巡抚民俗。其河北诸郡及山西、山东年九十已上者，版授太守；八十者，授县令。"

《隋书 · 帝纪第三 · 炀帝上》

【简注】①七德：指武功的七种德行。《左传 · 宣公十二年》："夫武，禁暴、戢兵、保大、定功、安民、和众、丰财者也。故使子孙无忘其章……武有七德，我无一焉，何以示子孙？"　②六本：古时所称的立身行事的六项根本：即孝、哀、勇、能、嗣、力。汉代刘向在《说苑 · 建本》说："孔子曰：'行身有六本，本立焉，然后为君子。立体有义矣，而孝为本；处丧有礼矣，而哀为本；战陈有队矣，而勇为本；治政有理矣，而能为本；居国有礼矣，而嗣为本；生才有时矣，而力为本。'"

【译文】（隋炀帝大业七年二月）壬午这一天，皇帝下诏说："平定天下有七德，首先是安定百姓。治国从政有六项根本，首要的是教百姓以大义……（朕）现在去涿郡，巡视民俗。令黄河以北诸郡及太行山以西、以东的州郡，年纪在九十以上的老人授予太守的名号，年纪在八十以上的老人，授予县令的名号。”

《旧唐书》四则

唐高宗麟德三年春正月壬申版授高年令

（麟德三年春正月）壬申，御朝觐受朝贺。改麟德三年为乾封元年，诸行从文武官及朝觐华戎岳牧、致仕老人朝朔望者，三品已上赐爵二等，四品已下、七品以上加阶，八品已下加一阶，勋一转。诸老人百岁已上版授下州刺史，妇人郡君；九十、八十节级。齐州给复一年半，管岳县二年。所历之处，无出今年租赋。

《旧唐书·本纪第五·高宗下》

【译文】（唐高宗麟德三年春正月）壬申这一天，皇帝举行大朝会接受百官朝贺。改“麟德三年”年号为“乾封元年”，在朝的文武官员和在京朝觐的各地守牧、致仕的官员以及有名望的人，三品以下的赐晋爵位二等，四品以下七品以上的加晋官阶，八品以下加晋官阶一级，勋位升一级。天下老年人百岁以上的按照国家的制度授予“郡守”的名号，女子授予“郡君”的名号；九十、八十岁的老人按国家制度授予名号。齐州免去一年半的赋税，管岳县免去二年的赋税。皇帝车驾所经过的地方免除今年的赋税。

唐中宗景龙二年二月授天下妇人八十以上版授令

（景龙二年二月）乙酉，帝以后服有庆云[①]之瑞，大赦天下。内外五品已上母妻各加邑号一等；无妻者听授女；天下妇人八十已上，版授乡、县、郡等君。

《旧唐书·本纪第七·中宗》

【简注】①庆云：即指五色云。古时人们以为此种云代表着喜庆之气、吉祥之气、祥瑞之气，也作“景云”或“卿云”。庆云一说，语出《列子·汤问》：“庆云浮，甘露降。”《汉书·天文志》中对此词的描述为：“若烟非烟，若云非云，郁郁纷纷，萧索轮囷，是谓庆云。庆云见，喜气也。”

【译文】（唐中宗景龙二年二月）乙酉这一天，皇帝和皇后以上天出现庆云这样的祥瑞，下令大赦天下。朝廷内外五品以上官员的母亲和妻子的封号加邑号、晋级加一等；没有妻子的人国家给他选配女子；天下妇女年满八十以上的按照国家制度授予她乡君、县君、郡君等称号。

唐睿宗景云三年春正月己丑版授高年令

（景云）三年春正月辛未朔，亲谒太庙……己丑，大赦天下，改元为太极。内外官四品以下加一阶，三品已上加爵一级。孔宣父祠庙，本州取侧近三十户以供洒扫。天下大酺五日，特赐老人九十已上绯衫牙笏，八十已上绿衫木笏。

《旧唐书 · 本纪第七 · 睿宗》

【译文】（唐睿宗景云）三年春正月辛未初一，皇帝亲自到南郊祭祀……己丑这一天，下令大赦天下，改“景云”年号为“太极”。朝廷内外官员四品以下的晋阶一级，三品以上的晋爵一级。祭祀孔子庙堂，在本州附近选三十户专供侍奉庙堂祭祀。天下大宴五天，特别赐予九十以上的老人红色官服和象牙制成的笏版（三品、四品官员的官服），八十以上的老人绿色的官服、木制的笏版（五品、六品官员的官服），以示国家对他们的优崇。

唐则天大圣皇帝享明堂令训百官令

永昌元年正月元日，始亲享明堂①，大赦改元②。

其月四日，御明堂布政，颁九条以训于百官。文多不载。翌日，又御明堂，飨群臣，赐缣纁③有差。自明堂成后，纵东都妇人及诸州父老入观，兼赐酒食，久之乃止。

《旧唐书 · 志第二 · 礼仪二》

【译文】①明堂：帝王宣明政教的地方。凡朝会、祭祀、庆赏、选士、养老、教学等大典，都在此举行。 ②永昌元年和载初元年同为公元689年，这里的改元指永昌年号改为载初。 ③缣纁：即用双丝制成的浅红色的细绢。

【译文】永昌元年正月初一日，则天大帝亲享于明堂，大赦天下，改年号。

当月四日，御驾至明堂施政，颁布九条以训示百官，其文已不载。翌日，又御临明堂，宴会群臣，赐给他们双丝制成的浅红色的细绢不等。自明堂建成以后，让东都的妇人以及天下各州的父老入明堂观览，赐给他们酒食，这一制度沿用了很久才停止。

《新唐书》十则

唐玄宗开元二年丁酉宴京师耆老赐杖令

（开元二年九月）丁酉，宴京师侍老于含元殿庭，赐九十以上几杖，八十以上鸠杖，妇人亦如之，赐于其家。

《新唐书 · 本纪第五 · 玄宗》

【译文】（唐玄宗开元二年九月）丁酉这一天，皇帝大宴原国师及侍从于含元殿。赐给九十岁以上的老人扶几和手杖，八十岁以上的老人鸠杖，同时九十、八十以上的妇女也一样赐予，赐给他们家（钱、帛）。

唐玄宗天宝元年享太庙高年加版授事

（天宝元年）二月丁亥，上加尊号为“开元天宝圣文神武皇帝”。辛卯，亲享玄元皇帝于新庙。甲午，亲享太庙……天下诸州改为郡，刺史改为太守。陕州河北县为平陆县。老幼版授，文武官三品已上加一爵，四品已下加一阶。

《旧唐书 · 本纪第九 · 玄宗下》

【译文】（唐玄宗天宝元年）二月丁亥这一天，皇上加尊号为“开元天宝圣文神武皇帝”。辛卯这一天，皇帝在新庙亲自祭祀玄元皇帝。甲午这一天，皇帝亲自去太庙祭祀祖先……天下各州的州名改为郡，刺史这一名称改为太守。陕州河北县改名为平陆县，天下老年人或功勋之后尚未成年的按照国家的制度给予名号，文武官员三品以上晋爵一级，四品以下晋官阶一级。

唐德宗兴元元年秋七月丙子版授高年令

（兴元元年）秋七月丙子，车驾次凤翔府。诏放管内今年秋税；耆寿侍老八十已上，各与版授刺史，赐紫，其余版授上佐，赐绯；府、县置顿官，考满日放选。

《旧唐书 · 本纪第十二 · 德宗上》

【译文】（唐德宗兴元元年）秋七月丙子这一天，皇帝车驾来到凤翔府。下诏免除凤翔府今年的秋税；长寿的老人在八十岁以上的，要按国家制度都授予他们刺史的名号，并赐给紫色的官服，其余的授予州的副职名号，并赐给绯色的官服；府县主管后勤的官吏，考核期满的当天便授予官职。

唐则天大圣皇帝光宅元年二月大赦及高年版授令

（光宅元年二月）大赦，改元为文明。赐文武官五品以上爵一等，九品以上勋两转。老人版授官，赐粟帛。

《新唐书 · 本纪第四 · 则天顺圣武皇后》

【译文】（武则天光宅元年二月皇帝下令）大赦天下罪囚，改年号“光宅”为“文明”。赐晋文武官员五品以上的爵一等 ，九品以上的勋位二级。老年人按照国家制度授予相应的官职称号，赐给他们粟和帛。

唐中宗景龙二年二月癸未妇人年八十授郡县乡君令

（景龙）二年二月癸未。有星陨于西南。庚寅，大赦，进五品以上母、妻封号一等，无妻者授其女。妇人八十以上版授郡、县、乡君。

《新唐书 · 本纪第四 · 中宗》

【译文】（唐中宗景龙）二年二月癸未这一天，有流星陨落在西南方向。庚寅这一天，皇帝下令大赦天下，赐晋五品以上官员母亲、妻子封号一等，无妻者，由国家配给其女子。妇女八十以上的按照国家制度授予郡君、县君、乡君的称号。

唐玄宗开元十一年正月癸巳高年版授令

（开元十一年正月癸巳）版授侍老八十以上上县令，妇人县君；九十以上上州长史，妇人郡君；百岁以上上州刺史，妇人郡夫人……

《新唐书 · 本纪第五 · 玄宗》

【译文】（唐玄宗开元十一年正月癸巳这一天）按国家制度，授予八十岁以上的老人县令名号，八十岁以上的妇女县君名号；九十以上的老人大州长史名号，妇女郡君名号；百岁以上的老人大州刺史名号，妇女郡夫人名号……

唐玄宗开元二十三年正月乙亥高年版授令

（开元）二十三年正月乙亥，耕藉田。大赦。侍老百岁以上版授上州刺史，九十以上中州刺史，八十以上上州司马。赐陪位官勋、爵。征防兵父母年七十者遣还。民酺三日。八月戊子，免鳏寡茕独今岁税米。

《新唐书 · 本纪第五 · 玄宗》

【译文】（唐玄宗开元）二十三年正月乙亥这一天，皇帝行籍田礼亲自耕种。下令大赦天下。恭敬地对待老年人，百岁以上的老人按国家制度授予他们大州刺史的名号，九十岁以上的老人授予他们中等州的刺史名号，八十岁以上的老人授予他们大州司马的名号。赐陪祀官员勋位、爵位。下令边防的卫士家有七十以上的父母的遣还，让他们奉养父母。百姓大宴三天。八月戊子这一天，免除鳏夫、寡妇、茕弱孤独贫苦者今年的税米。

唐玄宗天宝七年五月壬午高年版授令

（天宝）七载五月壬午，群臣上尊号曰“开元天宝圣文神武应道皇帝”，大赦，免来载租、庸。以魏、周、隋为三恪[①]。赐京城父老物人十段。七十以上版授本县令，妇人县君[②]；六十以上县丞。天下侍老，百岁以上上郡太守，妇人郡君[③]；九十以上上郡司马，妇人县君；八十以上县令，妇人乡君[④]。赐文武官勋两转，民酺三日。

《新唐书 · 本纪第五 · 玄宗》

【简注】①三恪：我国历朝新立时，一般封前代三王朝的子孙，给以王侯名号，称三恪，以表示敬重。　②县君：古代妇女的封号。晋代时已有此称谓。唐代制度，五品官母亲、妻子被封为“县君”。宋代庶子、少卿监、司业、郎中、京府少尹、赤县令等官之妻被封为“县君”。宋徽宗政和年间，改郡县君号为七等，即为：室人、安人、孺人等。元制与唐制同。明代郡王曾孙女称“县君”。　③郡君：古代妇女的封号。西汉武帝时尊母亲王太后的母亲臧儿为平原君，郡君之称始出。唐代四品官之妻子被封郡君，母亲被封为郡太君。宋徽宗时改郡君为淑人、硕人、令人、恭人四等，明代只有皇室中的女子被称郡君，清代只有贝勒的女儿或亲王侧福晋的女儿被称为郡君。　④乡君：古代妇女的封号。晋武帝时封羊祜的妻子为“万岁乡君”，这是“乡君”之始。唐代外命妇之制，勋官四品母亲或妻子被封为乡君。宋代废这一制度。明代只有宗室女有此称。清代只有八旗的镇国公、辅国公女格格及贝勒侧室的女儿称为“乡君”。

【译文】（唐玄宗天宝）七年五月壬午这一天，群臣给皇帝上尊号为“开元天宝圣文神武应道皇帝”，皇帝下令大赦天下，免除明年天下百姓的租、庸赋税。分封（北）魏、（北）周、隋三代的皇室后裔，让他们奉祀祖先。赐京城中老年人衣物每人十段，京城地区七十岁以上的老人授予本县县令的名号，妇女县君名号；六十岁以上的老人县丞的名号。天下共同尊侍老人，百岁以上的授予大郡的太守名号，妇女授予郡君的名号；九十岁以上的老人授予大郡司马的名号，妇女授予县君的名号；八十岁以上的老人授予大县县令的名号，妇女授予乡君的名号。赐晋文武官员勋二级，百姓大宴三天。

唐玄宗开元十三年正月赐孝义高年版授令

（天宝）十三载正月丙午，至自华清宫。二月壬申，朝献于太清宫，加上玄元皇帝号曰“大圣祖高上大道金阙玄元天皇大帝”。癸酉，朝享于太庙，增祖宗谥。甲戌，群臣上尊号曰“开元天地大宝圣文神武证道孝德皇帝”，大赦，左降官遭父母丧者听归。赐孝义旌表者勋两转。侍老百岁以上版授本郡太守，妇人郡夫人；九十以上郡长史，妇人郡君；八十以上县令，妇人县君。太守加赐爵一级，县令勋两转，民酺三日。

《新唐书 · 本纪第五 · 玄宗》

【译文】（唐玄宗天宝）十三年正月丙午这一天，皇帝巡幸华清官。二月壬申这一天，百官在太清官行朝献礼，为皇帝加尊号为“玄元大圣祖高上大道金阙玄元天皇大帝”。癸酉这一天，皇帝在太庙中祭祀祖先，为祖先增奉谥号。甲戌这一天，群臣给皇帝上尊号为“开元天地大宝圣文神武证道孝德皇帝”。大赦天下罪囚，因罪而被贬至边远地区的官员，因服父母丧的可以回籍为父母守丧。赏赐孝敬父母和具有忠义品性的人，并旌表他们，有职位的官勋升二级。尊侍天下老人，百岁以上的授予本郡的太守名号，妇女授予郡夫人的名号；九十岁以上的老人授予大郡长史的名号，妇女郡君的名号；八十岁以上的老人授予大县县令的名号，妇女授予乡君的名号。太守加赐晋爵一级，县令官勋转二级，百姓大宴三天。

唐德宗兴元元年五月癸丑高年版授令

（兴元元年五月）癸丑，以梁州为兴元府，给复一年，耆老加版授。甲寅，浑瑊为侍中。己巳，给复洋州一年，加给兴元一年，免凤州今岁税，父老加版授。

《新唐书 · 本纪第七 · 德宗》

【译文】（唐德宗兴元元年五月）癸丑这一天，改“梁州”为“兴元府”，免除其赋税一年，老年人按照国家制度授予名号。甲寅这一天，升浑瑊为侍中。己巳这一天，免除洋州赋税一年，再次免除兴元府赋税一年，免除凤州今年租税，老年人按照国家制度授予名号。

《唐大诏令集》三则

唐顺宗即位高年加版授敕

……百姓九十以上版授及赐各有差，仍令官吏就家存问；顺孙孝子、义夫节妇旌表门闾，重加优恤……

宋·宋敏求《唐大诏令集·卷二·帝王·即位赦上》

【译文】……百姓年九十岁以上的老人，要按照国家制度授他们相应的称号，各地要根据不同情况赏赐他们，仍然令各地官吏去慰问他们；孝敬父母、敬奉长辈的人，具有忠诚信义品性的人、贞洁的妇女国家予以旌表，光大他们的门楣，对他们加重优恤的力度……

唐高宗改元弘道大赦天下高年加版授令

……改永淳二年为弘道元年。大赦天下。前后责情流人并放还。老人年百岁已上者版授下州刺史，妇人版授郡君；九十已上者版授上州司马，女人版授县君；八十已上者版授县令；并归节级量赐粟帛。孝子顺孙、义夫节妇表其门闾，终身勿事；鳏寡孤独、笃疾不能自存者，量加赈给……

宋·宋敏求《唐大诏令集·卷三·帝王·改元赦上》

【译文】……改“永淳二年”年号为“弘道元年”。皇帝大赦天下。在永淳年间前后被问责、遭贬斥流放的人都一并放还。老人百岁以上的按国家制度授予下州刺史的名号，妇女授予郡君的名号；九十以上的授予上州司马的名号，妇女授予县君的名号；八十以上的授予县令的名号，同时对这些老人要按照不同情况赐予他们粟和帛。孝敬父母敬奉长辈的孝子顺孙，具有忠诚信义品性的人、贞洁的妇女，国家要予以旌表，以光大他们的门楣终身免去他们的赋役；鳏夫、寡妇、孤独、贫弱、笃疾不能自存的人，国家要依据不同情况酌情予以赈济……

唐高宗显庆二年四月老人赐几杖、鸠杖敕

古之为政先于尚老，居则致养，礼传三代，行则就见，制问百年。盖皇王之劝人教黎庶之为子，朕寅奉休历祇膺[①]圣训，因秋归而岁成，属星见而郊祀，念其将智尤重乞言，俾申恩于几杖，其布惠于乡国。九十以上宜赐几杖，八十以上宜赐鸠杖，所司准式天下诸州侍老，宜令州县逐稳便设酒食。一准京城赐几杖，其妇人则送几杖于其家。[②]

宋 · 宋敏求《唐大诏令集 · 卷八十 · 典礼 · 朝贺 · 老人赐几杖、鸠杖》

【简注】①祇膺：敬受；恭敬地接受。　②此诏书为唐高宗显庆二年四月颁。

【译文】古时候的人们治国理政时要崇尚、尊敬老年人，在家的时候奉养老人，这一礼法是上古三代以来流传下来的，这种行为只要是优秀的就会见于史书，其礼法要求国家要经常对老年人进行存问。这是帝王劝导百姓、教化黎庶如何成人子的方法，朕奉上天的意旨，恭承历代圣主的圣训，在秋天收获的季节躬奉当年的收成，在老人星显现的时候行郊祭，心念老人们智虑深远且言语深重，于是为申明国家对老人的看重，赐予他们几杖，将国家的恩泽布惠于天下郡国。九十以上的老人赐予他们几杖，八十以上的老人赐予他们鸠杖，相关司衙、天下诸州要按照定例侍奉天下老人，可以令州县在每年空闲的时间设酒宴宴请当地老人。准许京城的老人赐予其几杖，妇人要将几杖送至她的家中。

《全唐文》七则

唐玄宗天宝七年加应道尊号大赦文

（天宝七载五月三十日）……古者乡有塾，党有庠，所以明尊卑之义，正长幼之序，风化之道，义在于兹。先置乡学，务令敦劝。如闻郡县之间，不时训诱，闾巷之内，多亏礼节，致使言词鄙亵，少长相凌，有黩清猷，何成雅俗？

自今已后，宜令郡县长官申明条式，切加训导。如有礼义兴行，及纪纲不立者，委采访使明为褒贬，具状闻奏……内外文武职掌官有五品已上，其父祖见在无官者，宜各授一官，仍令致仕，其祖母见在，准母例处分。京官五品已下正员，如父母已没未有官者，宜追赠，所司勘会，即与处分。……天瑞有庆，频属于京辇。宽大之典，则以博覃；施惠之恩，特申曲被。其京城父老，宜各赐物十段，七十已上仍版授本县令，其妻版授县君。六十已上，版授本县丞。天下侍老，百岁已上版授下郡太守，妇人版授郡君；九十已上版授上郡司马，妇人版授县君；八十已上版授县令，妇人版授乡君；仍并即量赐酒面……

《全唐文 · 卷三十九 · 元宗二十 · 加应道尊号大赦文（节选）》

【译文】（唐玄宗天宝七年五月三十日）……古时候乡村之中有私塾，乡党之中有学校，正因为有这样的学校设置才让百姓们明白了尊卑的含义，端正了长幼的次序，使风俗端正、教化通行的道理便在这里。先置办乡学，一定要让其起到敦劝百姓的作用。如果郡县之间，不去时时地训导劝诱百姓，街道里巷之内就会很少有人懂得礼节，就会使百姓言语鄙陋，就会行为亵慢，就会少与长相互欺凌，就会有玷污法规、法则的现象，如何能够出现好的风俗？

从现在开始，各州、县的守、令、各级官吏，都要向百姓申明国家的相关条例和教化模式，对所辖区域详加训导。如果州、县之中有礼义、教化兴盛的，或者礼义、纲纪不兴的，朝廷所委派的采访使要对他们或褒或贬，要向朝廷详加奏报……朝廷内外文武官员以及品级、职掌在五品以上的官员，其父亲、祖父没有官职的，要授予其中一位官职，并让他们以所授予的官职致仕，如果其祖母健在，按照国家法令授以诰命。京官或者五品以下正职官员，如果他们的父母已经去世且没有官职的，要对他们给予追赠，相关司衙要详加勘问，有情况就要马上办理……上天有祥瑞产生，国家就会大庆，这种现象频频出现在京城之中，昭示着盛世太平。宽大的典令，就会深入人心，国家对百姓施以恩惠，就会有特别的法令申明，且广被天下。京城之中年纪大的老人，每人赐帛物十段，七十以上的老人按照国家的制度，授予县令的名号，其妻授予县君的名号。六十以上的老人，授予县丞的名号。天下都要尊奉、侍养老人，百岁以上的授予下郡太守的名号，妇女授予郡君的名号；九十以上的授予上郡司马的名号，妇女授予县君的名号；八十以上的授予县令的名号，妇女授予乡君的名号。这些老人各地都要酌量地赐予酒和面，以表示国家对他们的尊崇……

唐玄宗天宝十三年二月九日昧爽加证道孝德尊号大赦文

（天宝十三载二月九日昧爽）自临御以来，四十余年……朕尊崇先谥，霜露增感，于以孝思，无忘锡类。其内外见任官阶，俱是三品已上，父未有五品官及无官已亡殁者，宜各赠五品官；及母无邑号者，亦与追赠。其见任四品、五品清官官阶俱是五品已上者，亡父母先无官号，亦准此追赠。且厚其风俗，五教[①]之旨聿兴；贲于邱园，十翼[②]之风斯在。其士庶间，众推孝弟，异代义居，高尚确然，隐遁岩穴者，委采访使博访闻荐。其孝义之人，已经旌表，雍睦无易，纯至有终，著美乡闾，深可嘉尚，各赐勋两转，以彰德行。天下侍老，百岁已上版授本郡太守，妇人版授郡夫人，各赐绵帛五段、粟三石；八十已上版授本县令，妇人版授县君，各赐绵帛两段、粟两石。

《全唐文 · 卷四十 · 元宗二十一 · 加证道孝德尊号大赦文（节选）》

【简注】①五教：即父义、母慈、兄友、弟恭、子孝五种伦理道德。②十翼：《易》的《上彖》《下彖》《上象》《下象》《上系》《下系》《文言》《说卦》《序卦》《杂卦》十篇，相传为孔子所作，总称“十翼”。

【译文】（唐玄宗天宝十三年二月九日清晨）朕自承继皇位以来，已经四十余年……朕恭敬地给先帝增上谥号，对先帝的思念无时不在增长，朕对先帝存有孝思，不会忘记其他同样状况的天下百姓。朝廷内外在职的官员，三品以上的，父亲的官阶未到五品或者未曾出仕就已亡故的，都要赠予五品官的称号；母亲没有封邑号的，也要对她们给予追赠。现任四品、五品官员，清贵官阶都在五品以上的，其亡父、亡母没有官职称号，也要按这一方式追赠。而且天下的风俗敦厚，可以使父义、母慈、兄友、弟恭、子孝五种伦理道德兴盛于世；装饰自己的家园，与天地进行沟通（可以辅助这种风俗长存）。天下士子庶民之中的规范，都以孝悌为首，隔代之间共同居住，的确能表现出高尚的品性，同时那些隐居于山林野泽的高士，国家将委派采访使广访天下，并对他们加以举荐。其中有些心存孝义的人，国家已经对他们给予了旌表，他们的家庭雍雍睦睦和美相处，至情至孝有始有终，这种良好的习性，使乡间的风气因他们而和美，这是可以令人嘉赏、崇尚的，对这些人都要赐晋勋位二级，以表彰他们的德行。天下都要尊奉、侍养老人，老人百岁以上按国家制度授予本郡太守的名号，妇女授予郡夫人的名号，各赐绵帛五段、粟三石；八十以上的授予本县县令的名号，妇女授予县君的名号，各赐绵帛两段、粟两石。

唐肃宗上元二年去上元年号大赦文

（唐肃宗上元二年）天下侍老，先版授者更改与版授，未版授者与版授。鳏寡茕独不能存立者，委刺史县令量中赈恤。义夫节妇，孝子顺孙，旌表门闾，终身勿事。赦书有所未及者，各令有司速勘会，类例条件闻奏。

《全唐文·卷四十五·肃宗四·去上元年号大赦文》

【译文】（唐肃宗上元二年皇帝下赦文：）天下都要尊奉老年人、侍养老年人，先前授予名号的老人要按照国家现在的制度更改名号，没有授予名号的老人现在要授予名号。鳏夫、寡妇、茕弱、孤独不能自存于世的人，各地要委派刺史、县令对他们酌情酌量地给予赈济。具有忠信诚义品行的人、贞洁的妇女，孝敬父母、尊奉长辈的孝子顺孙，国家都要给予旌表，以光大其门楣，终身免去他们的赋役。赦书没有到达的地方，令相关司衙加速知会，如有相关的案例要及时上奏朝廷。

唐代宗广德二年二月二十一日南郊赦文

（广德二年二月二十一日）天下耆老，九十已上版授刺史，七十已上版授上佐县令。孝子顺孙，义夫节妇，旌表门闾，终身勿事。五岳四渎[①]，名山大川，今古圣帝明王忠臣义士，宜令所管致祭。

《全唐文 · 卷四十九 · 代宗四 · 南郊赦文》

【简注】①四渎：长江、黄河、淮河、济水的合称。

【译文】（唐代宗广德二年二月二十一日，皇帝下赦文：）天下都要尊奉、侍养老年人，九十以上的老人按国家规定授予刺史的名号，七十以上的授予大县县令的名号。孝敬父母、尊奉长辈的孝子顺孙，具有忠信诚义品行的人、贞洁的妇女，国家都要对他们给予旌表，以光大他们的门楣，终身免去他们的赋役。泰、华、恒、衡、嵩五岳及长江、黄河、淮河、济水，各地的名山大川，以及从古至今圣明的帝王及忠臣义士，令所在地的官员祭祀他们。

唐文宗南郊赦文

夫务仁寿莫若敬耆老，厚风俗莫若劝名节。天下百姓妇人年九十已上，各赐米五石、绢两匹、绵一屯、羊酒有差，版授下州刺史郡君。八十已上，各赐米三石、绢两匹，版授上佐县君。孝子顺孙，义夫节妇，旌表门闾，终身勿事。先已旌表者，量加优恤，并委令长赍米帛就家宣赐讫，具名申本道，一时闻奏。

《全唐文 · 卷七十五 · 文宗七 · 南郊赦文》

【译文】让天下的人具有仁德的品行、长寿的年龄，没有比尊奉老人更好的方法，使天下风俗敦厚没有什么比教化百姓注重名节更好的方法。天下百姓中妇女年纪九十岁以上的，各赐予米五石、绢两匹、绵一屯、羊酒若干，按国家制度授予下州的刺史郡君的名号。八十以上的各赐米三石、绢两匹，授予大县县君的名号。孝敬父母、尊奉长辈的孝子顺孙，具有忠诚信义品行的人、贞洁的妇女，国家都要对他们给予旌表，以光大他们的门楣，终身免去他们的赋役。以往已经旌表的，要根据情况对他们给予优厚的赏赐，对这些人的旌表、赏赐要委派当地的县令、长官亲自携带米和帛到家中去宣慰、赐予，所有被旌表、赏赐的人都要向本道申明，一同奏明朝廷。

唐则天大圣皇帝光宅元年改元赦文

（武则天光宅元年）诸年八十已上各赐粟二石，绵帛二段；九十已上赐粟三石，绵帛三段；百岁已上赐粟五石，绵帛五段，并依旧例版授。孝子顺孙，义夫节妇，咸表门闾；鳏寡孤独笃疾之徒不能自存者，并加赈恤。

《全唐文 · 卷九十六 · 高宗武皇后二 · 改元光宅赦文》

【译文】（武则天光宅元年，皇帝下赦文：）那些年满八十岁以上的老人，每人赐予粟二石，绵、帛二段；九十岁以上的老人，每人赐予粟三石，绵帛三段；百岁以上的老人每人赐予粟五石，绵帛五段，并依照国家的制度授予他们官职名号。孝敬父母、尊奉长辈的孝子顺孙，具有忠诚信义品行的人、贞洁的妇女，国家都要对他们给予旌表，以光大他们的门楣；鳏夫、寡妇、孤独贫弱、身患病疾不能自存的，要对他们予以赈恤。

唐则天大圣皇帝载初元年改元赦文

（武则天载初元年）天下百岁已上老人版授下州刺史，米粟五石、帛十段；九十已上版授上州司马，米粟四石、帛七段；八十已上版授县令……鳏寡孤独笃疾等不能存立者，量加赈恤。孝子顺孙，义夫节妇，旌表门闾，终身勿事。

《全唐文 · 卷九十六 · 高宗武皇后二 · 改元载初赦文》

【译文】（武则天载初元年，皇帝下赦文：）天下百岁以上的老人，按国家制度授予下州刺史的名号，并赐予米、粟五石，帛十段；九十以上的老人授予上州司马的名号，并赐予米粟四石、帛七段；八十以上的老人授予县令的称号……鳏夫、寡妇、孤独贫弱、身患病疾不能自存的，要对他们予以赈恤，孝敬父母、尊奉长辈的孝子顺孙，具有忠诚信义品行的人、贞洁的妇女，都要对他们给予旌表，以光大他们的门楣，终身免去他们的赋役。

三、孝贤、科举

《隋书》一则

隋炀帝大业三年夏四月甲午诏

（大业三年夏四月）甲午，诏曰：“……夫孝悌有闻，人伦之本，德行敦厚，立身之基。或节义可称，或操履清洁，所以激贪厉俗，有益风化。强毅正直，执宪不挠，学业优敏，文才美秀，并为廊庙①之用，实乃瑚琏②之资。才堪将略，则拔之以御侮，膂力骁壮，则任之以爪牙。爰及一艺可取，亦宜采录，众善毕举，与时无弃，以此求治，庶几非远。文武有职事者，五品已上，宜依令十科举人。有一于此，不必求备。朕当待以不次，随才升擢。其见任九品已上官者，不在举送之限。”

《隋书·帝纪第三·炀帝上》

【简注】①廊庙：即大殿之下的空间和太庙，代指朝廷。《后汉书·申屠刚传》记：“廊庙之计，既不豫定，动军发众，又不深料。”李贤注说：“廊，殿下屋也；庙，太庙也。国事必先谋于廊庙之所也。” ②瑚琏：“瑚”“琏”都是宗庙中的礼器，这里借喻治国安邦之才。《论语·公冶长》记：“子贡问曰：‘赐也何如？’子曰：‘女器也。’曰：‘何器也？’曰：‘瑚琏也。’”

【译文】（隋炀帝大业三年夏四月）甲午，皇帝下诏说：“……（朕曾经听说）孝悌这一品行是世间人伦的根本，为人处世美好的德行、诚信厚实的品质是人立身处世的基础。（除了这些）志节道义被人称道，操守端正、品性高洁，是用来激荡贪婪的风俗，有助于端正风气以弘扬教化。（具有着）强毅正直的品行，执法公正不阿，具有着广博学识、机敏头脑，文才华美隽秀，是朝廷所需要的人才，这些人实在是具有着瑚琏一样的材质。有将帅之才，国家将提拔他们去抵御外侮，臂膀有力且骁勇善战，国家就任用他们担任武职。只要有一技可取，国家就录用他，各种贤能的人才都要荐举，要使当世没有人才被遗漏，如此去寻求人才治理国家，大概就差不多了。文武官员有品级，特别是五品以上的官员，应依据国家的法令‘十科’荐举人才，一科即可，不必求全。这些人才朕将不按常规去对待他们，根据他们的才能去擢拔他们。现任的九品以上的官员，不在推举选送的范围之内。”

《通典》二则

唐代宗宝应二年六月敕旨

宝应二年六月，礼部侍郎杨绾奏，诸州每岁贡人，依乡举里选察秀才、孝廉。

敕旨：“州县每岁察孝廉，取在乡闾有孝悌、廉耻之行荐焉。委有司以礼待之，试其所通之学。五经之内，精通一经，兼能对策，达于理体者，并量行业授官。其明经、进士①、道举②，并停。”

《通典·选举三·历代制下》

【简注】①进士：隋唐科举中试的名称：隋炀帝置明经、进士二科，以经义取者为明经，以诗赋取者为进士。　②道举：以道家学说课试取士。始于唐玄宗开元二十九年。

【译文】（唐代宗）宝应二年六月，礼部侍郎杨绾上奏说，天下各州每年的岁贡，要依照乡里的推举选择察举秀才、孝廉。

皇帝下敕旨说：“各州县每一个被察举的孝廉，各州县的守、令都要在本乡举荐具有孝敬父母、友悌兄弟的品行和具有廉洁品性有羞耻之心的人。国家将派相关司衙按照礼仪去接待他们，测试其所精通的学问。五经之中，精通一经的，同时测试答对时有好的对策，并且通达理法应对得体的人，根据他们所精通的学业授以官职。科举考试中的明经科、进士科、道举科一并停止进行。”

唐科举条例

立身入仕，莫先于礼。《尚书》明王道，《论语》诠百行，《孝经》德之本，学者所宜先习。其明经通此，谓之两经举，《论语》《孝经》为之翼助。诸试帖一切请停，惟令策试义及口问。其试策自改问时务以来，经业之人，鲜能属缀，以此少能通者，所司知其若此，亦不于此取人，故时人云“明经问策，礼试而已”，所为变实为虚，无益于政。今请令其精习，试策问经义及时务各五节，并以通四以上为第。但令直书事义，解释分明，不用空写疏文，及务华饰。其十节总于一道之内问之，余科准此。其口问诸书，每卷问一节，取其心中了悟、解释分明、往来问答，无所滞碍、不用要令诵疏，亦以十通八以上为第，诸科亦准此，外更通《周易》《毛诗》，名四经举；加《左氏春秋》，为五经举；不习《左氏》者，任以《公羊》《穀梁》代之；其但习《礼记》及《论语》《孝经》，名一经举。既立差等，随等授官，则能否区分，人知劝勉。

……

进士习业，请令习《礼记》《尚书》《论语》《孝经》并一史。其杂文请试两首，共五百字以上六百字以下，试笺、表、议、论、铭、颂、箴、檄[①]等有资于用者，不试诗赋。其理通、其词雅为上，理通词平为次，余为否。其所试策，于所习经史内问，经问圣人旨趣，史问成败得失，并时务共十节，贵观理识，不用求隐僻，诘名数，为无益之能，言词不至鄙陋，即为第。

其有通《礼记》《尚书》《论语》《孝经》之外，更通《道德》诸经，通《玄经》《孟子》《荀卿子》《吕氏春秋》《管子》《墨子》《韩子》，谓之茂才举。达观之士，既知经学，兼有诸子之学，取其所长，舍其偏滞，则于理道无不该矣。试策、征问诸书义理，并时务，共二十节。仍与之言论，观其通塞。

……

皆令习《孝经》《论语》，其《孝经》口问五道，《论语》口问十道，须问答精熟，知其义理，并须通八以上。如先习诸经书者，任随所习试之，不须更试《孝经》《论语》。其判问以时事，取其理通，必在责其重保，以绝替代。其合外州申解者，依举选例处分。

《通典·选举五·杂议论中》

【简注】①笺、表、议、论、铭、颂、箴、檄皆为古文体的名称。笺指笺记；表指给皇帝上的奏章；议指议论政事的文章；论指分析和说明事理的文章；铭即古人用于铭刻的文字逐步形成的一种文体；颂指文体之一，指以颂扬为目的的诗文；箴指以规诫为主体的文体；檄是古代官府用以征召或声讨的文书。

【译文】世人成就功名进入仕途，最先学习的莫过于礼。《尚书》所申明的是王霸之道，《论语》所诠释的是人生的行为规范，《孝经》是人们处世时所持有的道德根本，修习学问的人要先去学习。其中科举之中的明经一科要求通习经典，是说要通习其中的两经才可中举，《论语》《孝经》是其中的两翼。诸试、帖等一切请停之后，只余下了政令、策试经义、口问诸项。其中试策自从改问时务以来，修习经业之人，很少有回答优秀的，这是因为这些时务很少有人能通习，相关司衙知道策试之人的能力后，便不会再取录此人，因此当时有人说"明经一科问策，只不过是礼试罢了"，所策试的内容变实为虚，无益于时政。现在朝廷下令精习的内容，试、策、问、经义及时务选题五项，要通习其中的四项以上才可中第，参加考试的人要直书所论经义、事物的意旨，要解释分明，不要写空洞的、疏散的文字，更不要用华丽的语言去修饰文章。其中试题的十节合为一道进行策问，其他的科试也是如此。测试口问的诸书，每一卷问一节，选取其中对所问章节心中有所明悟、能解释清楚，没有滞碍，以及解答时不选择策令，诵读、疏义十节之中能通释其中八节以上的中第，其他诸科依此为准。另外参加策试的人如果通习《周易》《毛诗》，名为"四经举"；再通习《左氏春秋》的，名为"五经举"；不修习《左氏春秋》，以《春秋公羊传》《春秋穀梁传》代替；其中只修习《礼记》及《论语》《孝经》的，名为"一经举"。既然设立了等差，便要随着等差去选授官职，这才能去区分，才可以让学子相互劝勉。

……

进士修习的学业，朝廷下令修习《礼记》《尚书》《论语》《孝经》及正史的一种，其中杂文试题两道，这些杂文限定在五百字以上六百字以下，这些杂文可选用笺、表、议、论、铭、颂、箴、檄等可以使用的格式，不策试诗赋。文章所述说的道理通透、用词文雅者为上，道理通透、用词平常的为次，其他的为不合格。其中所试策的内容，于所修习的经史之中出题策问，经书策问圣人之言的意旨，史书策问历史事件、人物的成败得失，同时问时务十节，回答时可贵之处在于观察细致、道理通透、识见明白，不用力求隐僻，如果诘责名教，则为无益的能力，回答时言辞只要不至于鄙陋，即可中第。

其中如果有通习《礼记》《尚书》《论语》《孝经》之外，更通习《道德》诸经、通《玄经》《孟子》《荀卿子》《吕氏春秋》《管子》《墨子》《韩子》的，被称为茂才举。通达经义、观览群书的士子，既通晓经学、更兼习诸子的学问，如果能取其所长，去其偏滞的地方，则对于理法、道义就没有不知道的了！试策、征问各书的义理，以及时务，一共二十节。要和士子们谈论，以观察他们是通达还是壅塞。

……

所有参加科举的人都要求修习《论语》《孝经》，其中在《孝经》中选取口答问题五道，《论语》中选取口答问题十道，都必须回答精熟，知晓其中的义理，并且通达其中的八道以上。如果先修习其他经书的，可以随所修习的经书策试，不再策试《孝经》《论语》。其中判问时事题时，取其中道理通透的人，所选取的人必责其保举、保荐之人以确定是否是此人应试，以杜绝替代现象。其他外州举荐解送的人，依照举选例处理。

《旧唐书》四则

唐太宗贞观十一年夏四月丙寅诏

（贞观十一年夏四月）丙寅，诏河北、淮南举孝悌淳笃，兼闲时务。儒术该通，可为师范；文辞秀美，才堪著述；明识政体，可委字人。并志行修立，为乡闾所推者，给传诣洛阳宫。

《旧唐书 · 本纪第三 · 太宗下》

【译文】（唐太宗贞观十一年夏四月）丙寅这一天，皇帝下诏河北、淮南二地举荐具有孝敬父母、友悌兄弟，性格淳朴笃实，同时又明晓时务的人才。这种人才如果精通儒学，可以任用他担任负责教化的官员；如果文章的言辞秀丽、高洁，则可以让他们去著述文章；如果具有通达时务的才识并且明晓政体，可以让他们担任治理民政的官员。只要有品质端正、修养好的人才，被乡里所推重的，都要乘坐由官府所提供的车马前往洛阳宫觐见。

唐太宗贞观十五年六月戊申举孝悌诏

（贞观十五年）六月戊申，诏天下诸州，举学综古今及孝悌淳笃，章秀异者，并以来年二月总集泰山。

《旧唐书 · 本纪第三 · 太宗下》

【译文】（唐太宗贞观十五年）六月戊申这一天，皇帝下诏给天下的各州，让他们举荐博通古今并且孝敬父母、友悌兄弟，性格淳朴笃实，文章秀美、才情迥异的人，于第二年的二月在泰山会集。

唐高宗龙朔元年八月丙戌举孝行令

（龙朔元年）八月丙戌，令诸州举孝行尤著及累叶义居可以励风俗者。

《旧唐书 · 本纪第四 · 高宗上》

【译文】（唐高宗龙朔元年）八月丙戌这一天，皇帝下令天下各州推举以孝敬父母和以忠诚信义而知名的人，以便激励风俗。

唐高宗上元元年十二月壬寅举明经用《孝经》事

（上元元年十二月）壬寅，天后上意见十二条，请王公百僚皆习《老子》，每岁明经一准《孝经》《论语》例试于有司。又请子父在为母服三年。

《旧唐书 · 本纪第五 · 高宗下》

【译文】（唐高宗上元元年十二月）壬寅这一天，则天皇后上疏高宗皇帝提出意见十二条，请王公贵族、公卿大夫都要学《老子》一书，每年科举的明经科准许有关司衙测试《孝经》《论语》，又上疏请准如果父亲健在母亲去世，儿子为母亲服丧三年。

《唐会要》七则

唐玄宗开元二十九年七月十七日举耆老为望乡令

（开元）二十九年七月十七日，每乡置望乡。天下诸州上县，不得过二十人；中县不得过十五人；下县不得过十人；其长安万年，每县以五十人为限；太原、上党、晋阳三县，各以三十人为限。并取耆年宿望、谙识事宜、灼然有景行者充。

《唐会要 · 卷五十九 · 户部郎中》

【译文】（唐玄宗开元）二十九年七月十七日，国家规定每一个乡要建立望乡一处。天下所有的州以及大县，（望乡的管理者）不得超过二十人；中县不得超过十五人；小县不得超过十人；长安万年地区，每县以五十人为限；太原、上党、晋阳三县，各以三十人为限。这些管理者都要选取年高德劭、富有人望、熟识礼仪风俗、品行高洁有教化经验的老年人担任。

唐玄宗开元二十六年举孝悌力田敕

（开元）二十六年正月敕：孝弟力田，风化之本，比来将同举人考试辞策。

今后两事兼著，状迹殊尤者，委所由长官时以名荐，更不须随考使例申送。

《唐会要 · 卷七十六 · 制科举》

【译文】（唐玄宗）开元二十六年正月皇帝下敕：孝敬父母、努力耕田，是天下风俗、教化的根本，这两种习性可以类比于各地举荐士子参加科举和进行辞文策试。今后两种品性都具有，且行为殊为优异的，由当地的长官将他们的名字举荐于朝堂之上，这些人不需按照考试生员进京的例子，要直接申送朝廷。

唐代宗宝应二年六七月贡举奏对

（唐代宗宝应二年六月二十日）敕旨：“每州每岁察孝廉，取在乡闾有孝弟廉耻之行荐焉，委有司以礼待之，试其所通之学。五经之内，精通一经，兼能对策，达于治体者，并量行业授官。其明经进士并停，道举亦宜准此，况所司作条件处分。”

七月二十六日，礼部侍郎杨绾奏贡举条目曰：“孝廉各令精通一经，其取《左氏传》《公羊》《穀梁》《礼记》《周礼》《仪礼》《毛诗》《尚书》《周易》任通一经。每经问义二十条，皆取旁通诸义，务穷根本。试格策三道，问古今治体，及当今时务，要取堪行用者，仍每日问一道，频三日毕。经义及策全通为上第，其上第者，望付吏部，便与官。其问义每十条通七，策通二为中第，与出身，下者罢之。又《论语》《孝经》皆圣人深旨，孟子亦儒门之达者，其学官望兼习此三者，共为一经，其试如上。秀才举人，望令精通五经，问义二十条，对策五道，全通者为上第，上第者送名中书门下，请超与处分。问义十条通七，策通四为中第，中第者送吏部与官，下者罢之。孝弟力田，但能熟读一经，言音典切，即令所司举送试通使与出身……”

《唐会要 · 卷七十六 · 孝廉举》

【译文】（唐代宗宝应二年六月二十日）敕旨：“各州每年察举的孝廉，要选取乡闾之中有孝悌品性、有廉耻之心的人举荐，要委派相关司衙以礼对待那些举荐的人，要测试他们所通习的学问。五经之中，至少要通习一经，同时能对答策问，通达时事政务的人，按照其成绩以及所通习的行业授予官职。其中明经科进士一并停止，科道举荐也要照此行事，相关司衙按照各地的条件相应对待。”

七月二十六日，礼部侍郎杨绾列举科贡条目上奏说：“孝廉现在各通习一经，按规定在《左氏传》《公羊》《穀梁》《礼记》《周礼》《仪礼》《毛诗》《尚书》《周易》中任取一经通习。每一经问经义二十条，都要求旁通经文的意义，一定要明白经义的根本。试、格、策三道，要考问古今政治体制，以及当今的时务，要取用才能堪用的人，仍然是每一日问题一道，三日问毕。经义和策问全通的可选取为上第，其中上第的人，望陛下将其人交付于吏部，授予官职。其中经义每十道通七道，策试通二道的人可选为中第，望陛下赐予其出身，其他的不选中第。又《论语》《孝经》都是切含圣人意旨的文字，孟子也是儒家之中通达的哲人，负责科试的官员希望陛下能准学子兼习这三种典籍，这三种典籍可共为一经，其测试的方法同上。秀才举人的测试，望其兼通五经，测试时问义二十条、对策五道，全通的可选为上第，中上第的人可选入中书省、门下省，请陛下照标准授予他们职位。问义十条通七条、策试通四道可选为中第，中中第的人可送至吏部授予官职，其他的不选。孝敬父母、努力耕田的人，如果能通习、熟读一经，而且测试时语言论述切中典义，望陛下令相关司衙举荐参加科试并赐予出身……"

唐代宗广德二年五月二十四日敕

广德（唐代宗年号）二年五月二十四日敕："孝弟力田[①]科，其每岁贡宜停，童子每岁贡者亦停。童子仍限十岁以下者。"

《唐会要 · 卷七十六 · 童子》

【简注】①孝弟力田：始于汉惠帝时，是当时选拔官吏的科目之一。名义上是奖励有孝的德行和能努力耕作者；此亦是科举制出现后唐代科举选士的科目之一。

【译文】（唐代宗）广德二年五月二十四日敕："孝弟力田科，其中每年的岁贡可停选，童子科每年的测试可停试。童子的年岁仍限定于十岁以下。"

唐代宗大历三年四月二十五日童子举习《孝经》敕

大历（唐代宗年号）三年四月二十五日敕："童子[①]举人，取十岁以下者，习一经兼《论语》《孝经》。每卷诵文十科全通者，与出身，仍每年冬本贯申送礼部。同明经举人例考试讫闻奏。"

《唐会要 · 卷七十六 · 童子》

【简注】①童子：科举考试科目之一。始于唐代。按照《旧唐书 · 宣宗纪》唐代科举的科目："据礼部贡院见置科目，《开元礼》、三礼、三传、三史、学究、道举、明算、童子第九科。”

【译文】大历三年四月二十五日皇帝下敕说：“童子科举荐的人，要选取十岁以下的人举荐，这些人要通习一经同时兼读《论语》《孝经》。如果经文的每一卷都能诵读且十科全通的人，国家要赐予其出身，仍然是每年冬依惯例填写籍贯由各州送礼部备案。其程序同明经科举人考试例奏闻于朝廷。”

唐高宗上元元年十二月二十七日举事准用《孝经》事

上元（唐高宗年号）元年十二月二十七日，天后上表曰：“伏以圣绪出自元元，五千之文，实惟圣教。望请王公以下，内外百官，皆习老子《道德经》，其明经咸令习读，一准《孝经》《论语》，所司临时策试，请施行之。”

《唐会要 · 卷七十五 · 明经》

【译文】（唐高宗）上元元年十二月二十七日，则天皇后上表说：“臣妾跪俯上奏且认为陛下的治国思虑是源承于上天的意旨，《道德经》中五千字的经典义，实在是圣人的教化之言。希望自王公以下，朝廷内外的官员，都要学习老子的《道德经》，同时令考科举明经一科生员都要通习它，其考试方法和《孝经》《论语》一样，相关司衙在考试时临时出题进行策试，请陛下施行。”

唐高宗仪凤三年三月《道德经》《孝经》并为上经敕

仪凤（唐高宗年号）三年三月敕：自今已后，《道德经》《孝经》并为上经，贡举皆须兼通。其余经及《论语》，任依恒式。

《唐会要 · 卷七十五 · 明经》

【译文】仪凤三年三月皇帝下敕：从现在起，《道德经》《孝经》这二种经典作为经典中最重要的两种，凡贡士参加科举的生员都要修习、兼通，其他的经典及《论语》，其考试的方法和以往考试相同。

《唐大诏令集》三则

唐贞观十一年四月采访孝悌儒术等诏

朕以寡薄嗣守鸿基，实资多士共康庶政，虚己侧席为日已久，投竿舍筑罕值其人。自亲巡东夏观省方俗，兴言至治夕惕兢怀，然则齐赵魏鲁礼义自出，江淮吴会英髦斯在……宜令河北、淮南诸州长官所部之内精加采访，其有孝弟淳笃、兼娴时务、儒术该通，可为师范、文词秀美、才堪著述、明识治礼、可委字民，并志行修立，为乡闾所推者，举送洛阳宫。给传乘优礼，发遣当随其器，能擢以不次……

宋·宋敏求《唐大诏令集·卷一百二·政事·举荐上·采访孝悌儒术等诏》

【译文】朕以寡薄的德行承嗣了帝位，守护天下基业，实在是依靠众多的才能之士共同辅佐才得以施政，现在国家虚位以待贤德之士已经很久了，入仕的人罕有值得国家为其筑室的人才。自从朕亲自巡幸东方，观各省的风俗，兴盛基业使国家大治的念头始终存于心中，然而齐、赵、魏、鲁的故地是礼义自出的地方，江、淮、吴、会这些地方多出英才俊杰之士……可以令河北、淮南诸州的守、令在所辖之地中仔细采访，其中如果有孝敬父母、友悌兄弟、性格淳朴、笃志于学，同时又明晓时事政务、精通儒术，可以师范教化、文辞优美、才能可以著述、明识政治礼法三人，可以委托管理百姓，其行为为乡闾所称颂、所推重的人，要举荐送到洛阳宫中。国家将给这些人以优厚的礼遇，根据他们的才能委任他们职位，能擢拔的将陆续擢拔……

唐德宗访孝悌德行诏

山东、江左[①]人物甚众，虽每充实荐而未尽英髦。或孝悌通神遐迩推敬，或德行光裕邦邑崇仰，或学综九流[②]垂帷睹奥，或文高六义下笔成章，或备晓八音[③]洞该七曜[④]，或射能穿札力可翘关，或丘园秀异志存栖隐，或将帅子孙素称勇烈。委巡抚大使咸加采访，伫申褒奖。

宋·宋敏求《唐大诏令集·卷一百二·政事·举荐上·访孝悌德行诏》

【简注】①江左：即江东。指长江中、下游以东地区。　②九流：这里指先秦的九个学术流派。　③八音：我国古代对乐器的统称，通常为金、石、丝、竹、匏、土、革、木八种不同质材所制的乐器。这里泛指音乐。　④七曜：指日、月和金、木、水、火、土五星。

【译文】山东、江左之地的才俊之士有许多，国家虽然每每充实举荐的力度，依然未能穷尽其中的英风才俊之士。这些人或者孝悌的品性通于神明而被世人所推重，或者其德行像阳光那样沐浴着邦邑而为世人所崇敬、所仰视，或者其学问贯综九流因而著书立说通于玄奥，或者其才学高远精于六义于是下笔成章；或者其通晓音律精于天文律法，或者其精于骑射力可破关，或者其栖隐于丘园山林之中心存志节，或者其为将帅子孙素来被人称为勇烈。国家对于这些人甚为渴求，相关司衙要委派巡抚大使详加采访，对他们加以褒奖。

唐肃宗孝悌力田举人不令考试词策敕

敕：孝悌力田风化之本，苟有其实未必求名。比来将此同举人考试词策，便与及第以为常科。是开侥幸之门，殊乖敦劝之意，自今以后不得更。然其有孝悌闻于郡邑，力田推于邻里，两事兼著状迹殊尤者，委所由长官特以名荐，朕当别有处分，更不须随考试例申送。

宋 · 宋敏求《唐大诏令集 · 卷一百六 · 政事 · 制举 · 孝悌力田举人不令考试词策敕》

【译文】皇帝敕令：孝敬父母、友悌兄弟、努力耕田是天下风俗教化的根本，真正有这种品行的人未必求取名声。以往将这种人会同举荐之人一起参加考试、策试词策，顺利的便予及第是为常科。这种做法是开科举取士的侥幸之门，背离了敦劝教化的意旨，从现在开始不得再以这样的考试申送此等德行之人。然而其中如果有因孝敬父母、友悌兄弟名闻于郡邑的，努力耕田被邻里所推重的，或者两事同样优秀且行为殊为优异的，相关司衙要委派当地长官特别以其姓名举荐于朝廷，朕自当另行赏赐，不须再按考试例申送。

《全唐文》一则

后唐庄宗同光元年改元赦文

（后唐庄宗同光元年）诸道管内，有高年逾百岁者，便与给优，永俾除名。自八十至九十者，与复一子免役，州县不得差役。乡里有孝子顺孙，义夫节妇，委所在长吏录其节行，具以闻奏，尽据典章，必行旌表。内外文武官，及诸色人任封事，兼有贤良方正①，抱器怀能，或利害可陈，无所隐讳，直言极谏，将一一行之，亦委诸道长吏具姓名申奏。或所在义行颇高，为乡里所推者，并仰准例举选，所司量才任使。

《全唐文 · 卷一百零五 · 后唐庄宗 · 改元同光赦文》

【简注】①贤良：即有才能，德行好；方正：即正直、品性好。是汉武帝时施行的一种举荐官吏后备人员的制度，唐宋沿用，设置贤良方正科。所选录

的人要求具备德才兼备的好人品。

【译文】（后唐庄宗同光元年）天下诸道的辖境之内，有的老年人已达到百岁高龄，这样的人国家都要给予优渥，要永远免除他们的租赋。年纪在八十岁到九十岁的老人，免除其一子的征役，州县官员不能委派他们差役。乡里如果有孝敬父母、尊奉长辈的孝子顺孙，具有忠诚信义品行的人、贞洁的妇女，各地要委派长吏记录他们的事迹，上奏于朝廷，要根据国家的典章制度，一定要对他们进行旌表。朝廷内外的文武官员，以及各种各样的人上奏朝廷的封事，或者天下贤良方正之士，具有才气胸怀艺能的人士，都可以陈述治理国家的意见和利害，不要有所隐讳，要直言谏议，朕将一一采纳并实行，这些奏议、封事诸道长官要写清他们的名字申明上奏。如果在乡里之中有很高的威望、义行，被乡里所推重的人，一并照准荐举的体例举荐，有关司衙要量才使用他们。

第六卷　隋唐五代（中）

一、法令条文

《隋书》一则

隋律：十恶不赦

高祖既受周禅，开皇元年，乃诏尚书左仆射、勃海公高颖[①]……更定新律，奏上之。其刑名有五……又置十恶之条，多采后齐之制，而颇有损益。一曰谋反，二曰谋大逆，三曰谋叛，四曰恶逆，五曰不道，六曰大不敬，七曰不孝，八曰不睦，九曰不义，十曰内乱。犯十恶及故杀人狱成者，虽会赦，犹除名。

《隋书 · 志第二十 · 刑法》

【简注】①高颖：生年不详，卒于607年。字昭玄，又名敏。南北朝时河北景县人。隋朝名相，北周时袭父爵为武阳县伯，官下大夫。因有平定北齐之功，拜开府。隋朝建立，高颖任尚书左仆射兼纳言，隋文帝时成为首相。他协助隋文帝杨坚处理朝政，综合前朝旧法，主持修定隋律；创立输籍定样，招来大量浮客，增加了国家编户。隋文帝开皇八年佐杨广伐陈，为元帅长史，指挥全军一举灭陈，完成南北统一，以功封齐国公。因反对隋文帝改立太子渐为文帝和皇后疏忌。隋炀帝大业三年（607），因对炀帝的奢侈和当时政事有所非议，为人告发，被杀。

【译文】（隋）高祖接受了北周的禅让，开皇元年，诏命尚书左仆射、勃海公高颖……（高颖）更新制定了新的律法，奏呈朝廷。其中刑罚的名目有五种……又设置了十恶这一条目，多采用北齐的律制，进而有所损益。（十恶即）一是谋反、二是谋大逆、三是谋叛、四是恶逆、五是不道、六是大不敬、七是不孝、八是不睦、九是不义、十是内乱。犯十恶这样的罪和故意杀人入狱的，即使遇到天下大赦，也要除去他们的姓名，不在大赦之列。

《广弘明集》一则

唐高宗龙朔年间制沙门等致拜君亲敕

敕旨：君亲之义，在三之训为重，爱敬之道凡百之行攸先，然释老二门……不行跪拜之礼，因循自久迄乎兹辰，宋朝暂革，此风少选还遵旧贯。朕禀天经以扬孝，资地义而宣礼，奖以名教被兹真俗，而漱乡之基克成天构，连河之化付以国王，裁制之由谅归斯矣！今欲令道士、女冠、僧尼于君、皇后及皇太子、其父母所致拜，或恐爽其恒情，宜付有司详议奏闻。

龙朔（唐高宗年号）二年四月十五日光禄大夫右相太子宾客上柱国高阳郡开国公臣许敬宗宣。

唐·释道宣《广弘明集·卷二十五·制沙门等致拜君亲敕》

【译文】敕旨：君主和父母亲人的恩义，（人们都要）重视这一情感并要再三地训诫、教化世人，爱敬之道是做任何事情都首先要考虑的，可是佛教、道教二个教派……（其弟子）不行跪拜这一礼法，始终坐在蓐席之上的习俗因循了很久，南朝宋国的时候曾经暂时革除这一行为，但这种风气只是稍稍减弱，却依然还是遵循着旧日的习俗。朕禀承上天的意旨宣扬孝道，借助大地的德义宣赞礼法，端正名分以奖天下百姓，让他们形成真正的风俗，而激扬的社会风气是构成天地运行法则的基础，释家、道家的子弟将成佛、成圣之路的教化交付于国家，于是管理他们就成了国家责任！现在打算让道士、道姑、僧尼等人对君主、皇后及皇太子、自己的父母行参拜的礼法，却害怕影响他们达道的恒心性情，这件事情要交付相关司衙详议后奏闻于朝廷。

龙朔二年四月十五日由光禄大夫右相太子宾客上柱国高阳郡开国公臣许敬宗宣谕。

《唐律疏议》三十三则

唐律：恶逆

四曰恶逆（谓殴及谋杀祖父母、父母，杀伯叔父母、姑、兄姊、外祖父母、夫、夫之祖父母、父母）

《疏》议曰："父母之恩，昊天罔极。嗣续妣祖，承奉不轻。枭镜[①]其心，爱敬同尽，五服至亲，自相屠戮，穷恶尽逆，绝弃人理，故曰'恶逆'。"

《疏》议曰："殴谓殴击，谋谓谋计。自伯叔以下，即据杀讫，若谋而未杀，自当'不睦'之条。'恶逆'者，常赦不免，决不待时；'不睦'者，会赦合原，惟止除名而已，以此为别，故立制不同。其夫之祖父母者，夫之曾、高祖亦同。案丧服制，为夫曾、高服缌麻；若夫承重[②]，其妻于曾、高祖，亦如夫之父母服期。故知称'夫之祖父母'，曾、高亦同也。"

《唐律疏议·卷一·十恶》

【简注】①枭：指枭鸟，传此鸟食自己的母亲；镜：指破镜兽，传此兽吃自己的父亲。枭鸟、破镜兽同为不孝的代称。《汉书·郊祀志》注："孟康曰：'枭鸟食母，破镜兽食父，黄帝欲绝其类，使百吏祠皆用之。'如淳曰：'汉五月五日作枭羹以赐百官。'" ②承重：指承受宗庙与丧祭的重任的人。按封建宗法制，其人、其父、祖俱系嫡长，而父先死，则祖父母丧亡时，其人称承重孙。如祖父及父均先死，于曾祖父母丧亡时，称承重曾孙。遇有这类丧事都称承重。

【译文】十恶的第四恶是指恶逆（即指的是殴打及谋杀祖父母、父母，杀伯叔父母、姑姑、兄长姐姐、外祖父母、丈夫、丈夫的祖父母、父母）。

《疏议》中评议说："父母的恩情，犹如天地对世间的恩情那样广大无边，后嗣承续祖宗的血脉，所承接的恩情、奉养的情义因此不能轻忽。如果为人在世有枭鸟、破镜兽那样恶毒的心思，那么爱心、敬意就走到了尽头，五服之间的关系是至亲至近的，如果自相屠戮，穷凶极恶尽为逆乱，那么就会灭绝、废弃人伦至理，所以称之为'恶逆'。"

《疏议》评议说："殴指的是殴打，谋指的是谋划计策。自伯叔以下，依据这种想法去杀人，如果只是谋划而没有杀人，自然以'不睦'中的条款处理。犯'恶逆'罪行的人遇到国家正常有大赦令时不免除其罪行，处理他们决不待时；犯'不睦'罪行的人，遇到国家正常大赦的时候要推究其原因，只是止于除名了，两种罪名以此作为区别，因此所订立的法制条文不同。一个丁壮的祖父母、曾祖父母如果犯有此等罪行，也同样如此处理。按照丧服的制度，女子要为丈夫的曾、高祖服缌麻那样的丧制；如果丁壮承继着家族血脉的传承，那么他的妻子对于其曾、高祖的丧服，也要和丈夫父母的丧服有一样的丧服期。故此称之为'夫之祖父母'，曾、高祖也是一样的。"

唐律：不孝

七曰不孝。（谓告言、诅詈祖父母、父母，及祖父母、父母在别籍、异财，若供养有阙；居父母丧，身自嫁娶，若作乐，释服从吉；闻祖父母、父母丧，匿不举哀，诈称祖父母、父母死。）

《疏》议曰："善事父母曰孝。既有违犯，是名'不孝'。"

注：谓告言、诅詈祖父母、父母。

《疏》议曰："本条直云'告祖父母、父母'，此注兼云'告言'者，文虽不同，其义一也。诅犹祝也，詈犹骂也。依本条'诅欲令死及疾苦者，皆以谋杀论'，自当'恶逆'。唯诅求爱媚，始入此条。"

……

注：及祖父母父母在，别籍、异财。

《疏》议曰："祖父母、父母在，子孙就养无方，出告反面；无自专之道，而有异财、别籍，情无至孝之心，名义以之俱沦，情节于兹并弃，稽之典礼，罪恶难容。二事既不相须，违者并当十恶。"

注：若供养有阙。

《疏》议曰："《礼》云：'孝子之养亲也，乐其心，不违其志，以其饮食而忠养之。'其有堪供而阙者，祖父母、父母告乃坐。"

注：居父母丧，身自嫁娶，若作乐，释服从吉。

《疏》议曰："'居父母丧，身自嫁娶'，皆谓首从得罪者……"

注：闻祖父母、父母丧，匿不举哀及诈称祖父母、父母死。

《疏》议曰："依礼：'闻亲丧，以哭答使者，尽哀而问故。'父母之丧，创巨尤切，闻即崩殒，擗踊号天。今乃匿不举哀，或拣择时日者，并是。其'诈称祖父母父母死'，谓祖父母、父母见在而诈称死者。若先死而诈称始死者，非。"

《唐律疏议 · 卷一 · 十恶》

【译文】十恶中的第七种是不孝（指的是状告、诅咒侮骂祖父母、父母；以及祖父母、父母健在子孙却异籍而居、分析财物，供养他们不尽心尽责；父母丧亡时，子女在丧服期内，自行婚嫁娶亲，只是为了作乐，而去掉丧服使用吉服；听闻祖父母、父母丧亡，隐匿不举哀，或者诈称祖父母、父母身故的。这些行为即为不孝的行为）。

《疏议》评议说："善于奉事父母的人被称为孝。如果有所违犯，就可称其为‘不孝’。”

注：所谓的状告、诅咒、侮骂祖父母、父母。

《疏议》中评论说：“这一条目直接说‘告祖父母、父母’，这一注义中还有‘告言’这一说法，文字虽然不相同，但其意思是一样的。诅犹如诅咒，詈犹如侮骂。依照本条‘诅咒他人使其死亡及疾病缠身的，都以谋杀罪论处’，自然归于‘恶逆’这一条。唯独诅咒父母以求取爱媚，方列入此条。”

……

注：祖父母、父母健在，子女异籍别居、分析财产。

《疏议》评议说：“祖父母、父母健在，子孙不去奉养他们，反而状告他们反目成仇；没有尽心奉养的道行，而分析家财、异地别籍而住，从情感上说这样的人没有至孝的心思，伦常名分都沦丧，从情节上说这是弃养，查证各种典礼，这种罪行是难以相容的，二件事情既不相矛盾，违反的当一同并入十恶。”

注：供养有阙。

《疏议》评议说：“《礼记》上说：‘孝子奉养亲人，要让他们心中快乐，不要违逆他们的心志，供给他们饮食时，要用忠诚的心去奉养他们。’其中如果供养祖父母、父母这样的亲人缺乏的，如果他们状告子孙，子孙就将被刑罚。”

注：在子孙给父母守制的丧期中，自行婚嫁迎娶，如果只为作乐的，而去除丧服身着吉服是违反律令的。

《疏议》评议说：“‘给父母守制的丧期中，自行嫁娶’，不论首从都将获罪……”

注：听闻祖父母、父母丧亡，隐匿不举哀及诈称祖父母、父母死亡。

《疏议》评议说：“依照礼法：‘听闻亲人丧亡，要以哭泣的方式回答报信的人，要尽情地表示哀痛去询问父母亲人去世的原因。’听闻父母丧亡，为人子女的应该犹如受到重创一般，心中应切切思念，听闻之后应悲伤的犹如天地崩殒，要极度悲哀哭号问天。现今却出现了隐匿不报的现象，有些人在这样的事情上没有哀痛表现，或者选拣时日再表现哀伤，这些都是不孝的表现。至于说‘诈称祖父母、父母死’，指祖父母、父母健在而子女诈称其丧亡。如果先前已经去世而诈称刚刚去世的，也是不孝。”

唐律：不睦

八曰不睦（谓谋杀及卖缌麻以上亲，殴告夫及大功以上尊长、小功尊属）。

《疏》议曰："《礼》云'讲信修睦'，《孝经》云：'民用和睦'。睦者，亲也。此条之内，皆是亲族相犯，为九族不相协睦，故曰'不睦'。"

注：谓谋杀及卖缌麻以上亲。

《唐律疏议 · 卷一 · 十恶》

【译文】十恶的第八项是不睦（指的是谋杀及卖缌麻关系以上的亲属，殴打状告丈夫及大功关系以上的尊长、小功关系的尊属）。

《疏议》评议说："《礼记》中说'讲信修睦'，《孝经》中说'民用和睦'。睦的意思是说，人与人之间要亲近。在此条之中，所指都是亲族之内的人相互侵犯，使得九族之内不相协和亲睦，这就是'不睦'。"

注：此条所说的是谋杀及卖比缌麻关系以上的亲属。

唐律：不孝流

不孝流：

《疏》议曰："不孝流者，谓闻父母丧，匿不举哀，流；告祖父母、父母者绞，从者流；祝诅祖父母、父母者，流；厌魅[①]求爱媚者，流。"

问曰："居丧嫁娶，合徒三年；或恐喝或强，各合加至流罪，得入不孝流以否？"

答曰："恐喝及强，元非不孝，加至流坐，非是正刑。律贵原情，据理不合。"

《唐律疏议 · 卷二》

【简注】①厌魅：我国古代的一种诅咒方式：即刻成木偶，在木偶上写上人名，昼夜向鬼神祈请诅咒此人，一般来说要将此木偶埋在施咒人所住的附近隐蔽处。

【译文】不孝的人要被处以流刑。

《疏议》评议说："不孝的人要被处以流刑，这种人是指听闻父母丧亡的消息，却隐匿不举哀；状告祖父母、父母的主犯要被处以绞刑，从犯流放；向上天祈求诅咒祖父母、父母的人，要处以流刑；厌魅、求取爱媚的，处以流刑。"

问："居丧其间婚嫁迎娶，按律法说要服徒刑三年；如果是受到恐吓或者强迫，各项罪名加起来以至于达到流放的罪名，这种情况是否可以列入'不孝流'的类型之中？"

回答说："受到恐吓及强迫，并不是没有孝心，如果加刑至流放，不是正确的刑法处理方式。法律贵在考虑事情原本的状况，这种说法是不合乎法理的。"

唐律：诸府号、官称犯父祖名，冒荣居之者

诸府号、官称犯父祖名，而冒荣居之。

《疏》议曰："府号者，谓省、台、府、寺之类。官称者，谓尚书、将军、卿、监之类。假有人父祖名常，不得任太常之官；父祖名卿，亦不合任卿职。若有受此任者，是谓'冒荣居之'。选司唯责三代官名，若犯高祖名者，非。"

《唐律疏议 · 卷三》

【译文】诸府号、官称犯父祖名，而冒荣居之。

《疏议》评议说："府号，即国家省、台、府、寺之类的国家机构。官称，即指尚书、将军、卿、监之类的官职名称。例如有的人他的父、祖的名讳之中有'常'字，那么子孙不得担任太常这一官职；父、祖的名讳中有'卿'字，子孙也不能担任卿职。如果不避讳而有接受此种官职的，就是'冒荣居之'，选司衙门在选取官员任职时要考察其三代是否有与其官名所重的，如果犯高祖的名讳，就不要让其担任此类官职。"

唐律：祖父母、父母老疾无侍，委亲之官者

祖父母、父母老疾无侍，委亲之官。

《疏》议曰："老谓八十以上，疾谓笃疾，并依令合侍。若不侍，委亲之官者。其有才业灼然，在籍驱使者，令带官侍，不拘此律。"

问曰："亲老疾合侍，今求选得官，将亲之任，同'委亲之官'以否？又，得官之后，亲始老疾，不请解侍，复合何罪？"

答曰："委亲之官，依法有罪。既将之任，理异委亲；及先已任官，亲后老疾，不请解侍：并科'违令'之罪。"

《唐律疏议 · 卷三》

【译文】祖父母、父母老疾无侍，委亲之官。

《疏议》评议说："老指的是八十以上，疾指的是身具笃疾，这种情况要依据国家的法令去侍奉老人。若有子孙不侍奉自己的老人，离开老人出仕为官的，其中确实有才干，可令其在家乡中任职，让其将祖父母、父母奉养在官衙中侍奉的，不拘于这一条例。"

问："祖父母、父母年八十以上、身具笃疾，现在经过推选得到官职，将要离开亲人去赴任，是否等同于'委亲之官'？又得到官职之后，亲人的年纪已老或身具笃疾，不请解职侍养亲人，又应该处以何种罪责？"

回答说："委亲之官，按律法来说是有罪的。既将委派的官吏，理应辨别家中是否有委亲这种情况；至于先前已经任职的官员，亲人年老、笃疾，不自请解职奉养的，一并按'违令'的罪名治罪。"

唐律：父母丧，生子及娶妾者

在父母丧，生子及娶妾。

《疏》议曰："在父母丧生子者，皆谓二十七月内而怀胎者。若父母未亡以前而怀胎，虽于服内而生子者，不坐；纵除服以后始生，但计胎月是服内而怀者，依律得罪。其娶妾，亦准二十七月内为限。"

《唐律疏议 · 卷三》

【译文】在父母丧葬守制期间，生子及娶妾。

《疏议》评议说："在父母丧葬守制期间生育子女指的是，子孙在二十七个月的守制期间怀胎的现象。如果父母未去世以前怀胎，虽然在丧服期内生子，不处以罪责；纵然是除去丧服以后才生子，但计算怀胎时间是在丧服期间怀胎的，依律法也要治罪。至于说娶妾，亦准以守制期二十七个月内为限不得娶妾。"

唐律疏议：冒哀求仕者

《疏》议曰："……'冒哀求仕'，谓父母丧，禫制未除及在心丧[①]内者。并合免所居之一官，并不合计闰。"

《唐律疏议 · 卷三》

【简注】①心丧：一般指去除丧服之后或丧服期满之后对父祖的深切悼念，有如守丧一样。《新唐书 · 于志宁传》中载："公主身服斩衰，服可以例除，情不可以例改。心丧成婚，非人情所忍。"清人梁章钜在其《退庵随笔 · 家礼一》中记："虽不服其服而有其实者谓之心丧。"即在这种情况下，为人子孙的是不可以求官出仕的，一般情况丧服、心丧为二十七个月。另一层意思是指老师去世，弟子为老师守丧，身无丧服而心存哀悼。《礼记 · 檀弓上》："事师无犯无隐，左右就养无方，服勤至死，心丧三年。"郑玄的注中解释说：“心丧，戚容如父而无服也。”

【译文】《疏议》评议说：“……‘冒哀求仕’，指的是父母丧葬期间，子女丧服未除以及在心丧期内求取官职的。一并合计免去所担任的官职，这种计算方法不计闰月。”

唐律：死罪非十恶，祖父母、父母老疾应侍

诸犯死罪非十恶，而祖父母、父母老疾应侍，家无期亲成丁者，上请。

《疏》议曰：“谓非‘谋反’以下、‘内乱’以上死罪，而祖父母、父母通曾、高祖以来，年八十以上及笃疾，据令应侍，户内无期亲年二十一以上、五十九以下者，皆申刑部，具状上请，听敕处分。若敕许充侍，家有期亲进丁及亲终，更奏；如无奉进止者，不奏。家无期亲成丁者，律意属在老疾人期亲，其曾、高于曾、玄非期亲，纵有，亦合上请。若有曾、玄数人，其中有一人犯死罪，则不上请。”

《唐律疏议 · 卷四》

【译文】各种犯不是十恶范畴的死罪，而家中祖父母、父母年纪老迈、疾病应该由子孙侍养，家中又无期亲以上成年的丁壮的，对于他们的刑罚要上奏朝廷，请求示下。

《疏议》评议说：“这种情况指的是‘谋反’罪以下，‘内乱’罪以上的死罪，家中有祖父母、父母直至曾、高祖以下，年纪在八十岁以上及身具笃疾，按照国家的法令应被子孙侍养，而且家中没有期亲以内关系的亲属，这些亲属年纪在二十一岁以上、五十九岁以下，家中没有这样的人奉养，相关司衙对这种情况的处理要申报刑部，写清原由上奏请旨，听取敕令再行处分。如果敕令允许犯人在家侍养老人期间，家中期亲以上的亲属中有成丁的人或者祖父母、父母乃至高、曾祖去世，要再次上奏请旨，如果没有这种情况的，不再奏请。家中没有期亲成年的，按律例的要求是指老年人或身具笃疾的人的期亲，其曾祖、高祖对于曾孙、玄孙而言达不到期亲的关系，纵然有这样的亲戚，也要上奏请旨。如果家中有曾孙、玄孙数人，其中一个人犯死罪，则不用上奏请旨。”

唐律：犯流罪者，权留养亲

犯流罪者，权留养亲。

《疏》议曰：“犯流罪者，虽是‘五流[①]’及‘十恶’，亦得权留养亲。

会赦犹流者，不在权留之例。其权留者，省司判听，不须上请。”

《唐律疏议 · 卷四》

【简注】①五流：对犯五刑之罪者从宽处理，施以流放之罚。孔传解释说：“谓不忍加刑，则流放之，若四凶者。五刑之流，各有所居。”

【译文】犯流罪的犯人，权留在籍奉养老人。

《疏议》评议说：“犯流罪的犯人，即使触犯‘五流’及‘十恶’这类罪责中的罪行，也可以权留在籍奉养老人。遇到赦令依然流放的人，不在权留这一条例之列。其中权留在籍奉养的犯人，省司衙门要判别听取，不需要上奏请旨。”

唐律：八十以上、十岁以下及笃疾者

八十以上、十岁以下及笃疾，犯反、逆、杀人应死者，上请。

《疏》议曰：“《周礼》‘三赦’之法：一曰幼弱，二曰老耄，三曰戆愚。今十岁合于‘幼弱’，八十是为‘老耄’，笃疾‘戆愚’之类，并合‘三赦’之法。有不可赦者，年虽老小，情状难原，故反、逆及杀人，准律应合死者，曹司不断，依上请之式，奏听敕裁。”

《唐律疏议 · 卷四》

【译文】八十岁以上、十岁以下以及身具笃疾的人，犯谋反、逆乱、杀人应当被处死的，要上奏请旨。

《疏议》评议说：“《周礼》中有‘三赦’之法：第一是赦免幼弱，第二是赦免老耄，第三是赦免戆愚。现在十岁这样的年龄合乎幼弱的标准，八十岁以上合乎老耄这样的标准，笃疾合乎戆愚这样的标准，这几种情况都合乎‘三赦’这一规定。有不可以赦免的人，年纪虽然老或者小，却从情状上来说难以原谅，因此谋反、逆乱及杀人，按照律令理应处死，法曹、法司不去决断，依照旧例上奏请旨的模式，奏请敕令裁决。”

唐律：九十以上，七岁以下，虽有死罪，不加刑

九十以上，七岁以下，虽有死罪，不加刑。

《疏》议曰：“《礼》云：‘九十曰耄，七岁曰悼，悼与耄虽有死罪不加刑。’爱幼养老之义也。‘缘坐应配没者’，谓父祖反、逆，罪状已成，子孙七岁以下仍合配没，故云‘不用此律’。”

即有人教令，坐其教令者。若有赃应备，受赃者备之。

《疏》议曰：“悼、耄之人，皆少智力，若有教令之者，唯坐教令之人。或所盗财物，旁人受而将用，既合备偿，受用者备之；若老小自用，还征老小。故云‘有赃应备，受赃者备之’。”

问曰：“悼、耄者被人教令，唯坐教令之者。未知所教令罪，亦有色目以否？”

答曰：“但是教令作罪，皆以所犯之罪，坐所教令。或教七岁小儿殴打父母，或教九十耄者斫杀子孙，所教令者，各同自殴打及杀凡人之罪……”

《唐律疏议 · 卷四》

【译文】九十以上、七岁以下，虽然犯了死罪，不加刑。

《疏议》评议说：“《礼记》中说：‘九十岁的老人被称为耄，七岁的幼童被称为悼，悼和耄即使犯了死罪也不加刑。’这是为了保护幼童、恩养老人。‘缘坐应配没者’是指父祖谋反、逆乱，其罪状已经成立，子孙七岁以下仍然按律应该收监，因此说‘不用此律’。”

《疏议》评议说：“悼、耄之类的人，在智力上都不充足，如果有教唆他们的人，只连坐教唆的人。或者所盗取的财物，被旁人享用，即便是一起使用，受用的人也要受到刑罚；如果老年人、幼童自己使用，要向他们索取。所以说‘有赃应备，受赃者备之’。”

问：“悼、耄之类的人被人教唆犯罪，唯独刑罚教唆他们的人，不知道所教唆的罪行，又有哪些名目？”

回答说：“但凡是教唆而获罪的罪行，都以教唆他人所犯的罪，给教唆者定罪。比如教唆七岁的幼童殴打父母，或者教唆九十岁以上的老人砍杀子孙，教唆他们的人，所犯的罪行各自同殴打及杀平常人的人同等……”

唐律：诸犯罪时虽未老疾，而事发时老疾者

诸犯罪时虽未老、疾，而事发时老、疾者，依老、疾论。

《疏》议曰：“假有六十九以下犯罪，年七十事发，或无疾时犯罪，废疾后事发，并依上解‘收赎’之法；七十九以下犯反、逆、杀人应死，八十事发，或废疾时犯罪，笃疾时事发，得入‘上请’之条；八十九犯死罪，九十事发，并入‘勿论’之色。故云‘依老、疾论’。”

问曰：“《律》云：‘犯罪时虽未老、疾，而事发时老、疾者，依老、疾论。’事发以后未断决，然始老、疾者，若为科断？”

答曰："《律》以老、疾不堪受刑，故节级优异。七十衰老，不能徒役，听以赎论。虽发在六十九时，至年七十始断，衰老是一，不可仍遣役身，此是役徒内老疾依老疾论。假有七十九犯加役流事发，至八十始断，止得依老免罪，不可仍配徒流。又，依《狱官令》：……八十之人，事发与断相连者，例从轻典……"

《唐律疏议 · 卷四》

【译文】诸罪犯在犯罪时虽未老、疾，而事发时老、疾者，依老、疾论。

《疏议》评议说："假使六十九岁以下犯罪，年七十岁以上后事发，或者没有疾病时犯罪，废疾后事发，一并依照'收赎'处理。七十九岁以下犯谋反、逆乱、杀人应被处以死罪的，八十岁以上时事发，或者废疾时犯罪，身具笃疾时事发，可以并入'向上奏请'的条文之中处理。八十九岁犯死罪，九十岁以上时事发，并入'勿论'条文之中。所以说'依老、疾论'。"

问："《律》上说：'犯罪时虽未老、疾，而事发时老、疾者，依老、疾论。'，事发之后没有决断处理，之后才达到老、疾情况的，如何判断罪行？"

回答说："《律》认为老年人、身具疾病的人是承受不住刑罚的，故此要按不同程度进行优免。七十岁的人已经衰老，不能受处以徒役，听凭以赎金论处。虽然罪行发生时在六十九岁以前，至七十时才审断，但是人的衰老是一定的，不可以遣送他们服徒役之类的刑罚，这就是徒役条例中年老的、病疾的以老疾论的条例。假使有七十九岁的人犯徒役的罪行事发，到了八十岁才审断案件，不可以依旧判处徒役流刑。又依照《狱官令》：……八十岁以上的，事发和审断相连的，按例要处以轻典，审断要依照事发时的法令……"

唐律：居期丧而嫁娶者

《疏》议曰："称期亲者，《户婚律》：'居期丧而嫁娶者，杖一百。'即居曾、高丧，并与期同。'及称祖父母者'，《户婚律》云：'祖父母、父母在，别籍、异财，徒三年。'即曾、高在，别籍、异财，罪亦同。故云'称期亲及称祖父母者，曾、高同'。"

《唐律疏议 · 卷五》

【译文】《疏议》评议说："称之为期亲的人，按《户婚律》的规定：'居期丧期间婚嫁迎娶的，要处以杖刑一百的刑罚。'即居高、曾祖丧时，一并和期亲丧亡时相同。'及称祖父母者'，《户婚律》说：'祖父母、父母健在，别籍异居、子孙分析家财不奉养老人的，要处以徒三年的刑罚。’即曾祖父母、高祖父母健在，直系后代别籍异居、分析家财不奉养老人的，要处以徒三年的刑罚。所以说‘称期亲及称祖父母者，曾、高同’。”

唐律：詈师、伯叔父母者

若于其师，与伯叔父母同。

《疏》议曰：“师，谓于观寺之内，亲承经教，合为师主者。若有所犯，同伯叔父母之罪。依《斗讼律》：‘詈伯叔父母者，徒一年。’若詈师主，亦徒一年。余条犯师主，悉同伯叔父母。”

《唐律疏议·卷六》

【译文】咒骂师主的，与骂伯叔父母同。

《疏议》评议说：“师，指的是在道观、寺院之中亲自传承自己经文、教导自己，合称为师主的人。如果对他们有所侵犯，与侵犯伯叔父母的罪责相同。依《斗讼律》规定：‘诅咒伯叔父母的人，处以徒一年的刑罚。’如果是诅咒师主，也要徒一年。其他的律条之中侵犯师主，其刑罚一律等同于侵犯伯叔父母。”

唐律：闻父母若夫之丧匿不举哀者

诸闻父母若夫之丧，匿不举哀者，流二千里；丧制未终，释服从吉，若忘哀作乐，（自作、遣人等）徒三年；杂戏，徒一年；即遇乐而听及参预吉席者，各杖一百。

《唐律疏议·卷十》

【译文】凡是听闻父母丧亡以及丈夫丧亡，子媳却隐匿不举哀的要施流二千里的刑罚；丧期没有结束，却去除丧服身穿吉服的，犹如忘却哀伤而去玩乐的（自行作乐，支遣他人供自己作乐的）要处以徒刑三年的刑罚；做其他的杂戏，要处以徒刑一年的刑罚；遇到欢乐的事情参与其中或参加欢庆宴席的，处以各杖一百的刑罚。

唐律：闻期亲尊长丧，匿不举哀者

闻期亲尊长丧，匿不举哀者，徒一年；丧制未终，释服从吉，杖一百。大功以下尊长，各递减二等。卑幼，各减一等。

《疏》议曰："'期亲尊长'谓祖父母，曾、高父母亦同，伯叔父母，姑，兄姊，夫之父母、妾为女君，此等闻丧，即须举发，若匿不举哀者，徒一年。'丧制未终'谓未逾期月，释服从吉者，杖一百。大功尊长：匿不举哀，杖九十；未逾九月，释服从吉，杖八十。小功尊长：匿不举哀，杖七十；未逾五月，释服从吉，杖六十。缌麻尊长：匿不举哀，笞五十；未逾三月，释服从吉，笞四十。其于卑幼，匿不举哀及释服从吉，各减当色尊长一等。'出降'者谓姑、姊妹本服期，出嫁九月，若于九月内释服从吉者，罪同期亲尊长科之，其服数止准大功之月……"

……

又问："居期丧作乐及遣人作，律条无文，合得何罪？"

答曰："……心忘宁戚，或遣人作乐，或自奏管弦，既玷大猷，须加惩诫，律虽无文，不合无罪，从'不应为'之坐。期丧从重，杖八十；大功以下从轻，笞四十。缌麻、卑幼，不可重于'释服'之罪。"

《唐律疏议 · 卷十》

【译文】听到期亲尊长丧亡，隐匿不举哀的处以徒刑一年的刑罚；丧制没有结束，去除丧服更换上吉服，要处以杖一百的刑罚。大功以下的尊长，（有这种情况的）各自递减二等进行处罚，卑幼，各自递减一等处罚。

《疏议》评议说："'期亲尊长'指的是父母，曾、高祖父母也是一样，伯叔父母、姑、兄姊、丈夫的父母、妾对于主母，这些人听闻丧事，必须即刻举发丧事，如果不举哀的，要处以徒一年的刑罚。'丧制未终'指守丧期没有足月，（此时）去除丧服更换吉服的，要处以杖一百的刑罚。大功尊长：隐匿不举哀，处以杖九十的刑罚；丧服未满九个月，去除丧服更换吉服，要处以杖八十的刑罚。小功尊长：隐匿不举哀，要处以杖七十的刑罚；丧期未满五个月，去除丧服更换吉服，要处以杖六十的刑罚。缌麻尊长：隐匿不举哀的人，要处以鞭笞五十的刑罚；丧期未满三个月，去除丧服更换吉服，要处以鞭笞四十的刑罚。其他的卑幼，隐匿不举哀以及守丧期未满去除丧服更换吉服，各自减同类尊长的处罚一等给予刑罚。'出降'指的姑、姊妹（期亲尊长丧亡）本应与同辈兄弟同在丧服期，出嫁后服期为九个月，如果在九个月内去除丧服更换吉服的，罪责等同于期亲丧亡隐匿不举哀。此类人丧服的月数只要满大功丧服的月数即可以了……"

……

又问："居丧期间作乐及支遣他人供自己作乐，律条之中没有相对应的处罚条文，应该议定为何种罪责？"

回答说："……心中忘却悲伤，或者支遣他人供自己作乐，或者自己弹奏管弦，这种种行为是违反丧葬大礼的，必须加以惩戒，律条之中虽然没有相对应文字，并不能说无罪，应对应'不应为'的律条进行惩戒。期丧时有此种作为从重罚处，杖责八十；大功以下有这种行为从轻，鞭笞四十，缌麻、卑幼出现这种情况、惩处他们的刑罚不可重于'释服'之类罪责的惩处。"

唐律：诸府号、官称犯父祖名，冒荣居之者

诸府号、官称犯父祖名，而冒荣居之；祖父母、父母老疾无侍，委亲之官；即妄增年状，以求入侍及冒哀求仕者，徒一年（谓父母丧，禫制未除及在心丧内者）。

《唐律疏议·卷十》

【译文】子孙的各种府号、官称犯父、祖名讳，且冒领荣耀使用的；祖父母、父母年纪老迈、疾病无人侍奉，却离开父母出仕为官的；欺妄朝廷增加老人年岁，以请求侍养老人及丧服未满虚冒求取入仕的，要处以徒一年的刑罚（指父母丧亡，没有解除丧服以及还在心丧期内的人）。

唐律：祖父母、父母及夫犯死罪子孙及妻妾作乐者

《疏》议曰："祖父母、父母及夫犯死罪，被囚禁，而子孙及妻妾作乐者，以其不孝不义，亏斁特深，故各徒一年半。"

《唐律疏议·卷十》

【译文】《疏议》中评议说："祖父母、父母以及丈夫犯死罪、被囚禁，而子孙以及妻妾依然作乐的，要以其不孝不义进行处罚，要以亏欠恩泽特别深重的罪名给予惩处，故这种情况各判徒刑一年半。"

唐律：祖父母、父母在，而子孙别籍、异财者

诸祖父母、父母在，而子孙别籍、异财者，徒三年（别籍、异财不相须，下条准此）。

《疏》议曰："称祖父母、父母在，则曾、高在亦同。若子孙别生户籍，财产不同者，子孙各徒三年。注云"别籍、异财不相须"，或籍别财同，或户

同财异者，各徒三年，故云‘不相须’。‘下条准此’，谓父母丧中别籍、异财，亦同此义。”

《唐律疏议 · 卷十二》

【译文】凡是祖父母、父母健在，而子孙另立户籍、分开居住、分析财产，不去侍养老人的，要判以徒三年的刑罚（另立户籍、分开居住、分析财产不一定相关联，下条以此为准）。

《疏议》评议说：“这里说的祖父母、父母健在，那么曾、高祖父母亦相同。如果子孙另外安置户籍，分析财产的（而不奉养或奉养有缺的），子孙各自处以徒三年的刑罚。注上说‘别籍、异财不相须’，或者是户籍不同而财产相同，或者户籍相同而财产各异，这种情况都要各自判徒刑三年，所以说‘不相须’。‘下条准此’，指的是父母丧期之中另立户籍、分开居住、分析财产，也要以这种方式处理。”

唐律：居父母及夫丧而嫁娶者

诸居父母及夫丧而嫁娶者，徒三年………

《疏》议曰：“父母之丧，终身忧戚，三年从吉，自为达礼……若居父母及夫之丧，谓在二十七月内，若男身娶妻，而妻女出嫁者，各徒三年……”

《唐律疏议 · 卷十二》

【译文】凡是居父母以及丈夫丧期间而婚嫁迎娶的，要判以徒三年的刑罚……

《疏议》评议说：“父母丧亡，作为子女应终身忧伤悲戚，三年之后才可以去除丧服改穿吉服，这样自己的行为才可以说是合乎礼仪……若是居父母及丈夫的丧期之内，即在二十七个月之内，如果男子娶妻，妻女出嫁的，各自要被处以徒三年的刑罚……”

唐律：祖父母、父母被囚禁而嫁娶者

诸祖父母、父母被囚禁而嫁娶者：死罪，徒一年半；流罪，减一等；徒罪，杖一百（祖父母、父母命者，勿论）。

《疏》议曰：“祖父母、父母既被囚禁，固身囹圄，子孙嫁娶，名教[①]不容。若祖父母、父母犯当死罪，嫁娶者徒一年半；流罪，徒一年；徒罪，杖一百。若娶妾及嫁为妾者，即准上文减三等。若期亲尊长主婚，即以主婚为首，男女为从。若余亲主婚，事由主婚，主婚为首，男女为从；事由男女，即男女为首，主婚为从。其男女被逼，或男年十八以下，在室之女，并主婚独坐。注云‘祖父母、父母命者，勿论’，谓奉祖父母、父母命为亲，故律不加其罪。依令，不得宴会。”

《唐律疏议 · 卷十二》

【简注】①名教：指以正名定分为主的封建礼教。

【译文】凡是祖父母、父母被囚禁而子女婚姻嫁娶的：祖父母、父母犯的是死罪，子女判徒一年半的刑罚；犯的是流罪，子女减一等惩处；犯的是徒罪，子女将被判以杖一百的刑罚（如果有祖父母、父母之命，不要追究论处）。

《疏议》评议说：“祖父母、父母既被囚禁，身陷于图圄之中，这个时候子女嫁娶，是为名教所不容的事情。若是祖父母犯罪当死，嫁娶的人要被处以徒刑一年半；若是流罪，则处以徒刑一年；若是徒罪，则处以杖刑一百。若是娶妾或者嫁他人为妾的，就按照以上规定减三等处罚。若是期亲尊长主婚，所判罚主婚人为首犯，嫁娶男女为从犯；若其他的亲人主婚，事情由主婚的人兴起，判罚以主婚者为首犯，嫁娶男女为从犯；若是事情由嫁娶男女兴起，即以嫁娶男女为首犯，主婚者为从犯。若其中嫁娶男女是被逼嫁娶，如果男子在十八岁以下，女子尚未成年，则主婚人独自承受刑罚。注上说‘祖父母、父母命者，勿论’，指的是奉祖父母、父母之命而成亲，按律不加罪责于嫁娶男女，只是依照法令，嫁娶期间，不得举办宴会。”

唐律：居父母丧，与应嫁娶人主婚者

诸居父母丧，与应嫁娶人主婚者，杖一百。

《疏》议曰：“居父母丧，与应合嫁娶之人主婚者，杖一百；若与不应嫁娶人主婚，得罪重于杖一百，自从重科……其父母丧内，为应嫁娶人媒合，从‘不应为重’，杖八十……”

《唐律疏议 · 卷十二》

【译文】凡是父母丧亡守制时，给其他应嫁娶的人主持婚礼，要对此人处以杖一百的刑罚。

《疏议》评议说：“居父母丧守制的人，给应嫁娶的人主持婚礼的，要处以杖一百的刑罚；如果是给不应嫁娶的人主持婚礼，其所犯的罪行重于杖一百的刑罚，自应从重处罚……在父母丧亡守制期间，为应嫁娶的人说媒谋合，其罪责要归于‘不应为重’的条文中，处以杖八十的刑罚……”

唐律：谋杀期亲尊长

诸谋杀期亲尊长、外祖父母、夫、夫之祖父母、父母者，皆斩……

《唐律疏议 · 卷十七》

【译文】凡是谋杀期亲尊长、外祖父母、丈夫、丈夫的祖父母、父母的都判以斩刑……

唐律：谋杀缌麻以上尊长

谋杀缌麻以上尊长者，流二千里；已伤者，绞；已杀者，皆斩。

《疏》议曰：“‘谋杀缌麻以上尊长’，则大功以下皆是，外姻有服尊长亦同，俱流二千里。已伤者，首处绞，从者流。谋而杀讫者，皆斩，罪无首从。”

《唐律疏议 · 卷十七》

【译文】谋杀缌麻关系以上的尊长，要判以流放二千里的刑罚；已经伤到缌麻关系以上尊长的，要处以绞刑；已经杀害缌麻以上尊长的，都要判斩刑。

《疏议》评议说：“‘谋杀缌麻以上尊长’，指的是大功关系以下的尊长，外姻有服的尊长也在此列，都要处以流放二千里的刑罚。已经击伤尊长的首犯要处以绞刑，从犯要处以流刑。谋划并已经杀害的，都要处斩刑，量罪定刑上不分首从。”

唐律：诸妻妾谋杀故夫之祖父母、父母者

诸妻妾谋杀故夫之祖父母、父母者，流二千里；已伤者，绞；已杀者，皆斩……

《疏》议曰：“‘妻妾谋杀故夫之祖父母、父母者，流二千里；已伤者绞’，并据首从科之。‘已杀者，皆斩’，罪无首从。谓一家之内，妻妾寡者数人，夫亡之后，并已改嫁，后共谋杀故夫之祖父母、父母，俱得斩刑。若兼他人同谋，他人依首从之法，不入‘皆斩’之限……”

《唐律疏议 · 卷十七》

【译文】凡是妻妾谋杀身故丈夫的祖父母、父母的，要处以流放二千里的刑罚，已经使其受伤的要处以绞刑；已经杀死的，罪犯都要被处以斩刑……

《疏议》评议说：“‘妻妾谋杀故夫之祖父母、父母者，要处以流放二千里的刑罚；已经使其受伤的要处以绞刑’，这一律条要根据首犯、从犯不同情况处以不同的刑罚。‘已杀者，皆斩’，罪行不分首从。这一律条指的是一家之内，妻妾守寡者有数人，丈夫丧亡后，都已经改嫁，之后共谋杀害已身故丈夫的祖父母、父母，这种情况，都要被处以斩刑。如果同他人同谋，同谋的人要依据首从不同刑罚的处理方法，不受入‘皆斩’这一条目限制……”

唐律：祖父母、父母及夫为人所杀，私和者

诸祖父母、父母及夫为人所杀，私和者，流二千里；期亲，徒二年半；大功以下，递减一等。受财重者，各准盗论。虽不私和，知杀期以上亲，经三十日不告者，各减二等。

《疏》议曰：“祖父母、父母及夫为人所杀，在法不可同天。其有忘大痛之心，舍枕戈之义，或有窥求财利，便即私和者，流二千里。若杀期亲，私和者徒二年半。‘大功以下，递减一等’，谓大功，徒二年；小功，徒一年半；缌麻，徒一年。‘受财重者，各准盗论’，谓受仇家之财，重于私和之罪，假如缌麻私和，合徒一年；受财十疋，准盗徒一年半之类。虽不私和，知杀期以上亲，经三十日不告所在官司者，各减前私和之罪二等。虽则私和罪重，受财罪轻，其赃本合计限，为数少从重，终合没官。发后输财私和，依法合重其事。如傍亲为出财私和者，自合‘行求’之法，依《杂律》‘坐赃论减五等’，其赃亦合没官……”

《唐律疏议·卷十七》

【译文】凡是祖父母、父母以及丈夫为他人所杀，子孙或妻妾私下里和解却不送究官办的，这些人要处以流刑二千里的刑罚；期亲关系的尊长有如此情况发生，要处以徒刑二年半的刑罚；大功以下关系的尊长有如此情况发生，罪责递减一等。收受财物后私自和解的，各自按盗的标准论处。虽然没有私下和解，却知道期亲以上的尊长被其杀害，经过了三十天不上告的，其刑罚各减二等处罚。

《疏议》评议说：“祖父母、父母以及丈夫为他人所杀，从礼法上说不共戴天。如果有忘却这种大的悲痛，舍去枕戈报复的心意，或有窥视、求取财物、利益的心态，便私下里和解的，这样的人要处以流放二千里的刑罚。如果杀期亲尊长，私下里和解，要处以徒刑二年半的处罚。‘大功以下，递减一等’，指的是有人谋杀大功尊长，却私下和解，要处以徒刑二年的刑罚；谋杀小功尊长，却私下和解要处以徒刑一年半的处罚；谋杀缌麻尊长，却私下和解要处以徒刑一年的处罚。‘受财重者，各准盗论’，指的是收受仇家财物，贪图重利所犯的私和之罪，假如是谋杀缌麻尊长私下解和，便并处以徒刑一年的刑罚；收受财物十疋，照准盗罪处以徒刑一年半的刑罚之类。虽然没有私下里和解，知道谋杀期亲以上的亲人，经过了三十天不告知所在地的官府，各自减上述私和的罪行二等处罚。虽然私自和解的罪行重，收受财物罪行轻，但其赃物也要合计其价值，要以其所值的多少从重处罚，这些财物都要没收归入官府。案发后再输出财物私下和解，要依法从重罚处。如果是依靠亲戚出财物私下和解，这种行为合乎‘行求’律条的罚处要求，要依据《杂律》中的‘坐赃论减五等’的条目进行处罚，其中所用的赃物合并没收入官……”

唐律：诸殴缌麻兄姊

诸殴缌麻兄姊，杖一百。小功、大功，各递加一等。尊属者，又各加一等。伤重者，各递加凡斗伤一等；死者，斩。即殴从父兄姊，准凡斗应流三千里者，绞。

《疏》议曰：“‘殴缌麻兄姊’，谓本宗及外姻有缌麻服者，并同。殴此兄姊，杖一百。小功，徒一年。大功，徒一年半。‘尊属者，又各加一等’，谓殴缌麻尊属，徒一年；小功尊属，徒一年半。大功尊属，依礼，唯夫之祖父母及夫之伯叔父母，此并各有本条，自从‘殴夫之祖父母，绞；夫之伯叔父母，减夫犯一等，徒二年半’，即此大功无尊属加法。‘伤重者，各递加凡斗伤一等’，谓他物殴缌麻兄姊内损吐血，准凡人杖一百上加一等合徒一年，小功徒一年半，大功徒二年；尊属又加一等，即缌麻徒一年半，小功徒二年之类。因殴致死者，各斩。假有殴小功尊属折二支，加凡人三等，不云加入于死，罪止远流。‘即殴从父兄姊，准凡斗应流三千里者’，谓损二事以上，或因旧患令至笃疾、断舌及毁败阴阳，此是凡斗应流三千里，于从父兄姊犯此流者，合绞。”

《唐律疏议 · 卷二十二》

【译文】凡是殴打缌麻关系的兄姊，要处以杖一百的刑罚。小功、大功这种情况，各自递加一等。如果是尊长，再各自递加一等。伤重的各自递加斗伤的处罚一等，死亡的，处以斩刑。即殴打从父的兄姊，准允凡是殴斗这种情况，处以流放三千里刑罚的，可以改判为绞刑。

《疏议》评议说："'殴缌麻兄姊'，指的是本宗族以及外姻亲已达到缌麻关系的，同样对待。殴打此类兄姊，要处以杖刑一百的刑罚。小功关系，处以徒刑以上的刑罚。大功关系的处以徒刑一年半。'尊属者，又各加一等'，指的是殴打缌麻关系的尊属，要处以徒刑一年；小功尊属，处以徒刑一年半。大功尊属，要依礼法，唯有丈夫的祖父母、父母以及丈夫的伯叔父母之类并入本条，各自有处理的方式，此种情况要依从'殴夫之祖父母，绞；夫之伯叔父母，减夫犯一等，徒二年半'的条目处罚，即大功关系且不是尊属的增加处罚一等。'伤重者，各递加凡斗伤一等'，指用他物殴打缌麻兄姊致使他们内伤吐血，准许依照判处平常人犯此类罪行处以杖刑一百的条例，加等合并判处徒一年的刑罚，小功这种情况处以徒刑期一年半，大功处以徒刑二年，至于（缌麻、小功、大功）尊属又再加刑一等，即缌麻处以徒刑一年半，小功处以徒刑二年之类。因殴打致死的，各自处以斩刑。假使有殴打小功尊属折断肢体的，照平常人的刑罚加三等处罚，但不含死罪，其刑罚上只是流放至偏远地域。'即殴从父兄姊，准凡斗应流三千里者'，指的是有伤、损二事行为以上，或者因旧疾未愈殴打后使其身患笃疾、断舌、毁坏阴阳，凡是这种情况的殴斗都要处以流放三千里的刑罚，至于对从父的兄姊犯此等罪行，合并处以绞刑。"

唐律：诸詈祖父母、父母者

诸詈祖父母、父母者，绞；殴者，斩；过失杀者，流三千里；伤者，徒三年……

《疏》议曰："子孙于祖父母、父母，情有不顺而辄詈者，合绞；殴者，斩。律无'皆'字，案文可知：子孙虽共殴击，原情俱是自殴，虽无'皆'字，各合斩刑。下条'妻妾殴夫之祖父母、父母伤者，皆斩'，举轻明重，皎然不惑。过失杀者，流三千里；伤者，徒三年。见血为'伤'，伤无大小之限……"

《唐律疏议 · 卷二十二》

【译文】凡是诅咒、侮骂祖父母、父母的，要处以绞刑；殴打的处以斩刑；过失杀人的，处以流放三千里的刑罚；伤人的处以徒三年的刑罚……

《疏议》评议说："子孙对待祖父母、父母时，情感上有不顺心因而诅咒、侮骂的，应当处以绞刑；殴打他们的，应当处以斩刑。律例上没有'皆'这一字，从案文可知原因：子孙虽然共同殴击，原本的情况都是自行殴打，虽然在处罚上没有‘皆’字，各自应当处以斩刑。下一条‘妻妾殴夫之祖父母、父母伤者，皆斩’，在处理时要举轻重处，要让人明白、不困惑。过失杀人（祖父母、父母）的处以流放三千里；过失击伤处以徒刑三年。见血即为‘伤’，对于‘伤’一字没有大小的限定……”

唐律：诸妻妾詈夫之祖父母、父母者

诸妻妾詈夫之祖父母、父母者，徒三年（须舅姑告，乃坐）；殴者，绞；伤者，皆斩；过失杀者徒三年，伤者徒二年半。

《疏》议曰：“妻妾有詈夫之祖父母、父母者，徒三年。注云：‘须舅姑告，乃坐。’殴者，绞；伤者，皆斩，罪无首从。过失杀者，徒三年；伤者，徒二年半。”

《唐律疏议 · 卷二十二》

【译文】凡是妻妾诅咒、侮骂丈夫的祖父母、父母的，要处以徒三年刑罚（须要公婆状告，才对其进行处罚）；殴打他们的，处以绞刑；殴伤他们的，皆处以斩刑；过失杀人的处以徒三年的刑罚，过失伤人处以徒二年半的处罚。

《疏议》评议说：“妻妾如果有诅咒、侮骂丈夫的祖父母、父母的，要处以徒三年的刑罚。注上说：‘须公婆告，才进行处罚。’殴打的处以绞刑，伤人的处以斩刑，其罪行没有首从之分。过失杀人的处以徒三年的刑罚，过失伤人的处以徒二年半的处罚。”

唐律：诸妻妾殴、詈故夫之祖父母、父母者

诸妻妾殴、詈故夫之祖父母、父母者，各减殴、詈舅姑二等；折伤者，加役流；死者，斩；过失杀伤者，依凡论。

《疏》议曰：“‘故夫’，谓夫亡改嫁者……‘各减殴、詈舅姑罪二等’，谓殴者，徒三年；詈者，徒二年；折齿以上者，加役流；死者，斩。文无‘皆’字，即有首从。‘过失杀伤者，依凡论’，谓杀者，依凡人法，赎铜一百二十斤；伤者，各依凡人伤法征赎。其铜入被伤杀之家。”

《唐律疏议 · 卷二十二》

【译文】凡是妻妾殴打、诅咒、侮骂已故丈夫的祖父母、父母的、其罪责各自减殴打、诅咒、侮骂公婆二等进行处罚；伤残肢体的，要加役判以流放；杀死的，要处以斩刑；过失杀伤的，依照惯例以过失杀伤论处。

《疏议》评议说："'故夫'，指丈夫亡故女子改嫁后所说的前夫……'各减殴、詈舅姑罪二等'指的是对殴打者要处以三年徒刑期；诅咒、侮骂者要处以二年徒刑；伤残牙齿以上的伤害，要加役判流放；杀死的处以斩刑。文中没有'皆'字，即此种罪行有首从之分。'过失杀伤者，依凡论'，指过失杀人的依照关系平常的人所触犯同样律法的方法处理，处以赎金铜一百二十斤的处罚；过失伤害的依照关系平常的人所触犯的人伤人的律法去赎罪，其被罚没的铜要交给被伤害的人家。"

唐律：诸祖父母、父母为人所殴击者

诸祖父母、父母为人所殴击，子孙即殴击之，非折伤者，勿论；折伤者，减凡斗折伤三等；至死者，依常律（谓子孙元非随从者）。

《疏》议曰："祖父母、父母为人所殴击，子孙理合救之。当即殴击，虽有损伤，非折伤者，无罪。'折伤者，减凡斗折伤三等'，谓折一齿合杖八十之类。'至死者'，谓殴前人致死，合绞；以刃杀者，合斩，故云'依常律'……"

《唐律疏议 · 卷二十三》

【译文】凡是祖父母、父母被人殴击，子孙即刻殴击的，没有损折伤残的，不追究；伤残的，减斗折伤罪三等处罚；殴打对方致死的，依常律（这是指子孙当时并不在祖父母、父母身旁这种情况）。

《疏议》评议说："祖父母、父母为他人所殴击，子孙按道理应该救助。当即还击殴打，虽然致使对方有所损伤，却没有达到损折伤残对方肢体的结果，无罪。'折伤者，减凡斗折伤三等'，指斗折一齿按律折合处以杖八十的刑罚。'至死者'，指殴打对方致死，按律当处以绞刑，以刃杀死的；按律当处以斩刑，所以说'依常律'……"

唐律：诸子孙违犯教令

诸子孙违犯教令[①]及供养有阙者，徒二年。

《唐律疏议 · 卷二十四》

【简注】①教令：指教诫、命令。《汉书 · 文帝纪》："上亲劳军，勒兵，申教令。"

【译文】凡是子孙违反国家教诫、命令，以及供养老人有阙的，处以徒二年的处罚。

《唐六典》一则

叙阶法

凡叙阶法：有以封爵，有以亲戚，有以勋庸，有以资阴，有以秀孝。（……凡孝义旌表门闾者，出身从九品上叙。）

唐 · 张九龄注《唐六典 · 卷二 · 尚书吏部》

【译文】国家叙官阶的方法有：有的以封爵叙官阶，有的因为亲戚关系叙官阶，有的因为功勋关系叙官阶，有的因为资历深而叙官阶，有的因为是被荐举的秀才、孝廉而得以叙官阶。（……凡是因为孝敬父母、忠诚信义而被旌表的，其出身都要以九品正职的身份开始叙官阶。）

《旧唐书》二则

唐高宗龙朔二年六月乙丑释道等尽礼致拜其父母令

（龙朔二年六月乙丑）初令道士、女冠、僧、尼等，并尽礼致拜其父母。

《旧唐书 · 本纪第四 · 高宗上》

【译文】（唐高宗龙朔二年六月乙丑这一天）皇帝第一次下令让道士、道姑、僧侣、尼姑，按照礼法的规定去尊奉自己的父母。

唐刑法老幼减刑文

（房）玄龄等遂与法司定律五百条，分为十二卷：……年七十以上、十五以下及废疾，犯流罪以下，亦听赎。八十已上、十岁以下及笃疾，犯反逆杀人应死者，上请；盗及伤人，亦收赎，余皆勿论。九十以上、七岁已下，虽有死罪，不加刑……

《旧唐书 · 志第三十 · 刑法》

【译文】房玄龄等遂与法司衙门定制律法五百条，分为十二卷：……年纪在七十岁以上、十五岁以下及残废、重疾的人，以及其他犯流罪以下罪行的人，都可以听任其以财物赎刑。八十岁以上、十岁以下，犯反逆、杀人应当被处死的，要奏请朝廷对他们进行刑罚；犯偷盗及伤人罪行的，亦可以收取赎金减免刑罚；其他的罪行不加以追究。九十岁以上、七岁以下，虽然是犯了死罪，也不再用刑法处罚……

《旧五代史》一则

后周世宗显德二年五月诏令

（显德二年五月甲戌）诏曰：“释氏贞宗[①]，圣人妙道，助世劝善，其利甚优。前代以来，累有条贯，近年已降，颇紊规绳……应男女有父母、祖父母在，别无儿息侍养，不听出家。曾有罪犯，遭官司刑责之人，及弃背父母、逃亡奴婢、奸人细作、恶逆徒党、山林亡命、未获贼徒、负罪潜窜人等，并不得出家剃头。如有寺院辄容受者，其本人及师主、三纲[②]、知事僧尼、邻房同住僧，并仰收捉禁勘，申奏取裁……”

《旧五代史·周书六·世宗本纪第二》

【简注】①贞宗：即真谛。　②三纲：佛教的三纲制，据《翻译名义集·卷一》记载，是隋代高僧智琳所创此制。一般以寺主、知事、维那为三纲；《翻译名义集·卷一》中又以上座、维那、典座为三纲。

【译文】（后周世宗显德二年五月甲戌这一天，）皇帝下诏说：“佛教正宗的教义，以及圣人所提倡的妙法，都是为了辅助国家让世人明晓世事，是为了劝人行善的，他们的教义、思想对国家是很有好处的。在以往的朝代，他们的行事很有章法……凡男子、女子有父母、祖父母在世，且他们身边无儿女奉养的人，子女不允许出家。曾经是罪犯，在官府之中有罪犯记录的人、受到刑律处罚的人、逃亡的奴婢、奸佞之人和奸细、反叛国家的人、亡命之徒、未曾捕获的罪犯、贼徒、畏罪潜逃的人都不准给他们剃度。如果寺院擅自收容这些人，那么对被收容的人以及其授业师父、寺院的三主持、知事的僧人或尼姑，邻房或同往的僧人或尼姑，各地都要将他们逮捕入狱审问，并且申报朝廷，听候裁决……”

《唐会要》一则

唐高宗显庆二年诏令

显庆（唐高宗年号）二年，诏曰：“释典冲虚[①]，有无兼谢。正觉凝寂[②]，彼我俱忘。岂自尊崇，然后为法。圣人之心，主于慈孝。父子君臣之际，长幼仁义之序，与夫周孔之教，异辙同归，弃礼悖德，朕所不取。僧尼之徒，自云离俗，先自尊高，父母之亲，人伦以极，整容端坐，受其礼拜。自余尊属，莫不皆然，有伤教名，实斁彝典。自今已后，僧尼不得受父母及尊者礼拜，所司明为法制，即宜禁断。”

《唐会要 · 卷四十七 · 议释教上》

【简注】①释典：指佛经；冲虚：这里借指恬淡虚静的道家典籍。 ②正觉：意为精神的自我完满；凝寂：意为端庄镇定的样子。

【译文】（唐高宗）显庆二年，皇帝下诏说：“释家的典义和道家的经义，有许多相同与不同的地方。释家的正觉之说，道家的凝寂之说，都是要求人们忘却世间的欲望。岂只是去尊崇自己，然后再取法大道？圣哲们的心意，其主要的根本出于孝慈。这样父子君臣之间才会出现分际，长幼仁义之中才会有次序可言，释、道的观念应该和周代的礼法观念、孔子所提倡的教化之道，行于不同的道路却同归于大道，如果摒弃礼法、悖违道德，不是朕所取法的。有些僧尼之徒，自己说远离于世俗，首先是将自己的地位抬高，可是父母是天下百姓的至亲，是人伦道德之中是最高的，子女却因为自己出家而端坐于高堂之上，受自己父母的礼拜。自己尊崇自己，都是这个样子，这种行为是有伤于释、道二家教名的事，也是败坏二教经典教义的事情。从现在开始，僧尼、道等不得端坐接受自己的父母及尊长的礼拜，相关司衙要申明这一法制，从现在起禁绝这一现象。”

《钦定续通典》二则

后唐明宗天成二年中书门下奏对

后唐明宗天成二年（927）中书门下条奏：“据《长定格》：选人中有隐忧者迟五选。伏以人伦之贵孝道为先，既有负于尊亲定不公于州县，有伤风教须峻条章。今后诸色官员内有隐忧冒荣者，勘实不虚终身不齿，所有入仕已来告敕并付所司焚 。”

（帝）从之。

清 · 《钦定续通典 · 卷八十四 · 礼 · 凶 · 匿丧不举》

【译文】后唐明宗天成二年，中书门下上条陈奏明皇帝说：“据《长定格》的制度规定：选拔人才的时候有隐忧的要推迟其五选。臣下冒昧地认为这是因为人伦大道之中是以孝道这件事情为先的，既然其人已经有负于自己的尊长亲人，就不要在公府之中任职，（因为此类）事情是有伤于风化的，所以须要严峻条例规章。今后各级官员家有隐忧却假冒无事的，勘定查核确实之后，终身不得仕进，其所有入仕之后所得到的告、敕，都要交付相关司衙一并焚毁。”

（皇帝）听从了这一建议。

唐监察御史职责

唐制：监察御史十五人掌，分察百僚、巡按州县，狱讼、军戎、祭祀、营作、太府出纳皆莅焉……一察官人善恶；其二察户口流散，籍帐隐没、赋役不均；其三察农桑不勤、仓库减耗；其四察妖猾盗贼，不事生业，为私蠹害；其五察德行孝弟茂材异等……

清 · 《钦定续通典 · 卷二十八 · 职官 · 御史台》

【译文】唐制：监察御史由十五人分掌，其职责是分别监察所属各道的朝廷官僚，巡查、按抚州县，狱讼、军戎、祭祀、营作、太府出纳等事都有权参与监察……其一察朝廷官员的善恶；其二察户口有没有流散，户籍、账册是否有隐没、赋役是否均衡；其三察百姓是否勤于农桑、仓库是否出现减损亏耗；其四察境内是否有行妖术、狡猾的盗贼，是否有不事生产的人，是否有因为私利而危害百姓的；其五察百姓之中是否有德行高洁、孝敬父母、品行卓异的人才等……

《全唐文》四则

唐高宗令僧道致拜父母诏

东台[1]：若夫华裔列圣，异轸而齐驱，中外裁风，百虑而同致。自周霄陨照，汉梦延辉，妙化西移，慧流东被。至于元牝邃旨，碧落[2]希声，具开六顺之基，偕叶五常之本，而于爱敬之地，忘乎跪拜之仪。其来永久，罔革兹弊，朕席图登政，崇真导俗……礼经之格言；孝友之义，诗人之明准，岂可以绝尘峻范，而忘恃怙[3]之敬……前欲令道士女冠僧尼等致拜，将恐振骇恒心，爰俾详定，有司咸引典据，兼陈情理，沿革二涂，纷纶相半。朕商□群议，沈研幽赜，然箕颍之风，高尚其事，遐想前载，故亦有之。今于君处，勿须致拜。其父母之所，慈育弥深，祇伏斯旷，更将安设？自今已后，即宜跪拜，主者施行。

《全唐文 · 卷十二 · 高宗二 · 令僧道致拜父母诏》

【简注】①东台：官署名，唐高宗时曾改门下省为东台，之后又沿称门下省。《新唐书 · 百官志二》载："龙朔二年，改门下省曰东台。"《新唐书 · 张文瓘传》："乾封二年，迁东台侍郎、同东西台三品，遂与勣同为宰相。" ②碧落：道教术语。即天空、青天。 ③恃怙：语出《诗经 · 小雅 · 蓼莪》："无父何怙，无母何恃。"后以"恃怙"为母亲、父亲的代称。

【译文】东台：就像华夏的历代圣贤一样，异域圣哲思想是可以与其并驾齐驱的，华夏和外域这些圣哲的思想，虽然思虑不同，但所要达到的目标是一样的。自从周朝的光辉文化陨落之后，汉朝延续周朝的文明，使许多好的思想向西传播，西方也有许多好的思想流入东方。现在有许多事情阴阳失调，不能称上天的意旨，使得上天的恩泽减少了许多，"忠、孝、仁、爱、礼、义"六种德行是国家的根本，这些都是伦理纲常最根本的东西，可是却有许多号称崇尚爱敬的地方，忘却了跪拜父母、长者的礼仪。这种现象由来已久，是一直没有革去的旧弊。朕承继皇统，治理国政，崇尚真性情、引导好的习俗……礼仪、经典中的格言，孝亲敬老友悌兄弟的道义，《诗》中做人的标准，怎么能随意断绝，而忘却父母养育的恩情、失去对他们的崇敬……以往打算让道士、道姑、僧、尼尊奉自己的父母，却怕这样一来会影响他们向道的恒心，于是（朕）查询了许多制度、规章，相关司衙都引经据典，陈述了各自的理由，从其礼的沿革直至典章制度，赞成的、反对的各半。朕根据群臣的商议，深入考虑、认真思索，于是抛弃不合理的部分，为让奉教之人能够具有更高尚的德行，遐想以往的记载，也有类似的事情。于是从今以后，觐见君主时道士、道姑、僧众、尼姑，不需要跪拜。其父母那里，由于养育之恩极为深重，不对他们进行崇奉、跪拜，道义、德行又如何表现？自今以后，道士、道姑、僧、尼见到自己的父母都要跪拜，由国家主管司衙监督施行。

唐玄宗天宝元年改元大赦文

（唐玄宗天宝元年）正月一日昧爽已前，大辟罪已下，罪无轻重，已发觉未发觉，已结正未结正，系囚见徒常赦所不原者，咸赦除之。诸色左降[①]官并流人[②]，未经量移者亦与量移。阳春布和，鸟兽孳育，宜禁□卵，以遂生成。自今已后，每年春，天下宜禁弋猎。如闻百姓之内，或有人户高丁多，苟为规避，父母见在，乃别籍异居，宜令州县勘会。其一家之中，有十丁已上者，放两丁征行赋役，五丁已上者放一丁，好令同籍共居，以敦风化。天下侍老，八十已上者，宜委州县官每加存问，仍量赐粟帛。侍丁者令其养老，孝假者矜其在丧。比者王政优容，俾申情理，而官吏不依令式，多杂役使。自今已后，不得更然。

《全唐文 · 卷三十九 · 元宗二十 · 改元大赦文》

【简注】①左降：即贬官，多为京官降职到州郡任职。唐制各部司官员右为上，右迁为升职，左降为贬职。 ②流人：这里指被流放之人。

【译文】（唐玄宗天宝元年改元大赦令：）正月一日清晨以前，大辟这一罪行以下，罪责无论轻重，已经被发现犯罪的和未被发现犯罪的，已经审结案子的和未曾审结案子的，在狱中平常赦免不到的囚徒，都要对他们赦免解除刑罚。各品级贬斥远方的官员及流放远方的人犯，没有被改移近地的都可改移近地。春天是万物祥和的时间，鸟兽都在这一季节繁殖，严禁捕杀它们或搜寻它们的卵，以便使其生长生存。自今以后，每年的春天，天下严禁捕猎。据奏闻百姓之中，有的门阀家中人丁多，却规避国家税赋，有的父母健在，却另立门户不奉养老人，这些现象各地州县都要详加查访上奏朝廷。一家之中如果有十位以上的丁壮，可免除两丁赋税、征役，有五位以上的丁壮，免除一人的赋税和征役，让他们和老人共同居住以奉养。天下都要尊奉老人，八十以上，各州县都要定时对他们加以存问，据不同情况赐予粟和帛。侍奉老人的丁壮，让他们在家中奉养，孝子守丧的要在家中为父母守丧。以往国家法政优容，处理问题多考虑情义，于是有些官吏便不遵从法令，招收了许多杂役以供自己驱使，从现在开始，这种现象要杜绝发生。

唐玄宗天宝八年闰六月五日加天地大宝尊号大赦文

（天宝八载闰六月五日昧爽）高年给侍，义存养老，因时定式，务广仁恩。其天下百姓丈夫七十五已上，妇人七十已上，宜各给一人充侍，任自拣择。至八十已上，依常式处分。

《全唐文 · 卷四十 · 元宗二十一 · 加天地大宝尊号大赦文（节选）》

【译文】（唐玄宗天宝八年闰六月五日清晨，皇帝下赦令：）年纪大的人要有人去侍养他们，从道德、伦理、制度上说，国家奉养老人要根据具体的情况确定模式，以求广布恩泽，让天下都能体会到国家的仁德恩义。天下的百姓男子七十五以上，女子七十以上，国家要安排一人奉养他们，这些人由老人自行选择。奉养八十以上老人按照以往的法令法规执行。

后唐明宗严断不孝敕

万物之中，人曹为贵，百行之内，孝道为先。凡戴北辰，并遵皇化，备闻南国，多爽时风，皆倾事鬼之心，不守敬亲之道，于父母如此无行，披日月何以立身？弊久积于乡闾，化全繇于长吏。昔西门豹一县令耳，尚能投巫百姓，保女子之爱，绝河伯之虞，断自一时，传于千古。况位居侯伯，化洽封巡，岂不能宣北阙之风，变南方之俗？宜令逐处观察使刺史丁宁晓告，自今已后，父母骨肉有疾者，并须日夕专切，不离左右看侍。使子奉其父母，妇侍其舅姑，弟不慢于诸兄，侄不怠于诸父。如或不移故态，老者卧病，少者不勤事奉，子女弟侄，并加严断。出嫁女父母有疾不令知者，当罪其夫及其舅姑。

《全唐文 · 卷一百零九 · 后唐明宗四 · 严断不孝敕》

【译文】天下万物之中，人是最尊贵的，世间百行之中，孝道是百行之中最先要遵行的。凡是生长于天地间的人，都要遵从皇统教化，曾经听说南方诸国，有许多风俗，只是倾尽心力去敬崇鬼怪之事，不遵从孝亲敬老这一德行，他们对自己的父母如此无行，又如何能立身于光天化日之下？所以乡闾之间陋习积淤久了就会产生弊病，教化全系于地方令长是否着力推行。以往西门豹只是一个县令，尚且能投巫于河教化百姓，以保全当地女子，杜绝祭河伯这一陋俗。虽然他的行为仅行于一时，但美名却流传千古。更何况位居于侯、伯之爵的各位大员。你们封疆各地可以使百姓们教化普沾，岂能不宣示朝廷所提倡的教化之风，变更南方的陋俗？令各地的观察使、刺史要叮咛布告，从今以后，父母身体如果有疾病的，子女须日夜侍奉，要不离左右仔细看护。要使儿子奉养其父母，媳妇侍奉其公婆，弟弟不得慢怠兄长，侄子不怠慢伯叔父。如果后辈依然不孝敬自己的父母，使得老年人卧病于床，少年人不去殷勤侍奉，其子、女、弟、侄等人，都要严加审断。如父母病重，出嫁女子的婆家不告知的，那么将罪及出嫁女的公婆。

二、税役优恤

《旧唐书》二则

赋役之制

凡赋役之制有四：一曰租，二曰调，三曰役，四曰杂徭。课户每丁租粟二石……若孝子顺孙、义夫节妇志行闻于乡闾者，州县申省奏闻，而表其门闾，同籍悉免课役。有精诚致应者，则加优赏焉。

……

凡卫士，各立名簿，其三年，以来征防差遣，仍定优劣为三第。每年正月十日送本府印记，仍录一道送本卫府……若父兄子弟，不并遣之。若祖父母老疾，家无兼丁，免征行。

《旧唐书 · 志第二三 · 职官二》

【译文】赋役的制度有四种：一是租，二是调，三是役，四是杂徭。课户每一丁壮交纳租粟二石……如果是具孝敬父母品行的孝子，敬奉尊长的顺孙、具有忠诚信义品行的人、贞洁的妇女，其志行、节操闻于乡里的，经州县达至尚书省奏闻朝廷后，国家将表彰其行为、宣扬其行义、以光大其门楣，与他同一户籍的都免除其课役。如果确实因精诚而感应上天的，则再对其加以优恤、赏赐。

……

凡是卫士，都要给他们建立名簿，之后三年，以方便征防差遣，仍然要定优劣划为三等。每年正月十日送呈本府印记，仍然要抄录一道送至本府记档……家中有父、兄、子、弟的，不要都遣用。如果祖父母年老、身患疾病，家中没有其他的丁壮侍养，免于征发行役。

唐玄宗天宝元年正月一日赦文

天宝元年正月一日赦文："如闻百姓之内，有户高丁多，苟为规避，父母见在，乃别籍异居。宜令州县勘会。其一家之中，有十丁已上者，放两丁征行赋役；五丁已上，放一丁。即令同籍共居，以敦风教。其侍丁孝假，免差科。”

《旧唐书 · 志第二八 · 食货上》

【译文】天宝元年正月初一日，皇帝下赦文说：“听说百姓之中，有的人家年纪大的人比较多、成年人比较多，为了更好地征收税赋、奉养老人，父母如果健在，应让这一家庭分开户籍、分开居住，此赦令知会各州县。其中一家之中，如果有十位成丁之人，就要免除两丁的赋役；五丁以上，就要免除一丁赋税。让他们和自己的父母共同居住，以敦睦风俗推行教化，其中侍丁在丧服期内的，免除他们的差役及科调。”

《新唐书》三则

唐田亩制

唐制：度田以步，其阔一步，其长二百四十步为亩，百亩为顷。凡民始生为黄，四岁为小，十六为中，二十一为丁，六十为老。

授田之制，丁及男年十八以上者，人一顷，其八十亩为口分[①]，二十亩为永业[②]。老及笃疾、废疾者，人四十亩。寡妻妾三十亩，当户者增二十亩。皆以二十亩为永业，其余为口分。

……

自王公以下，皆有永业田。太皇太后、皇太后、皇后缌麻以上亲，内命妇一品以上亲，郡王及五品以上祖父兄弟，职事、勋官三品以上有封者若县男父子，国子、太学、四门学士[③]、俊士[④]，孝子、顺孙、义夫、节妇同籍者，皆免课役。凡主户[⑤]内有课口者为课户。若老及男废疾、笃疾、寡妻妾、部曲、客女、奴婢及视九品以上官，不课。

《新唐书 · 志第四十一 · 食货一》

【简注】①口分：唐初的田亩制度是按人口授田。每人所授的田亩，都包含永业田二十亩，其余为口分田。如男丁授田百亩，其中二十亩为永业田，八十亩为口分田。《新唐书 · 食货志一》：“凡庶人徙乡及贫无以葬者，得卖永业田。自狭乡而徙宽乡者，得并卖口分田。” ②永业：田制名称，也称世业田。北魏时始推行均田制，每男丁授桑田二十亩，身殁不还，世代承耕，称之为永业田。北齐、隋、唐沿用此制，但授田多少不等。宋仁宗太平兴国以后，凡人民所垦田即为永业田，不再限有亩数数字。另：隋唐两代，自诸王以下，至都督、散官五品以上，按等级分授永业田，子孙世袭，都免除课役。 ③四门学士：泛指太学生员。 ④俊士：入选太学的人。《礼记 · 王制》记：“命乡论秀士，升之司徒，曰选士。司徒论选士之秀者，而升之学，曰俊士。”是唐代取士的科目之一。按《新唐书 · 选举志上》中载：“其科之目，有秀才，有明经，有俊士，有进士，有明法，有明字，有明算……此岁举之常选也。” ⑤主户：指土著的原有民户。

【译文】唐代的制度：丈量土地以步为单位，宽一步，长二百四十步为一亩，一百亩为一顷。百姓刚出生称为黄口，四岁称为小儿，十六岁为中男，二十岁以上为丁壮，六十岁的称之为老年。

授田的制度：丁壮和男子年满十八岁的一人授田一顷，其中八十亩为口分田，二十亩为永业田；老年人、身患疾病的人、残疾人，每人授田四十亩；寡妇、妻妾每人授田三十亩，顶立门户的增加二十亩。这些人都以二十亩为永业田，其余为口分田。

……

自王公以下，百姓们都有永业田。太皇太后、皇太后、皇后缌麻以上的亲戚，内命妇一品以上的亲眷，郡王及五品以上官员的祖父母、父母、兄弟，朝中职事官员、勋官三品以上有封号诸如县男爵位的父子兄弟，国子生、太学生、四门学生、贤才俊士、孝敬父母的人、尊奉长辈的人、具有忠信节义的人、贞洁的妇女以及和他们居住在一起的人，都免除赋税和徭役。凡是一家之中为国家交纳租赋、行徭役的都称为课户。如果家中的老年人及男丁残废、身患重疾或不治之病、寡居的妻妾、部曲、客居的女子、奴婢和九品上以官员，不交纳租赋。

唐玄宗开元二十六年诏

（开元二十六年）又诏：“民三岁以下为黄，十五以下为小，二十以下为中。”

又以民间户高丁多者，率与父母别籍异居，以避征戍。乃诏：“十丁以上免二丁，五丁以上免一丁，侍丁孝者免徭役。”

《新唐书 · 志第四十一 · 食货一》

【译文】（唐玄宗开元二十六年）皇帝又下诏说：“百姓三岁以下称为黄口，十五岁以下称为小儿，二十岁以下称为中丁。”

又因为民间大户丁壮多，他们相率和父母分地异居，以避征戍之役。于是皇帝下诏："家中的丁壮多于十人的免去二丁的赋税，家中有丁壮五人的免去一人赋税，奉养老人的丁壮如果孝敬父母可以免除其徭役。"

唐代宗广德元年诏

广德（唐代宗年号）元年诏："一户三丁者免一丁，凡亩税二升，男子二十五为成丁[①]，五十五为老，以优民[②]。"

《新唐书 · 志第四十一 · 食货一》

【简注】①成丁：指男子达到服役的年龄。年龄规定，历代不同。如：隋制规定二十一岁成丁，唐制规定二十三岁成丁，宋制规定十五岁成丁，清制规定十六岁成丁。　②优民：指优恤、优崇百姓。

【译文】（唐代宗）广德元年，皇帝下诏："一户之中有三个丁壮的免去一丁的赋税，一亩地收取田税二升，男子二十五岁成丁，五十五岁称为老人，可以优免。"

《旧五代史》一则

后唐庄宗同光元年十月庚辰制

（后唐庄宗同光元年十月庚辰制曰：）"……理国之道，莫若安民；劝课之规，宜从薄赋……义夫节妇，孝子顺孙，旌表门闾，量加赈给。或鳏寡孤独，无所告者，仰所在各议拯救。民年过八十者，免一子从征……"

《旧五代史 · 唐书六 · 庄宗本纪第四》

【译文】（后唐庄宗同光元年十月庚辰这一天，皇帝下制说：）"……治理国家的道理，没有超过使百姓安居乐业的；征收税赋，应该轻徭薄赋……具有忠信节义品德的人和贞洁的妇女，孝敬父母尊奉长辈的孝子顺孙，国家要对他们进行旌表，以光大他们的门楣，根据具体情况赈济。如果有鳏夫寡妇及孤贫独弱的人，没人奉养的，各州县要对他们进行救济。百姓年纪超过八十的人，免去一子的征役……"

《钦定续通典》二则

后唐庄宗同光元年四月制

后唐庄宗同光元年四月制曰："诸道管内有高年逾百岁者便与给复永俾除名，自八十至九十者与一子免役，州县不得差徭。"

清 · 《钦定续通典 · 卷六十七 · 礼 · 嘉 · 养老》

【译文】后唐庄宗同光元年（923）四月皇帝下制说："各道管辖的区域之内如果有年纪将到或超过百岁的老人要永除其税赋；八十岁至九十岁的老人要免除其家中一子的征役，州县不得差役他们、征收徭赋。"

后晋高祖天福二年八十免差徭诏

晋高祖天福二年四月诏："天下百姓有年八十以上者，与免一丁差徭。"

清 · 《钦定续通典 · 卷六十七 · 礼 · 嘉 · 养老》

【译文】后晋高祖天福二年（937）四月，皇帝下诏："天下百姓年纪在八十岁以上的老人，要免除其家中一名丁壮的差税徭役。"

第七卷　隋唐五代（下）

一、致仕终养

《隋书》一则

隋炀帝大业五年冬十月癸亥诏

（大业五年）冬十月癸亥，诏曰："优德尚齿，载之典训，尊事乞言，义彰胶序。鬻熊[①]为师，取非筋力，方叔元老，克壮其猷。朕永言稽古，用求至治，是以厖眉[②]黄发，更令收叙，务简秩优……今岁耆老赴集者，可于近郡处置，年七十以上，疾患沉滞，不堪居职，即给赐帛，送还本郡；其官至七品已上者，量给廪，以终厥身。"

《隋书·帝纪第三·炀帝上》

【简注】①鬻熊：姓芈，名熊，是祝融氏的后代，陆终第六个儿子，季连的后裔。《史记·楚世家》载：鬻熊九十岁时拜见周文王，文王把他当作老师。之后成为周武王、周成王师。成王分封诸侯时，鬻熊已经去世，他的儿子熊丽、孙子熊狂也已去世，于是封他的曾孙熊绎于楚地，子孙都以熊为姓。鬻熊有《鬻子》一卷。　②厖眉：花白眉毛。形容人的老态。

【译文】（隋炀帝大业五年）冬十月癸亥这一天，皇帝下诏说："优崇有德行的人和老年人，是记载于典章制度中的训示，恭敬地对待世间的事物、虚心地接受臣子们的意见，才可以彰行义举，使天下各种事物的处理显得有次序。鬻熊成为国师，并不是仅仅因为他筋骨强壮。方叔成为国家的元老，是因他老当益壮且政治经验丰富。朕经常在古籍中寻求治国的道理，以用来平复天下、治理国家，因此无论是年老的人、年轻的人，（只要有才能）臣子们都要举荐，（朕）将对这些人不吝擢拔、优待……现在年已八十的人尚且任职于朝廷的，（致仕后）可将他们安置在京城周围的州郡。年七十以上的，身患重疾沉滞难痊，不能再到朝中任职的，要赐给他们帛，送回家乡。其中官职已达七品以上的，根据情况给予廪米，由国家奉养终身。"

《旧唐书》一则

唐太宗贞观二年九月丙午诏

（贞观二年）九月丙午，诏曰："尚齿重旧，先王以之垂范；还章解组，朝臣于是克终。释菜[①]合乐之仪，东胶西序之制，养老之义，遗文可睹。朕恭膺大宝，宪章故实，乞言尊事，弥切深衷。然情存今古，世踵浇季，而策名就列，或乖大体。至若筋力将尽，桑榆且迫，徒竭夙兴之勤，未悟夜行之罪。其有心惊止足，行堪激励，谢事公门，收骸闾里，能以礼让，固可嘉焉。内外文武群官年高致仕、抗表去职者，参朝之日，宜在本品见任之上。"

《旧唐书·本纪第二·太宗上》

【简注】①释菜：亦作"释采"。这是在古时候生员入学时、每岁开课时祭祀先圣先师的一种礼法。《礼记·月令》中记："（仲春之月）上丁，命乐正习舞，释菜。"郑玄的注中解释为："将舞，必释菜于先师以礼之。"这一礼法在我国历代的各种学校，诸如太学及各地各级官学、书院之中新生入学、仲春入校都要举行。在国家行养老礼时，也要先行释菜礼，之后再行养老礼，以示对道德、文章的推崇，对先师、先圣、年高德劭的人的尊奉。

【译文】（唐太宗贞观二年）九月丙午这一天，皇帝下诏说："尊敬老年人，崇奉年高德劭的耆旧之士，是先王用来垂范世人的规范，（让老年的臣子）退还居官时的凭证，解除官印，这样做是为了让老年的官员可以得到更好的休养。用释菜礼和音乐伴奏去祭奠先师、先圣，在东胶去敬养致仕的官员、西序去敬奉老年的士子，这些养老措施，在以往的典章制度中都可以看到。朕恭敬地承奉上天的意旨承继大位，效法以往法典中的制度，对于尊老求贤、求教、问仪之类的事情，十分关切。然而世间任何事情古今总有差别，在当世流薄离乱之时，出仕任职，有时会违背大的礼法。有些官员以至于精力将要用尽，年纪老迈之际依然早晚竭力地为国操劳，一直未曾领悟做官是为了炫耀乡里这一错误观念；而有些官员心里时刻警醒着自己要知足，他们的行为可以激励世俗，辞官回乡，能够礼让，实在是值得表彰的。朝廷内文武官员因年高而致仕的，上表请休的，在参见朝会中，其位置应列在本品现任官员之上，以表示敬崇。"

二、丧葬孝思

《隋书》一则

隋文帝开皇年间丧制

（开皇）三年及期丧，不数闰，大功已下数之。以闰月亡者，祥及忌日，皆以闰所附之月为正。

凶服不入公门。期丧已下不解官者，在外曹褶缘纱帽。若重丧被起者，皂绢下裙帽。若入宫殿及须朝见者，冠服依百官例。

齐衰心丧已上，虽有夺情，并终丧不吊不贺不预宴。期丧未练，大功未葬，不吊不贺，并终丧不预宴。小功已下，假满依例。居五服之丧，受册及之职，仪卫依常式，唯鼓乐从而不作。若以戎事，不用此制。

《隋书 · 志第三 · 礼三》

【译文】（隋文帝开皇年间，所定的礼制：）子女要为父母守制三年并服一年丧服，这种守制和丧服是不计闰月的；大功以下的丧服计算闰月。在闰月丧亡的人，祥祭和忌日，都以丧亡那一年的闰月所附的那一个月为准。

身穿丧服的人不得出入公门。期丧以下不用解职守制，但要外穿带褶皱的服装，帽子的边缘用细纱罩上。如果家中有重丧却被夺情起用的，要用黑色的绢将衣裙、帽子遮住，如果入宫及必须要上朝，冠服依照百官的服饰着装。

齐衰心丧以上的，国家有夺情起用这一制度，在心丧期结束之前不参加吊唁活动、不参加贺礼、不参加或举行宴席。服期丧的练丧没有结束、服大功的人亲人没下葬，不参加吊唁活动、不参加贺礼，直到丧期结束不参加宴席。服小功丧服以下的，丧假满后依例处置。服五服之内的丧，受册封或者就职，其仪卫依照平常的规格，只是鼓乐跟从而不击打吹奏。如果有军情，不用这种制度。

《通典》一则

唐代丧葬服制

齐缞三年：

正服：子为母（旧礼父卒为母，今改与父在同），为祖后者祖卒则为祖母（为曾高祖后者，为曾祖母高祖母亦如之），母为长子。

加服：继母如母（继母之配父，与亲母同），慈母如母（妾之无子者，妾子之无母者，父命为母子，生则养之如母，死则丧之如母，贵父之命也）……

齐缞杖周：

正服：父卒母嫁及出妻之子为母，皆报（父卒，为父后者为嫁母出母无服，母犹服之，不为出母之党服，则为继母之党服），为祖后者祖在为祖母（为曾祖高祖后者亦如之）。

义服：父卒继母嫁，从，为之服，报（若继母出则不服。若继母出嫁，子从而寄育则服；不从则不服），夫为妻。

齐缞不杖周：

正服：为祖父母（父所生庶子亦同，唯为祖后者乃不服），为伯叔父、为兄弟、为众子（众子者，长子之弟及妾子……）。

……女子子为祖父母。

齐缞五月：

正服：为曾祖父母（本三月，以其降杀太多，故新议改从五月），女子子在室及嫁者为曾祖父母。

齐缞三月：

加服：为高祖父母（重其缞麻，尊尊也。减其日月，因恩杀），女子子在室及嫁者为高祖父母（不敢降其祖也）。

义服：为继父不同居（先同今异，继父有子及有大功之亲，虽同住亦为异居，元不同者不服）。

……

小功五月殇：

正服：为从祖祖父，报（祖之兄弟也，兄弟之孙女在室亦如之）；为从祖父，报（父之同堂兄弟，同堂兄弟之女之在室亦如之）；为从祖姑姊妹在室者，报（父之同堂姊妹，及己再从姊妹）；为从祖兄弟，报（再从兄弟）；为从祖祖姑在室者，报（祖之姊妹）；为外祖父母。为舅及从母丈夫妇人，报（母之兄弟姊妹）。

降服：为从父姊妹适人者，报（同堂姊妹）；为孙女适人者；为人后者为其姑姊妹适人者，报。

义服：为从祖祖母，报（祖之兄弟妻）；为从祖母，报（祖父之同堂兄弟妻）；为夫之姑姊妹在室及适人者，报……为庶母慈己者。（谓庶母之乳养己者）……母出，为继母之父母兄弟从母（母卒则为其母之党服，不为继母之党服）、嫂叔报。

《通典 · 礼九十四开元礼纂类二十九 · 凶礼一》

【译文】齐缞三年：

正服：儿子为母亲（旧的礼法父亲去世后为母亲守制，现在改成父亲健在），父亲、祖父去世嫡长孙为祖母（为高曾祖后的人，为曾祖母、高祖母也是这样），母亲为长子。

加服：继母去世丧服要像母亲一样（继母继配父亲，其地位与母亲相同），慈母去世其丧服也同母亲一样（妾没有儿子，妾的儿子没有母亲，父亲命妾认没有母亲的其他妾的儿子认此妾为母，此子在妾健在时要像母亲那样奉养她，去世要像对待母亲那样为她服丧服，这是因为尊奉父亲的意旨）……

齐缞杖周：

正服：父亲去世母亲改嫁以及被休的妻子的儿子为休母，都要报服（父亲去世，是父亲的嫡长子为改嫁的母亲服丧，不给被休母服丧，改嫁母的亲人去世可服丧，休母的亲人去世不服丧，为继母去世的亲人服丧），是嫡长孙的祖父健在为祖母服丧（为嫡长曾孙、玄孙的为高祖、曾祖服丧）。

义服：父亲去世继母改嫁，子女跟从改嫁的，要为之服丧，要报服（如果继母被休则不用服丧，如果继母被休后又嫁出，儿子跟从寄养于其家则服丧服；不跟从则不用服丧），丈夫为妻子服丧。

齐缞杖周：

正服：为祖父母服丧（父亲所生的庶子也要服丧，指的是嫡长的不用服这种丧服），为伯叔父、为兄弟、为众子服丧（众子指的是长子的弟弟以及妾子……）。

……女子的儿子为祖父母。

齐缞五月：

正服：为曾祖父母服丧（本来是服丧三个月，但因其礼法降杀太多，故此新议定为五个月），女子被休回家以及出嫁为其曾祖父母。

齐缞三月：

加服：为高祖父母（要穿缞麻以显示其郑重，这是为了尊奉尊长。减去服丧的日月，是因为恩情减少）女子初休在家以及出嫁的为其高祖父母（这是因为不敢降其祖的丧服）。

义服：为不在一起居住的继父服丧（先是共同居住，继父有子以及和继父有大功关系的亲情，虽然以往共居住一起，但是现在却分开居住，不是共同居住的不用服丧）。

……

小功五月殇：

正服：为从祖父母，报服（指祖父的兄弟，其兄弟的孙女被休在家的告诉她服丧）；为从祖父报服（父亲的同堂兄弟，同堂兄弟有女儿被休在家的告诉她服丧）；为从祖姑姊妹在家的，报服（父亲的同堂姊妹，以及已出嫁的再从姊妹）；为从祖兄弟，报服（即再从兄或弟）；为从祖祖姑在室的，报服（祖父的姊妹）；为外祖父母；为舅以及从母的丈夫媳妇，报服（母亲的兄弟姊妹）。

降服：为从父姊妹已经嫁人的，报服（同堂姊妹）；为孙女已经嫁人的；过继给他人的为已出嫁的姑姊妹，报服。

义服：为从祖祖母，报服（祖父的兄弟之妻）；为从祖母，报服（祖父的同堂号的兄弟的妻子）；为丈夫的姑姊妹被休在家以及嫁人的，报服……为庶母慈爱自己的（指庶母乳养自己的人）；母亲被休，为继母的父母、兄弟、从母（母亲去世则为其母族的亲属服丧，不为继母的母族服丧）、嫂叔，报服。

注：《大唐开元礼》中关于丧葬礼法的规定，可参见此书第一百三十九卷至一百五十卷的《凶礼》。这几卷中一百三十八卷至一百四十一卷为《三品以上丧》；第一百四十二卷至一百四十五卷为《四品五品丧》；第一百四十六卷至一百四十九卷为《六品以下丧》；第一百五十卷为《王公以下丧通仪》。

《旧唐书》二则

唐高宗显庆二年九月丧葬服制奏对

显庆（唐高宗年号）二年九月，修礼官长孙无忌等又奏曰：“依古丧服，甥为舅缌麻，舅报甥亦同此制。贞观年中，八座议奏：‘舅服同姨，小功五月。’而今《律疏》，舅报于甥，服犹三月。谨按旁尊之服，礼无不报，已非正尊，不敢降也。故甥为从母五月，从母报甥小功，甥为舅缌麻，舅亦报甥三月，是其义矣。今甥为舅使同从母之丧，则舅宜进甥以同从母之报。修律疏人不知礼意，舅报甥服，尚止缌麻，于例不通，礼须改正。今请修改律疏，舅报甥亦小功。”

又曰：‘庶母古礼缌麻，新礼无服。谨按庶母之子，即是己昆季，为之杖齐，而己与之无服。同气之内，吉凶顿殊，求之礼情，深非至理。请依典故，为服缌麻。”

制又从之。

《旧唐书 · 志第七 · 礼仪七》

【译文】（唐高宗）显庆二年九月，修礼官长孙无忌等又上奏说：“依照古时丧葬服饰制度，舅舅去世外甥为其服缌麻三月之仪，舅舅回报外甥也是相同的。贞观八年，尚书省、左右仆射、吏、户、礼、兵、刑、工等六部侍郎共同议奏：‘舅舅和姨丧葬服饰相同，都采用小功五月的丧葬制度。’按照现在所修订的《唐律疏议》上规定，舅舅回报外甥，丧服还是三个月，臣等仔细考察外姓亲属的丧服制度，礼仪上没有不回报的，既然不是本族的长辈，就不敢降级，因此外甥为从母（即姨母）服丧五个月，从母回报也是五个月，外甥为舅舅服丧三个月，舅舅回报也是三个月，这是原本的宗旨。现在外甥为舅舅服丧和为从母服丧的仪制相同，那么舅舅对于外甥丧服的回报也应同于从母对于外甥的回报。修订《唐律疏义》的人不懂礼的含义，舅舅回报外甥的丧服还止于三个月，这于礼不通，礼仪的条文应该修正。现在请修改《疏议》条文，舅舅回报外甥的丧服制度也为五个月。”

又说：“对于庶母的丧服制度的规定，古礼是为其服丧三个月，新的礼法不为其服丧。仔细考究庶母的孩子，就是自己的兄弟姐妹，他们为庶母执丧，而自己却不去服丧。在血缘之内的亲情，吉凶却完全不同，探求礼法情义，深刻地感到这样做太不合情理，请依照旧有的典仪制度作为先例，为庶母服丧三个月。”

皇帝下制同意这一奏议。

唐高宗上元元年天后及高宗奏对

上元（唐高宗年号）元年，天后上表曰："至如父在为母服止一期，虽心丧三年，服由尊降。窃谓子之于母，慈爱特深，非母不生，非母不育。推燥居湿，咽苦吐甘，生养劳瘁，恩斯极矣！所以禽兽之情，犹知其母，三年在怀，理宜崇报。若父在为母服止一期，尊父之敬虽周，报母之慈有阙。且齐斩之制，足为差减，更令周以一期，恐伤人子之志。今请父在为母终三年之服。"

高宗下诏，依议行焉。

《旧唐书·志第七·礼仪七》

【译文】（唐高宗）上元元年，则天皇后上表奏称："父亲健在，为母亲服丧止于一年，虽然还有心丧三年之说，（但这种丧仪）却是由于父亲地位尊崇礼法上才这样规定，但是对母亲来说是下降的。我认为考虑母亲对自己的孩子，其慈爱的心情特别深厚，而且对于孩子来说没有母亲就没有孩子，没有母亲孩子是不能孕育的。为了孩子的生长母亲让孩子睡在干处，而自己却睡在潮湿的地方，母亲吞咽苦涩的食物却给孩子们留下甘甜的食物，母亲生育、恩养孩子，这种恩情已经达到了极致！因此，就算是禽兽也知道爱自己的母亲，对孩子来说，生下来三年被母亲抱在怀中，（母亲去世）按道理应该尊崇回报。如果父亲健在只为母亲服丧一年，尊崇父亲的礼仪虽然如同周礼所规定的一样，但是回报母亲慈恩的礼法规定却显得很不够。而且齐衰（三年之丧）、斩衰（一年之丧）的制度，是可以有所增减的，如果要求为父母同服一年之丧，恐怕会伤人子的志行，因此现在请求父亲健在而母亲去世同样要为母亲服三年之丧。"

高宗皇帝下诏书，依这个奏议推行。

《新唐书》一则

五服之制

斩衰三年：

正服，子为父，女子在室与已嫁而反室为父。加服：嫡孙为后者为祖，父为长子。义服：为人后者为所后父……十三月小祥，二十五月大祥，二十七月禫祭。

齐衰三年：

正服，子，父在为母。加服：为祖后者，祖卒则为祖母，母为长子。义服：为继母、慈母[①]……

齐衰不杖周：

正服：为祖父母，为伯叔父……义服：为伯叔母，为继父同居者……

齐衰五月：

正服，为曾祖父母，女子子在室及嫁者亦如之。

齐衰三月：

正服，为高祖父母，女子子在室及嫁者亦如之……

其父卒母嫁，出妻之子为母，及为祖后，祖在为祖母，虽周除，仍心丧三年。

《新唐书 · 志第十 · 礼乐十》

【简注】①这里的慈母为古称，指抚育自己成长的庶母。按《仪礼 · 丧服》中记："慈母如母。传曰：'慈母者何也？'……妾之无子者，妾子之无母者，父命妾曰：'女以为子'；命子曰：'女以为母'。若是，则生养之，终其身如母，死则丧之三年如母。"

【译文】五服制度

斩衰三年：

正服为儿子为父亲、未出嫁的女儿和已出嫁而回家的女儿为父亲所服的丧制。加服：嫡孙作为直系正支子孙为祖父，父亲为长子所服的丧制。义服：过继给他人，子孙为过继的父亲所服的丧制……（去世后）十三个月作小祥祭，二十五个月作大祥祭，二十七个月作禫祭。

齐衰三年：

正服为父亲健在儿子为母亲所服的丧制。加服，孙子为祖父、祖父去世为祖母，母亲为长子所服的丧制。义服，为继母、慈母所服的丧制……

齐衰不杖周：

正服为祖父母、为伯父母所服的丧制……义服：为伯叔母、为继父同居的人所服的丧制。

齐衰五月：

正服为曾祖父母、女子未嫁或已嫁者所服的丧制。

齐衰三月：

正服为高祖父母、女子未嫁或已嫁者所服的丧制……

如果父亲已经去世而母亲改嫁，出妻的儿子为自己的母亲，以及身为祖后，祖父健在为祖母守制，虽然丧期周除，但仍然要服心丧三年。

《旧五代史》一则

后唐庄宗广顺二年十一月丙子诏

（广顺二年十一月）丙子，诏曰："应内外文武官僚幕职、州县官举选人等，今后有父母、祖父母亡殁未经迁葬者，其主家之长，不得辄求仕进，所由司亦不得申举解送。如是卑幼在下者，不在此限。"

《旧五代史·周书三·太祖本纪第三》

【译文】（后周太祖广顺二年十一月）丙子这一天，皇帝下诏说："要让朝廷内外文武百官和幕府吏员、州县的长官等人举荐贤才，今后如果有父母、祖父母去世却没有迁丧回籍的人家，其家中主事之人，不得寻求仕进，相关司衙也不得以任何名目去举荐他们。家族中的晚辈，不在这一限制之内。"

《唐会要》四则

唐高宗龙朔二年四月十五日诏

龙朔（唐高宗年号）二年四月十五日诏："如闻父母初亡，临丧嫁娶，积习日久，遂以为常。亦有送葬之时，共为欢饮，递相酬劝，酣醉始归。或寒食上墓，复为欢乐，坐对松槚，曾无戚容。既玷风猷，并宜禁断。"

《唐会要·卷二十三·寒食拜扫》

【译文】（唐高宗）龙朔二年四月十五日，皇帝下诏说："听说有些地方父母刚刚亡故，子女在丧服期间便举行嫁娶，这种习俗已经由来很久，于是许多人习以为常。还有的地方在为亲人送葬的时候，子女亲朋相互欢庆、宴饮，递送应酬，往往饮酒饮得酣醉才回。有的地方寒食节扫墓之时，再度欢庆游乐，在松槚树之间对坐，没有任何悲伤的表情。这种种情形是有伤风化、习俗的事情，各地要严加禁断。”

唐高祖武德二年制

武德（唐高祖年号）二年正月四日，尚书左丞崔善奏曰：“欲求忠臣，必于孝子。比为时多金革，颇遵墨缞之义，丁忧之士，例从起复，无识之辈，不复戚容，如不纠劾，恐伤风俗。”

至九月，制曰：“文官遭父母丧，听去职。”

《唐会要 · 卷三十八 · 夺情》

【译文】（唐高祖）武德二年正月四日，尚书左丞崔善上奏说：“要在天下寻求忠良的臣子，必须从具有孝敬品性的人中选取。现在国家多兵戈战事，（家中老人去世）从服制上许多人遵守身穿黑色丧服的仪制，（由于国家多事）许多丁忧的官员，按照惯例夺情起复，可是其中有许多无识的官吏，在丧服之中，却没有任何悲戚的表情，这种情况如果不加以弹劾，恐怕有伤天下的风俗。”

至当年九月，高祖下制说：“文官遭遇父母丧亡，要听凭他们去职丁忧。”

唐则天大圣皇帝长安三年正月二十六日敕

长安（唐武则天年号）三年正月二十六日敕：“三年之丧，自非从军更籍者，不得辄奏请起复。”

《唐会要 · 卷三十八 · 夺情》

【译文】（唐武则天）长安三年正月二十六日，皇帝的敕书中说：“三年丧服的仪制，如果不是从军的军士或者更籍的人，不得奏请夺情起复。”

唐代宗广德二年二月二十一日敕

广德（唐代宗年号）二年二月二十一日敕：“三年之丧，谓之达礼。自非金革，不可从权。其文官自今以后，并许终制，一切不得辄有奏闻。”

《唐会要 · 卷三十八 · 夺情》

【译文】（唐代宗）广德二年二月二十一日，皇帝的敕书中说：“三年丧服的仪制，可以说是达到了礼制的要求。只要不是从军的军士，不可以从权夺情。其文职官员从今以后，一定要自始自终地行完丧服之仪，一概不得奏闻夺情。”

《全唐文》一则

后周太祖新丧未葬不准选举诏

古者立封树之制，定丧葬之期，著在典经，是为名教。洎乎世俗衰薄，风化陵迟，亲殁而多阙送终，身后而便为无主。或羁束于仕宦，或拘忌于阴阳，旅榇不归，遗骸何托？但以先王垂训，孝子因心，非以厚葬为贤，只以称家为礼。扫地而祭，尚可以告虔；负土成坟，所贵乎尽力。宜颁条令，用警因循，庶使九原绝抱恨之魂，千古无不归之骨。应内外职官及选人等，今后有父母祖父母亡殁未经迁葬，其主家之长，不得辄求仕进，所由司亦不得申举解送，如是卑幼在下者，不在此限。其合赴举选者，或是葬事礼毕，或是卑幼在下，勒于所纳家状内具言，不得罔冒。宜令御史台及逐处长吏本司长官所由司觉察申举。其中有兵戈阻滞，或是朝廷特恩除拜，起复追征，及内外管军职员，皆以金革从事，并不拘此例。

《全唐文 · 卷一百二十二 · 后周太祖一 · 新丧未葬不准选举诏》

【译文】古时候设立陵墓封树的制度，确定丧葬的期限，是著于典籍经义之中的事情，是名教之中重要的组成部分。到了现代，由于世俗的风气日渐衰薄，风俗教化没有跟上，亲人去世多缺送终、送葬这一礼法，使得去世的人去世后没有神主。这个情况有的是因为子女羁绊于仕宦，有的是因为阴阳相隔，可是亲人的棺榇在远方不能回归故土，亲人的遗骸将托于何处？但见先王的垂训，孝子孝敬自己的父母要因于本心，并不是以葬礼的厚薄去评判是否贤德，只要求丧葬能够适合自己的家庭状况即为礼。以清扫墓地的方式去祭奠，也可以称之为虔诚；亲自负土成坟，可贵之处在于子女极尽自己的心力。可颁布条令，去警诫那些因循陋习的人，不要让天下再出现抱恨的魂魄，出现千古不能归葬的枯骨。朝廷内外的官员和待选入仕的人等，今后如果有父母、祖父母去世却没有迁葬回籍的人，其家中主事之人，不得寻求仕进，相关司衙也不得申请、荐举、解送入朝，家族的晚辈没有丧服的，不在这一限制之内。允许荐举选送的人，或是在丧期礼仪完毕之后，或是家中晚辈未曾有服丧之事的，要求交纳家族之中详细的家族人口及其丧葬状况的表状，不得罔冒。可令御史台及各地守令、本司的长官审察、申举这一事。其中如果出现因兵戈相阻而滞留的，或者是朝廷特恩夺情而除拜的，可以起复追任，但是朝廷内外军事管理人员，都要按照朝廷执金革的朝廷官员对待，不拘于这一条例。

三、太学养老礼及乡饮酒礼

《隋书》一则

仲春令辰，陈养老礼

先一日，三老五更斋于国学。皇帝进贤冠、玄纱袍，至辟雍，入总章堂。列宫悬。王公已下及国老庶老各定位。司徒以羽仪武贲安车迎三老五更于国学。并进贤冠、玄服、黑舄、素带。国子生黑介帻、青衿、单衣，乘马从以至。皇帝释剑，执珽，迎于门内。

三老至门，五更去门十步，则降车以入。皇帝拜，三老五更摄齐答拜。皇帝揖进，三老在前，五更在后，升自右阶。就筵，三老坐，五更立。皇帝升堂，北面。公卿升自左阶，北面。三公授几杖，卿正履，国老庶老各就位。皇帝拜三老，群臣皆拜。不拜五更。乃坐，皇帝西向，肃拜五更。进珍羞酒食，亲袒割，执酱以馈，搪爵以酳。以次进五更。又设酒酏于国老庶老。皇帝升御坐，三老乃论五孝六顺，典训大纲，皇帝虚躬请受。礼毕而还。

又：都下及外州人年七十已上，赐鸠杖黄帽。（有敕即给，不为常也。）

《隋书 · 志第四 · 礼四》

【译文】仲春的吉日，国家要陈设养老礼。

在行礼的前一天，三老、五更都要在国学之中斋戒。皇帝头戴进贤冠、身穿玄纱袍，来到辟雍，进入总章堂。堂内要悬挂金钟。王公之下以及国老、庶老都要各就其位。司徒以及羽林、仪仗、武贲要用安车迎接三老、五更到国学之中，（三老、五更）也要头戴进贤冠，身穿黑色的袍服、黑色的鞋子，腰系白绢缝制的大带。国子生们要头戴黑色的裹发巾、穿青色的袍服、着单层无里子的单衣，乘马跟从来到辟雍。皇帝解去佩剑，手执珽，在门内迎三老、五更。

三老走到门前，五更要离门十步，从安车上下来向辟雍走去。皇帝要拜揖，三老、五更一起答谢拜揖。皇帝拜揖后进入，三老在前、五更在后，从右边的台阶上台阶。就筵，三老坐、五更立。皇帝升堂后面朝北站立，公卿从左边的台阶上面朝北站立。三公授几杖，卿为三更正履，国老、庶老都各就各位。皇帝拜三老，群臣都要拜三老，不拜五更。（拜后）就位，皇帝面朝西，肃立着拜五更。（之后）进呈珍馐酒食，（皇帝）袒露着臂膀去割肉，手执肉酱馈赠三老，往酒爵中注满酒进奉三老。之后依次进呈五更。又陈设酒酏进奉国老、庶老。皇帝升上御座后，三老开始论述五老六顺、典训大纲，皇帝要身子前倾听取他们的教训。礼毕后都从辟雍归还。

又：都城以下及外州如果年纪在七十岁以上的，国家要赐给他们鸠杖、黄帽（有敕命时即可赐给，但不是常制）。

《大唐开元礼》三则

皇帝养老于太学

陈设

前三日尚舍直长设大次于学堂之后随地之宜；设三老五更次于学堂南门外之西，群老次于其后俱东向；设群官次文官于门外之东重行西向，武官于群老之西重行东向，皆北上。

前一日尚舍奉御设御坐于堂上东序西向，莞筵纷纯加藻席画纯[①]，次席黼纯。设三老坐于西楹之东近北南向，设五更坐于西阶上东向，设国老三人坐于三老坐西阶不赂焉，皆莞筵纷纯加藻席画纯。设众国老坐于堂下西阶之西东面北上，皆蒲筵缁布纯加莞席玄帛纯[②]（若三品以上则莞筵纷纯加藻席画纯，凡五品以上致仕者为国老）。设庶老坐于国老之后，皆蒲筵缁布纯（六品以下致仕者为庶老）。太乐令展宫悬于学堂之庭，设登歌于堂上，及举麾位等并准无会之仪典，仪设文官五品以上位于悬东，六品以下在其南，俱重行西向北上；武官五品以上位于悬西，六品以下在其南，当文官俱重行东向北上；藩客分方位于文官、武官六品之南（若有诸州使人分方位于文武官九品之后）；学生分位于文武官之后奉礼，设门外位如设次之式。尚舍奉御设樽于东楹之西北向左，玄酒有坫以置爵。

銮驾出宫

前出宫三日本司宣摄内外各供其职守，宫设从驾之官，五品以上次于顺天门外东西朝堂如常。

前二日太乐令设“宫悬之乐”于殿庭如常仪。

其日未明七刻槌一鼓为一严（三严时节前一日侍中裁奏），侍中奏开宫殿门及城门。未明五刻槌二鼓为再严，侍中版奏请，中严[③]奉礼。设从驾群官，五品以上位文官于东朝堂之前西向，武官于西朝堂之前东向，俱重行北上。从驾群官五品以上俱集朝堂，次各服其服（其六品以下及诸客使等并驾发之前预赴太学，俱就次各服其服），所司陈小驾卤簿。未明二刻槌三鼓为三严，诸卫之属各督其队与钑戟以次入陈于殿庭，谒者引从驾群官各就朝堂前位，诸侍卫之官各服其器服，侍中[④]、中书[⑤]令以下俱诣西合上奉迎（侍中奉宾如式），乘黄令[⑥]进金辂于西合外南向，千牛将军一人执长刀立于略前北向，黄门侍郎一人在侍臣之前，赞者二人又在黄门之前。侍中版奏外办，太仆卿[⑦]奋衣而升正立执辔。

皇帝服通天冠绛纱袍乘舆以出，曲直华盖警跸如常仪。皇帝将出，仗动，太乐令[⑧]令撞黄钟之钟右五钟皆应，协律郎[⑨]跪俯伏举麾柷奏“太和之乐”，千牛将军[⑩]前执辔，皇帝升辂太仆卿立授绥，侍中、中书令以下夹侍如常仪。黄门侍郎进当銮驾前跪奏，称“黄门侍郎臣某言请銮驾发引”，俯伏，兴，退复位（凡黄门侍郎奏请皆进，当銮驾前跪奏称具“官臣某言”，讫俯伏兴）。銮驾动又称警跸，黄门侍郎与赞者夹引以出，千牛将军夹辂而趋驾，至太极门偃麾戛敔乐止，出太极门鼓柷奏“采茨之乐”，出嘉德门戛敔乐止（凡乐皆协律郎举麾，工鼓柷而后作，偃麾戛敔而后止）。至顺天门外侍臣上马所，黄门侍郎奏称“请銮驾”，权停，敕侍臣上马，侍中前承制，退称制曰“可”，黄门侍郎退称“侍臣上马”，赞者承传，文武侍臣皆上马，诸侍卫之官各督其属左右翊驾。在黄麾内符宾郎奉六宝与殿中监后部，从在黄钺内，侍中、中书令以下夹侍于辂前，赞者在供奉、官人、内侍臣上马毕，黄门侍郎奏称“请敕”，车右升，侍中前承制，退称制曰“可”。黄门侍郎退复位，千牛将军升讫，黄门侍郎奏称“请銮驾发引”，退复位。

銮驾动称警跸，鼓传音如常，鼓吹振作而行，其从驾之官在玄武队后如常仪。

养老

仲秋之月择吉辰皇帝亲养三老、五更于太学。

所司先奏定三师、三公、致仕者，用其德行及年高者一人为三老，次一人为五更。尚食预具牢馔銮驾，将至通事舍人[⑪]引先至之官皆就门外位，学生俱青衿服入就位。

銮驾至太学门回辂南向，侍中跪奏请降辂，俯伏，与皇帝降辂乘舆入，大次伞扇、侍卫如常。通事舍人引文武五品以上从驾之官皆就门外位，太乐令帅工人二舞入就位如正会之礼，通事舍人引群官、客使入就位。

初，銮驾出宫，量时刻遣使迎三老、五更于其第，三老、五更俱服进贤冠、乘安车，前后导从如常礼，其国老、庶老则有司预戒之。銮驾既至，三老、五更及群老等俱赴集，其次群老各服其服。太常少卿赞，三老、五更俱出，次引立于学堂南门外之西东面北上；奉礼赞，群老出次引立于三老五更之后；太常博士引太常卿升立于学堂北户之内当户北向。侍中版奏外办，皇帝出户侍卫如常，殿中监进大珪，皇帝执大珪，博士引太常卿，太常卿引皇帝，侍中负宝，陪从如式（每太常卿前导皆博士先引）。

协律郎跪俯，伏举麾“太和之乐”作，皇帝降迎三老于门内之东西面立，侍臣从立于皇帝之后，太常卿与博士退立于左，皇帝立定乐止，三老、五更皆杖，各二人夹扶左右，太常少卿引导敦史执笔以从三老入门，“舒和之乐”作。三老、五更立于门西东面北上，奉礼引群老随入立于其后。初三老立定乐止，太常卿前奏“请再拜”，退复位，皇帝再拜，三老、五更去杖摄齐以答。再拜毕皇帝揖进，三老在前五更从仍杖夹扶入，初至阶皇帝揖升，俱就坐后揖立，乐止，侍卫之官量人从升。皇帝西面再拜三老，三老南面答再拜，皇帝西向肃拜五更，五更答再拜，“休和之乐”作，三老、五更俱就坐。三公授几九卿正履讫，殿中监、尚食⑫、奉御⑬进珍羞及黍稷等，皇帝省之遂设于三老前。乐止，太常卿引皇帝诣三老座前，执酱而馈，讫太常卿引皇帝诣酒樽所取爵，侍中赞酌酒，讫太常卿引皇帝进执爵而酳。尚食、奉御以次进珍羞酒食于五更前，国老、庶老等皆坐，又设酒食于国老、庶老前，国老、庶老等皆食。皇帝即坐，太乐令引工升奏“昭和之乐”三终，三老乃论五孝、六顺、典训、大纲、格言，宣于上，惠音被于下，皇帝乃虚躬请受，敦史执笔录善言，行事终，二舞坐于悬中，讫，礼毕。三老以下降筵，太常少卿及奉礼引导皆如初。

太常卿引皇帝从以降阶，“太和之乐”作，皇帝逡巡立于阶前，乐止三老、五更出，“舒和之乐”作。太常卿引皇帝升立于阶上，三老五更出门乐止，侍中前奏“礼毕”，退复位。太常卿引皇帝降还大次，三老、五更升安车导从而还，通事舍人引群官及学生等以次出。

明日三老诣阙表谢。

唐 · 萧嵩等《大唐开元礼 · 卷一百四 · 嘉礼 · 皇帝养老于太学》

【简注】①莞筵纷纯加藻席画纯：即绘有水葱类植物美丽图案的装饰。 ②蒲筵缁布纯加莞席玄帛纯：即用蒲草做成的垫子用黑色的布去装饰。 ③中严：即谓中庭戒备。古代帝王元旦朝会或郊祀等大典的仪节之一。 ④侍中：古代职官名。秦代始置，两汉沿用，为正规官职外的加官之一。侍从皇帝左右，出入宫廷，与闻朝政。晋以后，曾相当于宰相。隋因避讳改称纳言，又称侍内。唐代复称，为门下省长官，为宰相之职。北宋犹存其名，南宋始废。 ⑤中书：官名，汉代始设，掌传宣诏令，多以宦者为之，后多任用名望之士。隋唐之际以中书令、侍中、尚书令共议国政，俱为宰相。 ⑥乘黄令：官名，执掌宫中车马。黄门侍郎：官名，秦始设，汉沿用，先由宦官充任，魏晋后始由士人充任。 ⑦太仆卿：官名。周代官制中有太仆，掌正王的服位，出入王命，为王左驭而前驱。秦汉沿用，为九卿之一，为天子执御，掌舆马畜牧之事。北齐始称太仆寺卿。历代沿置，清代废。 ⑧太乐令：官名，掌国家音乐。 ⑨协律郎：官名，掌宫中音乐。 ⑩千牛将军：宫中禁卫官职。 ⑪通事舍人：官名，掌皇帝诏命及呈奏案章等事。 ⑫尚食：官名，掌帝王膳食。 ⑬奉御：官名，隋制殿内省设尚食、尚药、尚衣、尚舍、尚乘、尚辇等六局，每局各置奉御二人总领，唐代沿用。

【译文】陈设

在行养老礼于太学的前三日，由尚舍负责将行养老礼整体次序，行礼之地设于太学的学堂之后；设定三老、五更所处位置在太学学堂的南门外的西边，群老的位置在三老、五更之后，三老五更都面向西，设定文官的位置于南门外的东边都面朝东，武官置在群老的西面面朝东，武官都面对北面。

行养老礼的前一天，尚舍奉皇帝的旨令，设御座于学堂位置的东面西向，以绘有水葱类植物美丽图案的装饰去修饰座位、席面，再在席位上配以专门用于祭礼的黑白相间纹饰。设三老的位置在西边堂柱的东边靠北面南的地方，设五老的位置在西面台阶的上边面朝东，设国老三人坐在三老的西面，台阶不相连接，都用绘有水葱类植物美丽图案的装饰去修饰座位、席面，再在席位上配以专门用于祭礼的黑白相间的纹饰。设众国老的位置在堂下西面台阶的西边，面朝东，以北为上，用蒲草做成的垫子，要用黑色的布去修饰，座位使用莞草做成的席子，用黑色的帛去装饰（如果是三品以上的官员则用绘有水葱类植物美丽图案的装饰去修饰座位、席面，再在席位上配以专门用于祭礼的黑白相间的纹饰，凡是五品以上致仕的官员都是国老）。设庶老的席位于国老之后，都用蒲草做成的垫子，要用黑色的布去装饰（六品以下致仕的官员都是庶老）。太乐令在学堂的外庭悬挂布置各种乐器，设歌唱乐师的位置于学堂之内，设举麾之人的位置并准备其他的仪式。按照仪礼，文官五品以上的位置在奏乐位置的东边，六品以下在奏乐位置的南面，都排列多行，面朝北；武官五品以上位于奏乐位置的西边，六品以下在奏乐位置的南边，和文官一样都排列多行，面朝北；外藩宾客按方位位于文官、武官的南边（如果有各州派遣的使者，他们的方位在文武九品官员之后）；太学生的位置位于文武官员之后奉行礼仪，如果是太学门外，那么各种位次依照前式。尚舍依照皇命设樽于东面楹柱的西北，面向左，置玄酒于坫台之上，台上放置着酒爵。

銮驾出宫

銮驾出宫的前三天，皇帝要宣告朝廷内外的官员各安职守，宫中定出从驾的官员，五品以上的官员在顺天门外东西朝堂和往常一样上朝。

銮驾出宫的前二天，太乐令在朝堂上定出所奏宫悬之乐的曲目，朝仪如往常一样。

当天未明时，七刻槌鼓一通为一严（三严击鼓的时间在前一日的朝堂之上，由侍中上奏皇帝，由皇帝裁定），侍中奏请开宫殿大门和宫城城门；未明五刻时击第二通鼓为二严，侍中再次奏请，由中严奉礼。定出从驾的文武官员，五品以上的文官立于东朝堂之前面朝西，武官立于西朝堂之前面朝东，都要列成多排以北为上。从驾的文武官员五品以上都聚集于朝堂，按照品秩次序各自穿着官服（六品以下和各地的客人、使者等在皇帝銮驾出发之前去太学，也要身穿朝服，按品秩次序排列），相关司衙奏陈皇帝御驾中所备的卤簿等用具。未明二刻击鼓第三次为三严，诸禁卫所属官员各自督率其所属禁卫，带着钑、戟等仪仗按次序列于殿庭之中，近侍指引从驾的文武官员到朝堂前各就其位，诸侍卫官员各自穿着自己的官服，侍中、中书令以下都面朝西行礼奉迎皇帝（侍中、奉宾也要向其他大臣一样行礼），掌管皇帝车辂的乘黄令进呈金辂于殿庭的西面要面向南，千牛将军一人手执长刀立于金辂的前面向北而立，黄门侍郎一人站在从侍臣的前面，宣赞的侍从二人站在黄门侍郎之前。侍中手执笏板奏请皇帝外出巡幸，太仆卿整理衣冠走至金辂前站立，手执车辔。

皇帝头戴通天冠，身穿绛纱袍服，乘御舆出内庭，曲直的华盖和皇帝出巡时的警跸要如往常出巡时的仪仗一样。皇帝将要出行，仪仗开动，太乐令下令撞击黄钟，右边的五钟皆响应，协律郎跪俯举麾奏请奏响“太和之乐”，千牛将军上前手执车辔，皇帝登上金辂，太仆卿将车交于千牛将军，侍中、中书令以下左右侍奉和往常的仪式一样。黄门侍郎走到驾前跪奏，称“黄门侍郎臣某言请銮驾发引”，跪俯奏请后，起立退回到自己的位置（只要黄门侍郎奏请都要走到銮驾之前，并在銮驾前跪奏“官臣某言”，奏事完毕后跪俯、起立、退出）。銮驾动又称警跸，黄门侍郎和宣赞的侍从左右引銮驾出，千牛将军左右夹金辂跟从，到了太极门偃止麾乐曲停奏，出太极门击鼓吹奏“采茨之乐”，出嘉德门乐曲停止（只要是协律郎举麾，乐工击鼓后乐始奏，偃息麾柷乐曲停止吹奏）。到了顺天门侍臣上马的地方，黄门侍郎奏称“请銮驾”，队伍暂时停止前进，皇帝命侍臣上马，侍中上前承接皇帝旨意，退后称皇帝制“可”，黄门侍郎退后称“侍臣上马”，宣赞侍从相继传承皇帝意旨，文武百官和侍臣都上马，诸侍卫官员各自督率其属下禁卫左右护驾。在黄麾内符宾郎捧六宝跟从在殿中监的后面，跟从在黄钺之内，侍中、中书令以下官员左右夹侍于金辂之前，宣赞的侍从在供奉、官人、内侍臣等人上马之后，黄门侍郎奏称“请敕”，左右开始行动，侍中上前承接皇帝制，退后称皇帝制“可”。黄门侍郎后退到自己的位置，千牛将军上位，黄门侍郎奏称“请銮驾发引”，退后回到自己的位置。

銮驾动称警跸。击鼓传音如往常一样，吹奏着向前行进，从驾的官员在玄武队的后面，其仪式排列和往常一样。

养老

仲秋这个月皇帝选择吉辰亲自奉养三老、五更于太学中。

主管司衙先奏请确定三师、三公及已经致仕的老臣作为候选人，考评他们的德行，选定一位年纪大的人为三老、年纪其次的为五更，掌管皇室膳食的尚食预备好器具、饮食于銮驾之中，将要到达时，通事舍人引领先到达的官员全部在太学门外就位迎驾，太学生全部身穿青衿服就位迎驾。

銮驾到达太学门前，金辂转向面朝南，侍中跪奏请皇帝降金辂，俯伏于地，皇帝降金辂换乘舆进入皇帝临时休息的御帐并张开伞扇，周围的侍卫如同往常一样。通事舍人引领五品以上文武官员和其他从驾的官员皆在太学门外就位，太乐令帅乐工、舞伎进入就位，所用的礼仪如同正会时的礼节，通事舍人引领百官、宾客使者进入就位。

最初，銮驾出宫时，要计量时刻派遣使者在三老、五更的家中迎接，三老、五更全都头戴进贤冠，乘坐用蒲草包裹车轮的安车，前后引导的人和随从所用礼节同以往的礼节一样，其他的国老、庶老主管司衙提前告诉他们。銮驾到达时，三老、五更和群老等人都已到达会集，其他的群老各自身着袍服。太常少卿宣赞，三老、五更都从位序中出来，之后引领他们立于学堂南门外的西侧面朝东以北为上；奉礼宣赞，群老从位序之中出来，站立于三老、五更之后；太常博士引太常卿升阶，立于学堂门北的里面，面对门户面向北。侍中执笏板奏请外出办事，皇帝出御帐，侍卫和往常一样，殿中监奉进大珪，皇帝手执大珪，太常博士引领太常卿，太常卿引导皇帝，侍中身负着皇帝之宝，陪同人员、侍从人员和前面的程式一样（只要太常卿引领前导，太常博士都要在前面先行引导）。

协律郎跪俯伏，举麾后“太和之乐”奏起，皇帝降阶迎三老于太学门内的东面向西站立，侍臣立于皇帝之后，太常卿和太常博士后退立于左边，皇帝止步，乐曲停止，三老、五更都执杖，各有二个人左右扶持，太常少卿引领敦史执笔跟从三老进入太学，这时“舒和之乐”奏起。三老、五更立于太学门的西面向东而立以北为上，奉礼引领群老随后进入，立于三老、五更的后面。三老止步立定后乐曲停止，太常卿上前奏请“请再拜”，皇帝退回到自己的位置，之后皇帝再次拜请，三老、五更去除手杖齐声答谢，再拜之后，皇帝作揖请进，三老在前，五更在后，仍然执杖左右扶持而入，刚到台阶时，皇帝作揖请升阶，都就座后皇帝揖立，乐曲停止，少数侍卫官员跟从进入。皇帝向西面再拜三老，三老对着南边答谢再拜，皇帝面向西肃拜五更，五更答谢再拜，这时“休和之乐”奏起，三老、五更皆就座。三公授几杖，九卿为其正衣冠之后，殿中监、尚食、奉御等内廷官员进呈珍馐美食和黍稷等食品，皇帝观看后，陈设在三老之前。乐曲停止，太常卿引导皇帝到三老的座前，执肉酱馈于三老，完毕后，太常卿引导皇帝到盛酒的酒樽处取酒爵，侍中赞唱酌酒，之后太常卿引导皇帝至三老处，执爵献酒于三老。尚食、奉御等内廷官员进呈美食、美酒于五更席位，国老、群老皆就座，之后陈设酒食于国老、群老的席位，国老、庶老等人都吃这些酒食。皇帝坐下后，太乐引领乐工升奏“昭和之乐”，三遍结束后，三老谈论五孝、六顺、典训、大纲、格言，宣讲上天和祖宗的意旨，如何使国家的惠音泽被天下，皇帝躬身受教，请求接受这些言论、建议，敦史执笔记录下这些好言语、好的建议。宣讲结束之后，舞伎在悬中之中舞二曲，礼仪结束。三老以下撤去筵席，太常少卿和奉常引导仪节和开始时一样。

太常卿引导皇帝、侍从降阶，这时“太和之乐”奏起，皇帝在台阶前往复走动，乐曲停止，三老、五更出，这时“舒和之乐”奏起。太常卿引导皇帝升阶立于台阶之上，三老、五更出门后乐曲停止，侍中上前奏告“礼毕”，退后回到自己位置，太常卿引导皇帝下台阶，返还御帐，三老、五更升安车跟从着使者返还，通事舍人引领百官和太学生按次序出门。

第二天，三老上谢表至朝堂谢恩。

乡饮酒礼

刺史为主人（此谓贡人[①]之中有明经进士身，兼德行孝弟灼然显著、旌表门閭及秀才者，皆刺史为主人，若无此色皆判司摄行事），先召乡之致仕有德者谋之。贤者为宾，其次为介，又其次为众宾。与之行礼而宾举之（介以下无其人则阙），主人戒宾立于宾大门外之西东面，宾立于东阶下西面。将命者立于宾之左北面，受命出于门外之东西面曰：“敢请事？”主人曰：“某日行乡饮酒之礼，请某子临之。”将命者入告，宾出立于门东西面北向拜辱（以白造缁曰辱），主人答拜。主人曰：“吾子学优行高应兹观国，某日展礼，请吾子临之。”宾曰：“某固陋，恐辱命，敢辞。”主人曰：“谋于父师、少师莫若吾子贤，敢固以请。”宾曰：“夫子申命之，某敢不敬？”须，主人再拜，宾答拜。主人退，宾拜送主人。戒介亦如之（介辞曰：“某日行乡饮酒之礼，请吾子贰之。”）。

日质明设宾席于楹间近北南向，设主人席于阼阶上西向，设介席于西阶上东向，设众宾席于三宾席之西，各南向皆不属焉。又设堂下众宾席于西阶西南东面北上，设两壶于宾席东少北，玄酒在西加勺幂置，篚于壶南，东肆宾以爵觯[②]，设赞者位于东阶东西面北上。

宾、介及众宾至，立于厅事大门外之右东向北上，执事者俱就位。主人迎宾于门外之左西面拜宾，宾答拜；又西南向拜介，介答拜；又西南揖众宾，宾揖主人；又揖宾，宾报揖。主人先入门而右西面，宾入门而左东面，介及众宾序入立于宾西南东面北上，众宾非三宾者皆北面东上（凡宾主拜揖周旋皆有赞相也）。主人将进揖当阶揖宾，皆报揖，至阶主人曰：“请吾子升。”宾曰：“某敢辞。”主人曰：“固请吾子升。”宾曰：“某敢固辞。”主人曰：“终请吾子升。”宾曰：“某敢终辞。”

主人升自阼阶[③]，宾升自西阶当楣北面立。执樽者彻幂，主人适篚跪取爵与适樽，实之，吉宾席前西北面献宾，宾西阶上北面拜主人，少退宾进席前受爵，退复西阶上北面立，主人退于阼阶上北面拜送爵，宾少退。赞者荐脯醢于宾席前，宾自西方升席南面立，赞者设折俎，宾跪左执爵、右取脯、擩于醢、祭于笾豆之间，遂祭酒啐酒（啐：尝也）。兴，降席东，适西阶北面跪卒爵，执爵，兴，适樽，实之，进主人席前东南面酢主人。主人于阼阶上北面拜宾，少退主人进席前受爵，退复阼阶上北面立，宾退复西阶上北面拜送爵。赞者荐脯醢于主人席前，主人由席东自北方升，赞者设折俎，主人跪左执爵、右祭脯醢，遂祭酒、啐酒。兴，自南方降席，复阼阶上北面跪卒爵。执爵，兴，跪奠爵于东序端同，兴，退适篚跪取觯，实之以酬宾，复阼阶上北面跪奠觯，遂拜，执觯，兴，宾西阶上答拜，主人跪祭遂饮，卒觯。执觯，兴，适樽实之，进宾席前北面，宾西阶上拜主人，少退宾既拜主人，跪奠觯于荐西，兴，复阼阶上位。宾遂进席前，北面跪取觯，兴，复西阶上位，主人北面拜送，宾进席前北面，跪奠觯于荐东，兴，复西阶上位（酬酒不举者君子不尽人之欢以全交也）。主人北面揖遂降立于阼阶下西面，宾降立于西阶西，当西席东面（主人将与介为礼，故宾不居堂上位）。

主人进延介，主人揖介，介报揖，至阶，一让主人升阼阶，介升西阶，当榻宾北面。主人诣东序端跪取爵，兴，适樽实之，进于介席前西南面献介，介西阶上北面拜主人，少退，介进席前北面受爵，退，复位。主人于介右北面拜送爵，介少退，主人立于西阶之东，赞者荐脯醢于介席前，介由席西自北方升席，赞者设折俎，介跪左执爵、右祭脯醢，遂祭酒。执爵，兴，自南方降席，复西阶上北面跪，卒爵。执爵，兴，介授主人爵。主人适樽实之，以酢于西阶上，立于介右北面，跪奠爵，遂拜。执爵，兴，介答拜主人，跪祭遂饮，卒爵。执爵，兴，退跪奠爵于西楹南，还阼阶上，揖，降介降立于宾南。

主人于阼阶前西南面揖众宾，宾揖遂升。主人适西楹南跪取爵，兴，适樽实之，于西阶上南面献，众宾之长升西阶上北面拜受爵，主人于众宾之长之右北面拜送，赞者荐脯醢于其席前，众宾之长升席跪，左执爵、右祭脯醢，祭酒。执爵，兴，退于西阶上立，饮讫，授主人爵，降复位。主人又适樽实之，进于西阶上南面献众宾之次者，如献众宾长之礼，又次一人升饮亦如之。主人适樽实之，进于西阶上南面，献堂下众宾，宾每一人升受爵，跪祭立饮，赞者遍荐脯醢于其。讫主人受爵奠于篚。主人降，兴，宾一揖一让升同，宾、介、众宾序升。

即席设工人席于堂廉西阶之东北面东上，工四人入，先二瑟后二歌，工持瑟升自西阶就位坐，工歌《鹿鸣》，卒歌笙入立于堂下北面奏《南陔》，讫乃间歌《南有嘉鱼》，笙崇丘（间：代也。谓一歌则一吹也）乃合乐《周南》《关雎》《召南》《鹊巢》（合谓歌与乐众声俱作也，乐无工人则阙，无得作淫声不雅之曲）。乐正告宾曰“正歌”，备告讫，司正升自西阶（正谓主人之赞礼者，礼乐之正既成将留宾，为有懈惰立，司正以监之）跪取觯于篚，兴，适樽实之，降自西阶，诣阶间右还北面跪奠觯，兴，拱手少立，跪取觯，扬觯，讫遂饮，卒觯跪奠觯，兴，拜退复西阶西。宾降席跪取觯于篚，适樽实之，诣阼阶上北面酬主人，主人降席进立于宾东（初起旅酬也，凡旅酬者少长以齿也），宾跪奠觯，遂拜执觯，兴，主人答拜宾，立饮卒觯。宾适樽实之进阼阶上东南面授主人，主人再拜，宾少退，主人受觯，宾于主人之西北面拜送（旅酬同阶，礼杀），宾揖复席。主人进西阶上北面酬介，介降席自南方进立于主人之西北面，主人跪奠觯，遂拜执觯，兴，介答拜主人，立饮卒觯，适樽实之，退西阶上西南面立。介拜主人少进，介受觯，主人立于介东北面拜送，主人揖复席。

司正升自西阶近西北面立相旅，曰：“某子受酬”，受酬者降席，自西方进，北面立于介右（旅：序也。于是介酬众宾，又以次序相酬也。某者众宾姓也，同姓则以伯仲别之，又同则以其字别之。受酬者由介东尊介，使不失故位也），司正退立于西序端东面（避受酬者，又便其赞上赞下也），介跪奠觯，遂拜执觯，兴，某子答拜介，立饮。执觯，适樽实之，进西阶上西南面授某子，某子受觯，介立于某子之左北面揖复席。司正曰：“某子受酬”，受酬者降席自西方立于某子之左北面，某子跪奠觯，遂拜，执觯，兴，受酬者拜，某子答拜，某子立饮卒觯。适樽实之，进西阶上西南面授之，受酬者受觯，某子立受酬者之右，揖复席。次一人及堂下众宾受酬亦如之，卒受酬者以觯跪奠于篚，兴，复阶下位。

司正适阼阶上东面受命于主人，主人曰：“请坐于宾。”司正回北面告于宾曰：“请宾坐。”宾曰：“唯命。”（宾主之辞皆司正传请也）宾主各就席坐（若宾主俱公服者，则皆降脱履。主人先左，宾先右，礼毕降纳如常）。司正降复位乃羞（羞：进也。所进肉胾醢之类是也），无算爵（算：数也。宾主燕饮，爵行无数醉而止，三宾以上赞者二人行爵，以下取足），主人之赞者皆与焉。

燕讫，宾、主俱兴，宾以下降自西阶，主人降自东阶，宾以下出立于门外之西东面北上，主人送于门外之东西面再拜，宾介逡巡而退。

唐 · 萧嵩等《大唐开元礼 · 卷一百二十七 · 嘉礼 · 乡饮酒礼》

【简注】①贡人：由府、州、县推荐到朝廷的士人。　②觯：古时饮酒用的器皿。青铜制。形似尊而小，或有盖。　③阼阶：即东阶。

【译文】刺史作为乡饮酒礼的主人（此人为参加科举的贡人中的明经出身，同时德行卓然、具有孝悌的品行并曾被旌表门间或曾中秀才，如果没有这样的人，一州之中符合同等条件的州判、监司也可以代行其事），先召集本地有德行的致仕官员商量此事，确定乡饮酒时宾、介、众宾的人选。州里有德行的、贤良的老人为宾，其次为介，再次为众宾。选定之后来到被选定的宾的家中对着宾行礼（介以下如果没有人选，可担当众宾的角色，可以缺），主人站在宾的大门的西面，面朝东，并劝诫宾不要站起来、不要出门，宾立于门内东阶的下面，面朝西。传唤消息的人站在宾的左面面朝北，受宾的传唤走到门东面，面朝西（对着主人）："请问何事？"主人说："某日行乡饮酒礼，请某子驾临。"传唤者进门后告诉宾，宾出门在门的东边，面朝西向北揖拜、献辱（用白颜色的缁所织造的布帛名叫"辱"），主人回应。主人说："我听说您学问精深、德行高洁，其品性足以观览国礼，某日行乡饮酒礼，请您登临。"宾说："我学识德行十分浅陋，害怕辱没于您的信任，请不要让我参加。"主人说："我与州里的高年耆老、有德行的人共同参议，其结果是在州里没有人比您更贤德，再次请您登临。"宾说："您的申命，我怎么敢不遵从？"之后，主人再次拜揖，宾回拜答礼。主人回，宾揖拜送别主人。对于介的劝诫也是这样（只是介的请词为："某日行乡饮酒礼，请您为副登临"）。

天刚亮的时候，设宾的席位于学堂屋楹靠近北边向南的位置，设主人的席位于大堂的东西台阶的上面朝西的位置，设介的席位于台阶西侧的上面朝北的位置，都面朝南，不相邻。又在台阶下边设众宾席于台阶西侧的西南方向，面朝东以北为上，设两壶于宾席的东面偏北的位置，玄酒放置在西边，酒中放置着勺用羃罩上，用竹子编成的圆形的篚放置在壶的南边，东边放置着宾所用的爵和觯，设宣赞者位立于东面台阶的东西两边，面朝北。

宾、介和众宾来到后，会集于行乡饮酒礼的厅室的大门外右侧，面朝东以北为上，执事的人都要就位。主人到门外左侧面朝西揖拜迎宾，宾回拜答礼；之后主人面朝西南揖拜迎介，介回拜答礼；之后再面向西南揖拜迎众宾，众宾回拜答礼；最后揖拜宾，宾报揖回拜。主人先进门到门的右侧面朝西，宾进门到门的左侧面朝东，介和众宾按次序进门，立于宾的西南面朝东，以北为上，众宾之中不是三宾的都面朝北，以东为上（凡是宾主拜、揖周旋的时候，都有宣赞者宣赞）。主人将要进入时先揖拜宾于台阶处，宾、介、众宾都报揖，到了台阶处主人说："请您升阶。"宾说："不敢，请主人先登阶。"主人说："再次请您升阶。"宾说："实在是不敢先登。"主人说："三次请您先升阶。"宾说："确实是不敢先登。"

主人登上东西向的阼阶，宾从西面上台阶在席榻的西边朝北站立。执酒樽的人撤去酒幂，主人走到篚的前面，跪取爵和合适的酒樽，盛满酒樽，走到宾席榻的西北敬献于宾，宾从西阶上面向北拜谢主人，稍微后退走近宾席榻前接受酒爵，退回再从西阶面朝北站立，主人退回阼阶从北面拜送酒爵，宾稍后退。宣赞的人举荐肉脯和肉酱置于宾席前面，宾从西边上台阶面朝南站立，宣赞的人陈设礼器，宾跪下，左手执爵，右手取脯，将肉置于肉酱之中，放置在礼器之间祭告，之后用酒祭告，品尝酒水（啐：品尝的意思）。站起来，后退至席榻的东面，然后走到西面台阶，面朝北跪，饮用爵中酒水。手中拿着爵，站起来，取合适的酒樽盛满酒，进呈到主人席榻前的东南面回敬主人。主人从阼阶走上台阶面朝北拜谢宾，稍微后退，主人走进席榻前接受酒爵，后退再从阼阶上面朝北站立，宾退回，从西阶回到自己的位置，面朝北拜送酒爵。宣赞的人举荐肉脯、肉酱至主人的席榻前，主人从席榻的东面上台阶朝北站立，宣赞的人陈设礼器，主人跪，左手执爵，右手执脯沾酱，并将其放于礼器之中祭告，之后用酒祭告，品尝酒。站起来，从南边下台阶回到席榻，再从阼阶上台阶面朝北跪饮用酒水。手执爵，站起来，跪着将爵放置于东边，放置酒爵、酒樽的一端，站起来，退到放置着篚的地方跪取盛食品的觯，装满它用来酬谢宾，之后再从阼阶上台阶面朝北将觯放稳，拜揖，宾手中拿着觯，站起来，宾在西阶上答谢回拜，主人跪着祭告之后饮用，饮用完觯内食品。手执觯，站起来，选用合适的酒樽，装满酒，走到宾席榻的前边面朝北，宾从西阶上拜谢主人，稍稍后退，宾拜谢主人后，主人跪下放稳觯，并将其放置在举荐物品的西边，站起来，再从阼阶上回到自己的位置。宾走到席榻前，面朝北跪取觯，站起来，再从西阶回到自己的位置，主人面朝北拜送，宾走到席榻的前方面朝北，跪着并在举荐物品的东边放稳觯，站起来，再从西阶回到自己的位置（酬谢的酒不举爵，是因为君子不尽人之欢，以便全交）。主人面朝北揖拜下阼阶立于阼阶的西边，宾下西阶立于西阶的西边，对着西席面朝东（主人将和介互为礼敬，所以宾不可以在厅堂的上位）。

主人上前延请介，主人揖拜介，介报揖之后，到台阶处，一让主人上阼阶，介登西阶，席榻在宾席的北边。主人走到东边放置酒爵、酒樽的地方跪取酒爵，站起来，选择合适的酒樽盛满，走到介席榻前的西南献于介，介从西边的台阶上面朝北拜谢主人，稍稍后退，介走到席榻的前面朝北接受酒爵，后退，回到自己的位置。主人在介的右侧面，朝北拜送酒爵，介稍稍后退，主人立于西阶的东边，宣赞的人举荐肉脯、肉酱于介的席榻前，介自席榻的西边从北侧上席榻，宣赞的人陈设礼器，介跪下左手执爵，右手执脯沾酱，并将其放于礼器之中祭告，之后用酒祭告，品尝酒。手执爵，站起来，从南边下台阶回到席榻，再从西边上台阶面朝北跪，饮用酒水。手执爵，站起来，介将酒爵交与主人。主人取合适的酒樽盛满，登上西阶再敬，立于介的右侧面朝北，跪下放稳酒爵，介拜谢。主人手执爵，站起来，介答谢回拜主人，介跪下祭告后饮用，饮完酒水。手执爵，站起来，后退跪下在西楹的南边将酒爵放稳，介返还阼阶上，揖拜主人，介下台阶站立于宾的南边。

主人在阼阶前的西南揖拜众宾，众宾揖拜后上台阶。主人走到西楹，面朝南跪取酒爵，站起来，选择合适的酒樽盛满，从西阶上台阶，面朝南敬献众宾，众宾之中最年长的人，从西阶上台阶，面朝北拜受酒爵，主人站立于众宾之中的长者的右侧面朝北拜送酒爵，宣赞的人举荐肉脯、肉酱于众宾的席榻前，众宾中最年长者上台阶，跪于席榻，左手执爵，右手执脯沾酱，并将其放于礼器之中祭告，之后用酒祭告，品尝酒。众宾中最年长的人手执爵，站起来，退回西阶站立，饮用完，将酒爵授予主人，下台阶回到自己的位置。主人又取合适的酒樽盛满，从西边的台阶上台阶，面朝南敬献众宾中年纪其次的人，其礼仪和敬献与众宾中最年长的人一样，再次一人其礼仪一样。主人选取合适的酒樽盛满它，走到西阶上台阶面朝南，敬献堂下众宾，众宾中每一个人都要上台阶接受酒爵，然后跪下祭告后立即饮用，宣赞的人都要举荐肉脯、肉酱给每一人。完毕后，主人接受酒爵，将其在篚中放稳。主人下台阶，站立着，众宾一揖拜、一敬让，一同登上台阶，宾、介、众宾按次序上台阶。

在行乡饮酒礼的席榻周围设乐工的席位，他们的席位在厅堂的西阶东北，以东边为上，乐工四人先进入，先吹奏瑟二曲，再歌唱两曲，乐工手持瑟登上西边台阶，就位后坐下，乐工歌唱《鹿鸣》，唱完之后吹笙的乐工站在厅堂的下边吹奏《南陔》，吹奏期间歌唱《南有嘉鱼》，在笙吹奏到高潮的时候

（间，是代的意思。也就是说唱一曲之后再吹奏一曲）与歌唱的乐工一同奏唱《周南》《关雎》《召南》《鹊巢》（合指的是歌唱、弹奏时，如果没有奏乐的乐工可以缺，但不得吹奏淫声不雅的曲目）。乐正对宾宣告说“正歌”，宣告完毕，司正从西边的台阶上（正指的是主人这边的宣赞的人，礼乐等仪式将要完成时挽留宾，如果在礼乐过程中懈惰的人，司正可以监察他）跪着在篚中取出觯，站起来，选取合适的酒樽盛满，从西边的台阶下来，走到阼阶中间偏右的地方，面朝北跪着，放稳觯，站起来，向四周行拱手礼稍稍站立，再跪着拿起觯，向四周展示一下觯，完成后饮用，跪着放稳觯，站起来，揖拜后退到西阶的西边。宾从席榻上下来，跪着在篚中取出觯，先取合适的酒樽盛满，走到阼阶上面，朝北酬谢主人，主人从席榻上下来，走到宾的东边站立（主人起来，便开始相互敬酒，凡是相互敬酒的人都要按照年岁的大小依次敬让），宾跪着放稳觯，之后揖拜，手执觯，站起来，主人答谢回拜宾，马上饮用完觯内酒水。宾再选合适的酒樽盛满后，走上阼阶，面向东南，授予主人，主人再次拜谢，宾稍稍后退，主人接受觯，宾在主人的西北面与主人相互拜送（相互敬酒时，如果处于同一位置，是不合礼法的），宾揖拜后回到席榻。主人走上西阶，面朝北酬答介，介从席榻上出来，从南方进入站在主人的西边面朝北，主人跪着放稳觯，之后拜揖介，手执觯，站起来，介答谢回拜主人，马上饮用完觯内酒水。主人再取合适的酒樽盛满退回西阶，面向西面站立。介拜谢主人稍稍上前一些，介接受觯，主人站立在介的东北和介相互拜送，主人揖拜后回到席榻。

司正走到西阶靠近西侧的地方面朝西北站立，相旅宣赞：“某子受酬”，受酬的人从席榻中出来，从西边进入，面朝北站立在介的右侧（旅：次序。也就是说介酬众宾，按照次序相酬。“某”指的是众宾的姓氏，如果同姓就用伯仲来区别，再相同就用字号来区别。受酬的人在介的东面以介为尊，以不失去尊敬的意味），司正后退立于西阶的序端，面朝东（这样是为了避开受酬的人，又方便随时宣赞），介跪着放稳觯，之后拜揖受酬者，手执觯，站起来，某子答谢拜揖介，马上饮用。介手执觯选取合适的酒樽盛满，走上西阶面朝西南授予某子，介站立在某子的左边面朝北揖拜回到席榻。司正宣赞说：“某子受酬。”受酬者从席榻上出来从西边进入，立于某子的左边，面朝北，某子跪着放稳觯，之后拜揖受酬者，手执觯，站起来，受酬者拜谢某子，答礼回拜，饮用完觯内酒水。某子选合适的酒樽盛满，走上西阶，面朝西南授给受酬者，受酬者接受觯，某子站立在受酬者右边，揖拜回到席榻。下一人和堂下众宾受酬都是这样的程式，完毕后受酬者将觯跪着在篚中放好，站起来，下台阶回到下位。

司正在阼阶上面朝东接受主人命令，主人说："请众宾坐下。"司正回到北面宣赞说："请宾坐。"宾说："听从您的话。"（宾主之间的言辞都是由司正进行传请）宾主各自在席榻上就座（如果宾、主都是朝廷官员，都要下阶将鞋脱下。主人的鞋先放置在左边，宾的鞋先放置在右边，礼仪结束后穿上鞋和以往一样）。司正从台阶上下来进呈珍馐物品（羞同馐，就是食物的意思，所进呈的是肉脯、肉块、肉酱之类的食品），不用计算饮酒的爵数（算，就是数数目的意思，宾主之间燕饮的时候，饮用多少爵酒不计数，喝醉为止，三宾以上由宣赞的人二个人侍奉倒酒，以下只要随时侍奉到酒满即可），主人和宣赞的人都参与。

宴席结束，宾、主都站起来，宾以下从西阶下，主人从东阶下，宾以下在大门的西侧面朝北站立，主人送至门外在门东侧面朝西再次拜揖，宾介慢慢地各自回去。

乡饮酒 · 正齿位

每年季冬之月，县令为主人，乡之老人年六十以上有德望者一人为宾，次一人为介，又其次为三宾，又其次为众宾。

其日质明设宾席于楹间近北南向，设主人席于阼阶上西向，设介席于西阶上东向，设三宾席三于宾席之西各南向，皆不属焉。又高设众宾席于楹间近南北面东上，设两壶于宾席之东北，少退玄酒在西加勺幂置，篚于壶南，东肆实以爵觯。设赞者位于阶东南西向北上。

宾、介及三宾至，立于厅事大门外之右，众宾立于宾之后俱东向北上，执事者俱就于位，主人迎宾于大门外之左，西面拜宾，宾答拜，又西南面拜介，介答拜，又西南面揖众宾，众宾报揖。主人又揖宾，宾报揖。主人先入门而右西面，宾入门而左东面，介及三宾序入立于宾西南，众宾立于三宾之后俱北面东上（凡宾主拜揖周旋皆有赞相）。主人将进，揖当阶，又揖宾，皆报揖。至阶主人曰："请吾子升。"宾曰："某敢辞。"主人曰："固请吾子升。"宾曰："某敢固辞。"主人曰："终请吾子升。"宾曰："某敢终辞。"

主人升自阼阶，宾升自西阶，当楣北面立。执樽者彻幂，主人适篚跪取爵，兴，适樽实之，进宾席前西北面献宾，宾西阶上北面立，主人少退，宾进于席前受爵，退复西阶上北面立，主人退于阼阶上北面拜送爵，宾少退，赞者荐俎醢于宾席前（宾以下年六十者三豆[①]，七十者四豆，八十者五豆，九十者及主人皆六豆），宾自西方升席南面，跪左执爵、右取俎擩于醢祭于豆间，遂祭酒啐酒（啐：尝也）。兴，降席东，适西阶北面跪，卒爵，执爵，兴，适樽实之，进主人席前东南面酢主人，主人于阼阶上北面立，宾退复西阶上北面拜送爵。赞者荐脯醢于主人席，主人由席东自北方升席跪，左执爵、右执脯醢，遂祭酒啐酒。兴，自南方降席，复阼阶上北面跪，卒爵执爵，兴，跪奠爵于东序端，兴，适篚跪取觯实之以酬宾，复阼阶上，北面跪奠觯，遂拜，执爵，兴，宾西阶上答拜；跪祭饮卒觯，兴，适樽实之进宾前北面，宾拜主人，少退宾既拜，主人跪奠觯于荐西，兴，复阼阶上位。宾遂进席前北面跪取觯，兴，复西阶上位。主人北面拜送宾，宾进席前北面，跪奠觯于荐东，兴复西阶上位（酬酒不举者，君子不尽人之欢，以全交也）。主人北面揖，遂降立于阼阶下西面，宾降立于西阶当西序东面（主人将与介为礼，故宾不居堂上位）。

主人进延介，主人揖介，介报揖。至阶一让升，主人升阼阶，介升西阶当楣北面立。主人诣东序端跪取爵，兴，适樽实之，进于介席前西南面献于介，介西阶上北面拜主人，少退，介进北面受爵，退复位。主人于介之右北面拜送爵，介少退，主人立于西阶之东，赞者荐俎醢于介席前，介进自北方升席跪，左执爵、右祭俎醢，遂祭酒。执爵，兴，自南方降席，北面跪，卒爵。执爵，兴，介授主人爵，主人樽实之，以酢于西阶上，立于介右北面，跪奠爵，遂拜。执爵，兴，介答拜主人跪祭，遂饮卒爵。执爵，兴，进跪奠爵于西楹南，还阼阶上揖，降介降立于宾南。

主人于阼阶前西南揖众宾，遂升适西楹南跪取爵，兴，适樽实之，进于西阶南面献众宾。三宾之长，升西阶上北面拜受爵，主人于三宾长之右北面拜送，赞者荐俎醢于其席前，三宾之长升席跪，左执爵、右祭俎醢，祭酒执爵，兴，退于西阶上立饮，讫授主人爵，降复位。主人又适樽实之进于西阶南面献三宾之次者，如献三宾之礼，又次一人升饮亦如之。主人适樽实酒，进于西阶上南面献众宾，众宾每一人升受爵跪祭立饮，赞者遍荐俎醢于其位。讫主人受爵奠于篚。主人兴，宾一揖一让升宾、介，众宾序升。

即席设工席于堂廉西阶之东北面东上（侧边曰廉），工四人入，先二瑟后二歌，工持瑟升自西阶就位坐，工歌《鹿鸣》，卒歌，笙入立于堂下北面奏

《南陔》，讫乃间歌《南有嘉鱼》笙崇丘（间：代也。谓一歌则一吹也），乃合乐《周南》《关雎》《召南》《鹊巢》（合：谓歌与众声俱作也。乐无工人则阙毋得作淫声不雅之曲），乐正告宾曰“正歌”，备告讫，司正升自西阶（司正：谓主人之赞礼者。礼乐之正既成，将留宾为有懈惰立，司正以监之），跪取觯于篚，兴，适樽实之，降自西阶，诣阶间右还北面跪奠觯，拱手少立，跪取觯遂饮，卒觯奠觯再拜。宾降席跪取觯于篚，适樽实之，诣阼阶上北面酬主人，主人降席进于宾东（初起旅酬也，凡旅酬者少长以齿），宾跪奠觯遂拜，执觯，兴，主人答拜，宾立饮，卒觯。适樽实之，进阼阶上东南面授主人，主人再拜，宾少退，主人受觯，宾于主人之西北面拜送（旅酬同阶，礼杀），宾揖复席。主人进西阶上北面酬介，介降席自南方进立于主人之西北面，主人跪奠觯，遂拜，执觯，兴介答拜主人，立饮，卒觯。适樽实之，进西阶上西南面立，介拜主人，少退，介受觯，主人于介东北面拜送，主人揖复席。

司正升自西阶近西北面立相旅，曰“某子受酬”，受酬者降席，自西方进北面立于介右（旅：序也。于是介酬众宾，众宾又以次序相酬也。某者众宾姓也，同姓则以伯仲别之，又同则以其字别之。受酬者由介东尊，介使不失，故位也），司正退立于序端东面（避受酬者，又便其赞上赞下）。介跪奠觯，遂升执觯，兴，某子答拜介，立饮，卒觯。适樽实之，进西阶上西南面授某子，某子受觯，介立于某子之左北面揖复席。司正曰：“某子受酬。”受酬者降席自西方立于某子之左北面，某子跪奠觯，遂拜。执觯，兴，受酬者答拜某子，立饮，卒觯。适樽实之，进西阶上南面授之受酬者，受觯，某子立于受酬者之右，揖复席。次一人及众宾受酬亦如之，卒受酬者以觯跪奠于篚，兴复位。

司正适阼阶上东面受命于主人，曰“请坐于宾”，司正回北面告于宾曰“请宾坐”，宾曰“唯命”（宾主之辞皆司正传请），宾主各就席坐（若宾、主俱公服者，则皆降脱履阶下，主人先左， 先右，礼毕降纳如常）。司正适篚跪取觯，兴，进立于楹间北面，乃扬觯而言曰：“朝廷率由旧章敦行礼教，凡我长幼各相劝勖，忠于国、孝于亲、内睦于闺门，外比于乡党，无或愆惰以忝所生。”宾主以下皆再拜，司正跪奠觯，再拜，跪取觯饮，卒觯，兴，宾主以下皆坐。司正适篚跪奠觯，兴，降复位，无算爵（算：数也。宾主燕饮爵行无数醉而止，三宾以上赞者二人，行爵以下取足而已也）、无算乐（燕乐[②]亦无数，或间或合，尽欢而止也），主人、之赞者皆与焉。

燕讫宾主俱兴，宾以下降自西阶，主人降自东阶，宾以下出立于门外之西东北上，主人送于门外之东西面再拜，宾介逡巡而退。

唐 · 萧嵩等《大唐开元礼 · 卷一百二十八 · 嘉礼 · 正齿位》

【简注】①豆：形似高足盘，或有盖。新石器时代晚期开始出现，盛行于商周时，多陶制，也有青铜制或木制涂漆的。后世也作礼器。 ②燕乐：即安乐，饮宴欢乐。

【译文】每年的晚冬这一个月，县令做为主人，将乡里面六十以上有德行名望的老人选为宾，其次的为介，再次的为三宾，又其次为众宾。

天刚亮时，设宾的席位于学堂屋楹中靠近北边向南的位置，设主人的席榻于大堂的东西台阶的上面朝西的位置，设介的席榻于台阶西侧的上面朝北的位置，都面朝南不相邻。又在台阶下边设众宾席于屋楹里面，靠近南边的地方以北为上，设两壶于宾席的东面偏北的位置，向后一些设玄酒，酒中放置着勺用羃罩上，用竹子编成的圆形的篚放置在壶的南边，东边放置着宾所用的爵和觯，设宣赞者位立于东南面南朝西以此为上。

宾、介和众宾来到后，会集在行乡饮酒礼的厅室的大门外右侧，众宾站立于宾的后面，都面朝东以北为上，执事的人都要就位。主人到门外左侧面朝西，揖拜迎宾，面朝西拜揖宾，宾答礼回拜，之后主人面朝西南，揖拜迎介，介回拜答礼；之后再面向西南，揖拜迎众宾，众宾报揖答礼；最后揖拜宾，宾报揖回拜。主人先进门，到门的右侧面朝西，宾进门，到门的左侧面朝东，介和众宾按次序进门立于宾的西南，众宾之中不是三宾的都面朝北，以东为上（凡是宾主拜、揖周旋时，都有宣赞者宣赞）。主人将要进入时，先揖拜宾于台阶处，宾、介、众宾都报揖，到了台阶处，主人说："请您升阶。"宾说："不敢，请主人先登阶。"主人说："再次请您升阶。"宾说："实在是不敢先登。"主人第三次说："请您先升阶。"宾说："确实是不敢先登。"

主人登上东西向的阼阶，宾从西面上台阶，在门楣处朝北站立。执酒樽的人撤去酒羃，主人走到篚的前面，跪取爵和合适的酒樽，站起来，盛满酒樽，走到宾席榻前，面朝西北敬献于宾，宾从西阶上面向北，主人稍微后退，宾走近席榻前，接受酒爵，退回再从西阶上面朝北站立，主人退回阼阶从北面拜送酒爵，宾稍后退。宣赞举荐俎和肉酱置于宾席前面（宾以下年纪在六十以上者，席榻前放三件礼器，七十岁以上放四件礼器，八十岁以上放五件礼器，九十岁以上和主人都放六件礼器），宾从西边上台阶面朝南站立，（宣赞陈设礼器，）宾跪下，左手执爵，右手取俎，将俎置于肉酱之中，放置在礼器之间，之后用酒祭告，品尝酒水（啐：品尝的意思）。站起来，后退至席榻的东面，然后走到西面台阶，面朝北跪，饮用爵中酒水，手中拿着爵，站起来，取合适的酒樽盛满酒，进呈到主人席榻前的东南面，回敬主人。主人从阼阶走上台阶，面朝北站立，宾稍微后退，从西阶回到自己的位置，面朝北拜送酒爵。宣赞的人举荐俎、肉酱至主人的席榻前，主人自席榻的东面出，从北边上台阶，到席榻前跪，左手执爵，右手执脯沾酱，并将其放于礼器之中祭告，之后用酒祭告，品尝酒。站起来，从南边下台阶回到席榻，再从阼阶上台阶，面朝北跪，饮用酒水。手执爵，站起来，跪着将爵放置于东边，放置酒爵、酒樽的一端，站起来，走到放置着篚的地方，跪取盛食品的觯，装满它用来酬谢宾，之后再从阼阶上台阶，面朝北将觯放稳，拜揖宾，手中拿着爵，站起来，宾在西阶上答谢回拜，主人跪着祭告之后饮用，饮用完觯内食品。站起来，选用合适的酒樽装满酒，走到宾席榻的前边面朝北，宾拜谢主人，稍稍后退，宾拜谢主人后，主人跪下放稳觯，并将其放置在举荐物品的西边，站起来，再从阼阶上回到自己的位置。宾走到席榻前，面朝北跪取觯，站起来，再从西阶回到自己的位置。主人面朝北拜送宾，宾走到席榻的前方，面朝北，跪着并在举荐物品的东边放稳觯，站起来，再从西阶回到自己的位置（酬谢的酒不举爵，是因为君子不尽人之欢，以便全交）。主人面朝北揖拜，下阼阶立于阼阶的西边，宾下西阶立于西阶的西边，对着西席榻面朝东（主人将和介互为礼敬，所以宾不可以在厅堂的上位）。

主人上前延请介，主人揖拜介，介报揖。之后到台阶处，一让主人上阼阶，介登西阶在门楣的北面站立。主人走到东边放置酒爵、酒樽的地方跪取酒爵，站起来，选择合适的酒樽盛满，走到介席榻前的西南献于介，介从西边的台阶上面朝北拜谢主人，稍稍后退，介面朝北接受酒爵，后退回到自己的位置。主人在介的右侧面朝北拜送酒爵，介稍稍后退，主人立于西阶的东边，宣赞举荐俎、肉酱于介的席榻前，介从席榻的北边上席榻（宣赞陈设礼器），介跪着左手执爵，右手执俎沾酱并将其放于礼器之中祭告，之后用酒祭告，品尝酒。手执爵，站起来，从南边下台阶回到席榻，面朝北跪，饮用酒水。介手执爵，站起来，将酒爵交予主人，主人取酒樽盛满它，登上西阶再敬，立于介的右侧面朝北，跪下放稳酒爵，介拜谢。主人手执爵，站起来，介答谢回拜主人，介跪下祭告后饮用，饮完酒水。手执爵，站起来，介答谢揖拜，主人跪着祭告饮用完酒水。手执爵，站起来，走到西楹跪着将爵放在西楹的南边，返还阼阶上揖拜，介下台阶站立于宾的南边。

主人在阼阶前的西南揖拜众宾，之后走到西楹面朝南跪取酒爵，站起来，选择合适的酒樽盛满，从西阶上台阶面朝南敬献众宾。众宾之中最年长的人，从西阶上台阶面朝北拜受酒爵，主人站立于众宾之中的长者的右侧，面朝北拜送酒爵，宣赞的人举荐俎、肉酱于众宾的席榻前，众宾中最年长的人上台阶跪于席榻，左手执爵，右手执俎沾酱，并将其放于礼器之中祭告，之后用酒祭告，品尝酒。众宾中最年长的人手执爵，站起来，退回西阶站立，饮用完，之后将酒爵授于主人，下台阶回到自己的位置。主人又取合适的酒樽盛满，从西边上台阶，面朝南敬献众宾中年纪其次的人，其礼仪和敬献与众宾中最年长的人一样，再次一人，其礼仪一样。主人选取合适的酒樽盛满它，走到西阶上台阶面朝南，敬献堂下众宾，众宾中每一个人都要上台阶接受酒爵，然后跪下祭告后立即饮用，宣赞的人都要举荐俎、肉酱给每一人。完毕后，主人接受酒爵，将其在篚中放稳。主人下台阶站立着，众宾一揖拜、一敬让，一同登上台阶，宾、介、众宾按次序上台阶。

在行乡饮酒礼的席榻周围，设乐工的席位，席位在厅堂的西阶东北侧，以东边为上（屋子的侧边名为廉），乐工四人先进入，先吹奏瑟二曲，再歌唱两曲，乐工手持瑟，登上西边台阶就位后坐下，乐工歌唱《鹿鸣》，唱完之后，吹笙的乐工站在厅堂的下边，面朝北吹奏《南陔》，吹奏期间歌唱《南有嘉鱼》，在笙吹奏到高潮的时候（间：是代的意思。说唱一曲之后再吹奏一曲）与歌唱的乐工一同奏唱《周南》《关雎》《召南》《鹊巢》（合：指的是歌唱、弹奏时，如果没有奏乐的乐工可以缺，但不得吹奏淫声不雅的曲目）。乐正对宾宣告说“正歌”，宣告完毕，司正从西边的台阶上（司正指的是主人这边的宣赞的人，礼乐等仪式将要完成时挽留宾，如果在礼乐过程中懈惰的人，司正可以监察他）跪着在篚中取出觯，站起来，选取合适的酒樽盛满，从西边的台阶下来，走到阼阶中间偏右的地方面朝北跪着放稳觯，站起来，向四周行拱手礼，稍稍站立，再跪着拿起觯，饮用它，饮用完后将觯放稳再次揖拜。宾从席榻上下来跪着，在篚中取出觯，取合适的酒樽盛满，走到阼阶上面，朝北酬谢主人，主人从席榻上下来，走到宾的东边站立（主人起来，便开始相互敬酒，凡是相互敬酒的人都要按照年岁的大小依次敬让），宾跪着放稳觯，之后揖拜，手执觯，站起来，主人答谢回拜宾，马上饮用。饮用完酒水，宾再选合适的酒樽盛满后走上阼阶，面向东南授予主人，主人再次拜谢，宾稍稍后退，主人接受觯，宾在主人的西北面与主人相互拜送（相互敬酒时，如果处于同一位置，是不合礼法的），宾揖拜后回到席榻。主人走上西阶面朝北酬答介，介从席榻上出来，从南方进入站在主人的西边，面朝北，主人跪着放稳觯，之后拜揖介，手执觯，站起来，介答谢回拜主人，马上饮用完觯内酒水。主人再取合适的酒樽盛满，回到西阶面向西南站立。介拜谢主人，稍稍后退，介接受觯，主人站立在介的东北和介相互拜送，主人揖拜后回到席榻。

司正走到靠近西阶的地方，面朝西北站立，相旅宣赞："某子受酬"，受酬的人从席榻中出来，从西边进入，面朝北站立在介的右侧（旅：次序。也就是说介酬众宾，按照次序相酬。"某"指的是众宾的姓氏，如果同姓就用伯仲来区别，再相同就用字号来区别。受酬的人在介的东面以介为尊，以不失去尊敬的意味），司正后退立于西阶的序端面朝东（这样是为了避开受酬的人，又方便随时宣赞），介跪着放稳觯，之后拜揖受酬者，手执觯，站起来，某子答谢拜揖介，马上饮用。介手执觯选取合适的酒樽盛满，走上西阶，面朝西南授予某子，某子接受觯，介站立在某子的左边面朝北揖拜回到席榻。司正说："某子受酬。"受酬者从席榻的西边出来站立在某子的左边面朝北，某子跪着放稳觯，之后拜揖受酬者。手执觯，站起来，受酬者拜谢某子，答礼回拜，马上饮用完觯内酒水。某子选合适的酒樽盛满，走上西阶，面朝西南授给受酬者，受酬者接受觯，某子站立在受酬者右边，揖拜回到席榻。下一人和堂下众宾受酬，都是这样的程式，完毕后受酬者跪着将觯在篚中放好，站起来，下台阶回到下位。

司正在阼阶上面朝东，接受主人的命令，主人说："请众宾坐下。"司正回到北面对宾说："请宾坐。"宾说："听从您的话。"（宾主之间的言辞都是由司正进行传请）宾主各自在席榻上就座（如果宾、主都是朝廷官员，都要下阶将鞋脱下。主人的鞋先放置在左边，宾的鞋先放置在右边，礼仪结束后穿上鞋和以往一样）。司正走到篚前跪着取觯，站起来，走到屋楹的中间，面朝北，举着觯说："国家依据以往的典章，遵从礼仪的训导、教化，无论长幼都要相互劝诫，忠诚地对待国家，孝顺自己的父母，敬让兄弟姐妹，在家里要使闺门之内出现和睦的状况，在外要友好地对待乡党，不要懒惰无为地过此一生。"宾主以下都拜伏遵从，司正跪着放稳觯，再次拜揖，跪着取觯饮用完，站起来，宾主以下都坐下。司正走到放置篚的地方跪着放稳觯，站起来，回到自己的位置。酒席开始不用算饮酒的爵数（算，就是数数目的意思。宾主之间燕饮的时候，饮用多少爵酒不计数，喝醉为止，三宾以上由宣赞的人二个人侍奉倒酒，以下只要随时侍奉到酒满即可），不计算吹奏多少乐曲（宴席之中吹奏的乐曲不计算数目，或者停歇，或者吹奏，宾主尽欢才停止），主人和宣赞的人都参与。

宴席结束，宾、主都站起来，宾以下从西阶下，主人从东阶下，宾以下在大门的西侧，面朝北站立，主人送至门外，在门东侧面朝西再次拜揖，宾介慢慢地各自回去。

《通典》一则

三老五更

三老五更，昔三代所尊也（三者，道成于三，谓天、地、人也。老者，旧也，寿也。《诗》云："方叔元老"，《书》称："无遗我黄耇之言，则罔所愆。"五者，训于五品[①]。更者，更也，五世长久，更相代，言其能以善道改更己也。故三老五更，皆取有道、妻男女完具者为之。郑玄曰："老更互言之耳，皆老人更知三德五事者也。"蔡邕曰："更，当为叟字之误也。"）。天子父事三老，兄事五更，亲袒割牲，执酱而馈，执爵而酳。三公设几，九卿正履，祝哽在前，祝噎在后。使者安车探轮，送迎至家，天子独拜于屏。其明日，三老诣阙谢，以其礼遇泰尊故也。

《通典·职官二·三老五更》

【简注】①五品：指的是五种伦常道德，即仁、义、礼、智、信。

【译文】三老五更，上古时为三代所尊奉（之所以用"三"表示，是因为大道成于三，指的是天、地、人。老的意思是旧，或老是长寿。《诗经》上说："方叔元老"，《尚书》上称："不要遗漏年老有德行的人的言语，这样就不会迷茫、不会犯错。"之所以用"五"表示，是因为德行的训示包括五种伦理道德。更，指的是更替，五世代表着长久，更指的是世代更替，这是说能够以好的道理去提醒、更正自己过失，因此三老五更，都是选取有道德的、妻子儿女都完备的人担任。郑玄说："三老五更相互之间的言语相互补充，这些人都是老人，都是知道三德、五事的人。"蔡邕说："更，应当是'叟'这一字的误读、误写。"）天子用对待父亲的礼节事奉三老，用对待兄长的礼节去对待五更，亲自袒衣割肉，执肉酱去馈赠他们，执酒爵敬他们酒水。三公设几案，九卿为他们端正鞋履，在（行养老礼）前设祝哽于前，之后设祝噎于后。

派遣使者用安车操轮，迎接他们、送别他们至家中，天子在屏风处行拜礼。第二天，三老到朝堂上拜谢，是因为受到了尊奉的礼节的缘故。

《全唐文》二则

唐太宗令州县行乡饮酒礼诏

比年丰稔，闾里无事，乃有隳业之人，不顾家产，朋游无度，酣宴是耽，危身败德，咸由于此。每览法司所奏，因此致罪，实繁有徒，静言思之，良增轸叹。自非澄源正本，何以革兹弊俗？可先录《乡饮酒礼》一卷，颁示天下，每年令州县长官，亲率长幼，依礼行之。庶乎时识廉耻，人知礼节。

《全唐文 · 卷五 · 太宗皇帝二 · 令州县行乡饮酒礼诏》

【译文】这些年天下丰收，乡间里社没有什么大的事情发生，于是就出现了一些游手好闲堕落祖业的人，他们不顾自己的家业，终日呼朋唤友，游戏无度，酒酣宴饮，终日沉迷，损害自己的身体、败坏道德风气，都是由此开始的。（朕）每当审阅、浏览法司的奏章，发现因为这种行为获罪的人，实在是有许多，（于是朕）安静思考、品味，增加了许多感叹。如果不能澄清源头，端正根本，如何才能革除弊病端正天下风俗？可以先抄录《乡饮酒礼》一卷，颁示于天下，每年令州、县的长官，亲自率领州县之中的百姓，依照礼法行这种礼仪。让百姓明晓时代的风气、知道廉耻，让人们明白礼节的重要。

后唐明宗复乡饮酒礼敕

诸科举人，常年荐送，先令行乡饮酒之礼……复行乡饮酒之礼。太常草定仪注，颁下诸州，预前肄习，解送举人之时，便行此礼，其仪速具闻奏。

《全唐文 · 卷一百一十 · 后唐明宗六 · 复乡饮酒礼敕》

【译文】国家的诸科举荐之人，常年由地方选送，地方在选送这些人时要先让他们行乡饮酒礼……各地要恢复行乡饮酒礼。太常寺要草拟乡饮酒礼的仪程，颁布于各州府，让来自各地参加选拔的举子能提前演习。各地在解送举子之时，要行乡饮酒礼，太常寺要将行礼人仪程从速奏闻于朝廷。

附录

附录一：历代帝王及名臣与“孝”有关的谥号

骆明　整理

1．帝王

朝代（时期）		名	谥号（生卒年）
汉	西汉	刘盈	孝惠帝（？—前188）
		刘恒	孝文帝（前202—前157）
		刘启	孝景帝（前188—前141）
		刘彻	孝武帝（前156—前87）
		刘弗陵	孝昭帝（前94—前74）
		刘询	孝宣帝（前70—前49）
		刘奭	孝元帝（前76—前33）
		刘骜	孝成帝（前51—前7）
		刘欣	孝哀帝（前26—前1）
		刘衎	孝平帝（前9—5）
	东汉	刘庄	显宗孝明帝（28—75）
		刘炟	孝章帝（56—88）
		刘肇	孝和帝（79—105）
		刘隆	孝殇帝（105—106）
		刘祜	孝安帝（94—125）
		刘保	孝顺帝（115—144）
		刘炳	孝冲帝（143—145）
		刘缵	孝质帝（138—146）
		刘志	孝桓帝（132—167）
		刘宏	孝灵帝（166—199）
		刘协	孝献帝（孝愍皇帝：蜀汉刘备谥，181—234）
晋	西晋	司马衷	孝惠帝（259—306）
		司马炽	孝怀帝（264—313）
		司马邺	孝愍帝（270—317）

朝代（时期）		名	谥号（生卒年）
晋	东晋	司马聃	孝宗（庙号）穆皇帝（343—361）
		司马曜	孝武帝（362—396）
南北朝	宋	刘骏	孝武帝（429—464）
	梁	萧绎	孝元帝（508—555）
		萧岿（后梁）	孝明帝（541—585）
	陈	陈顼	孝宣帝（530—582）
	北魏	元宏	孝文帝（467—499）
		元诩	孝明帝（510—528）
		元子攸	孝庄帝（506—530）
		元脩	孝武帝（509—534）
	东魏	元善见	孝静帝（523—551）
	北齐	高演	孝昭帝（534—561）
	北周	宇文觉	孝闵帝（542—547）
唐		李渊	高祖神尧大圣光孝皇帝（566—635）
		李世民	太宗文武大圣大广孝皇帝（599—649）
		李治	高宗天皇大圣大弘孝皇帝（628—683）
		李显	中宗大和大圣大昭孝皇帝（656—710）
		李旦	睿宗玄真大圣大兴孝皇帝（661—716）
		李隆基	玄宗至道大圣大明孝皇帝（685—762）
		李亨	肃宗文明武德大圣大宣孝皇帝（711—762）
		李豫	代宗睿文孝武皇帝（727—799）
		李诵	顺宗至德弘道大圣大安孝皇帝（761—806）
		李纯	宪宗昭文章武大圣至神孝皇帝（778—820）
		李恒	穆宗睿圣文惠孝皇帝（795—824）
		李湛	敬宗睿武昭愍孝皇帝（809—827）
		李昂	文宗元圣昭献孝皇帝（809—840）
		李炎	武宗至道昭肃孝皇帝（814—846）
		李忱	宣宗元圣至明成武献文睿智章仁神聪懿道大孝皇帝（810—859）
		李漼	懿宗昭圣恭惠孝皇帝（833—873）
		李儇	僖宗圣恭定孝皇帝（862—888）
		李晔	昭宗圣穆景文孝皇帝（867—904）
		李柷	昭宣光烈孝皇帝（892—908）

朝代（时期）		名	谥号（生卒年）
五代十国	后唐	李嗣源	明宗圣德和武钦孝皇帝（867—993）
	后晋	石敬瑭	高祖圣文章武明德孝皇帝（892—942）
	后汉	刘知远	高祖睿文圣武昭肃孝皇帝（895—948）
	后周	郭威	太祖圣神恭肃文孝皇帝（904—954）
		柴荣	世宗睿武孝文皇帝（953—973）
	南唐	李昪	烈祖光文肃武孝皇帝（888—943）
	前蜀	王建	高祖神武圣文孝德明惠皇帝（847—918）
	后蜀	孟知祥	高祖文武圣德英烈明孝皇帝（874—934）
	北汉	刘承钧	睿宗孝和皇帝（926—968）
	南汉	刘晟	中宗文武圣明孝皇帝（920—958）
	闽	王延钧	惠宗齐肃明孝皇帝（？—935）
		王昶	康宗圣神英睿文明广武应道大宏孝皇帝（？—939）
		王曦	景宗睿文广武明圣元德隆道大孝皇帝（？—944）
	南汉	刘晟	中宗文武圣明孝皇帝（920—958）
两宋辽金	北宋	赵匡胤	太祖启运立极英武睿文神德圣功至明大孝皇帝（927—976）
		赵光义	太宗至仁应运神功圣德睿烈大明广孝皇帝（937—997）
		赵恒	真宗膺符稽古神功让德文明武定章圣元孝皇帝（968—1022）
		赵祯	仁宗体天法道极功全德神文圣武睿哲明孝皇帝（1010—1063）
		赵曙	英宗体乾应历隆功盛德宪文肃武睿圣宣孝皇帝（1032—1067）
		赵顼	神宗体元显道法古立宪帝德王功英文烈武钦仁圣孝皇帝（1048—1085）
		赵煦	哲宗宪元继道显德定功钦文睿武齐全昭孝皇帝（1076—1100）
		赵佶	徽宗体神合道骏烈逊功圣文仁德宪慈显孝皇帝（1082—1135）
		赵桓	钦宗恭文顺德仁孝皇帝（1100—1156）

朝代（时期）		名	谥号（生卒年）
两宋辽金	南宋	赵构	高宗受命中兴全功至德圣神文武昭仁宪孝皇帝（1107—1187）
		赵昚	孝宗绍统同道冠德昭功哲文神武明圣成孝皇帝（1127—1194）
		赵惇	光宗循道宪仁明功茂德温文顺武圣哲慈孝皇帝（1147—1200）
		赵扩	宁宗法天备道纯德茂功仁文哲武圣睿恭孝皇帝（1168—1224）
		赵昀	理宗建道备德大功复兴烈文仁武圣明安孝皇帝（1205—1264）
		赵禥	度宗端文明武景孝皇帝（1240—1247）
		赵昰[1]	端宗裕文昭武愍孝皇帝、孝恭懿圣皇帝（1276—1278）
	辽	耶律德光	太宗孝武惠文皇帝（902—947）
		耶律阮	世宗孝和庄宪皇帝（918—951）
		耶律璟	穆宗孝安敬正皇帝（931—969）
		耶律贤	景宗孝成康靖皇帝（948—982）
		耶律隆绪	圣宗文武大孝宣皇帝（971—1031）
		耶律宗真	兴宗神孝章皇帝（1061—1055）
		耶律洪基	道宗孝文皇帝（1032—1101）
		耶律濬	顺宗大孝顺圣皇帝（辽天祚帝父，道宗子，未即位崩）
	金	完颜阿骨打	太祖应乾兴运昭德定功仁明庄孝大圣武元皇帝（1068—1123）
		完颜亶	熙宗弘基缵武庄靖孝成皇帝（1119—1149）
		完颜雍	世宗光天兴运文德武功圣明仁孝皇帝（1123—1189）
		完颜允恭[2]	显宗体道弘仁英文睿德光孝皇帝（1146—1185）
		完颜璟	章宗宪天光运仁文义武神圣英孝皇帝（1168—1208）
		完颜珣	宣宗继天兴统述道勤仁英武圣孝皇帝（1163—1223）

朝代（时期）	名	谥号（生卒年）
元（孛儿只斤）	忽必烈③	世祖圣德神功文武皇帝，宪天述道仁文义武大光孝皇帝（1215—1294）
	真金④	裕宗文惠明孝皇帝（1243—1285）
	铁穆耳	成宗钦明广孝皇帝（1265—1307）
	海山	武宗仁惠宣孝皇帝（1281—1311）
	爱育黎拔力八达	仁宗圣文钦孝皇帝（1285—1320）
	硕德八剌	英宗睿圣文孝皇帝（1303—1323）
	和世㻋	明宗翼献景孝皇帝（1300—1329）
	图帖睦尔	文宗圣明元孝皇帝（1304—1332）
	懿璘质班	宁宗冲圣嗣孝皇帝（1236—1332）
明	朱标	兴宗孝康皇帝⑤
	朱棣	成祖启天弘道高明肇运圣武神功纯仁至孝文皇帝（1360—1424）
	朱高炽	仁宗敬天体道纯诚至德弘文钦武章圣达孝昭皇帝（1378—1425）
	朱瞻基	宣宗宪天崇道英明神圣钦文昭武宽仁纯孝章皇帝（1398—1425）
	朱祁镇	英宗法天立道仁明诚敬昭文宪武至德广孝睿皇帝（1427—1464）
	朱见深	宪宗继天凝道诚明仁敬崇文肃武宏德圣孝纯皇帝（1447—1487）
	朱祐樘	孝宗达天明道纯诚中正圣文神武至仁大德敬皇帝（1470—1505）
	朱厚照	武宗承天达道英肃睿哲昭德显功弘文思孝毅皇帝（1419—1521）
	朱厚熜	世宗钦天履道英毅神圣宣文广武洪仁大孝肃皇帝（1507—1567）
	朱载垕	穆宗契天隆道渊懿宽仁显文光武纯德弘孝庄皇帝（1537—1572）
	朱翊钧	神宗范天合道哲肃敦简光文章武安仁止孝显皇帝（1563—1620）
	朱常洛	光宗崇天契道英睿恭纯宪文景武渊仁懿孝贞皇帝（1582—1620）

朝代（时期）	名	谥号（生卒年）
明	朱由校	熹宗达天阐道敦孝笃友章文襄武靖穆庄勤皇帝（1605—1627）
清（爱新觉罗）	努尔哈赤	太祖承天广运圣德神功肇纪立极仁孝睿武端毅钦安弘文定业高皇帝（1559—1626）
	皇太极	太宗应天兴国弘德彰武宽温仁圣睿孝敬敏昭定隆道显功文皇帝（1592—1643）
	福临	世祖体天隆运定统建极英睿钦文显武大德弘功至仁纯孝章皇帝（1638—1661）
	玄烨	圣祖合天弘运文武睿哲恭俭宽裕孝敬诚信功德大成仁皇帝（1654—1722）
	胤禛	世宗敬天昌运建中表正文武英明宽仁信毅睿圣大孝至诚宪皇帝（1678—1735）
	弘历	高宗法天隆运至诚先觉体元立极敷文奋武钦明孝慈神圣纯皇帝（1711—1799）
	颙琰	仁宗受天兴运敷化绥猷崇文经武孝恭勤俭端敏英哲睿皇帝（1760—1820）
	旻宁	宣宗效天符运立中体正至文圣武智勇仁慈俭勤孝敏宽定成皇帝（1782—1850）
	奕詝	文宗协天翊运执中垂谟懋德振武圣孝渊恭端仁宽敏显皇帝（1831—1861）
	载淳	穆宗继天开运受中居正保大定功圣智诚孝信敏恭宽毅皇帝（1856—1875）
	载湉	德宗同天崇运大中至正经文纬武仁孝睿智端俭宽勤景皇帝（1871—1908）

①赵昰的谥号为元世祖追谥。宋瑞宗景炎元年（1276）陈宜中、张世杰等尊其为“孝恭懿圣皇帝”。

②完颜允恭为金世宗完颜雍子，卒于金世宗大定二十五年，谥为“宣孝太子”，金章宗即位后，于大定二十九年五月追谥。

③元世祖忽必烈谥号为“世祖圣德神功文武皇帝”，至元二十八年群臣上尊号为“宪天述道仁文义武大光孝皇帝”，元世祖准。

④元裕宗孛儿只斤·真金为元世祖子，元成宗父。卒于元世祖至元二十二年，至元三十年谥为“孝”，成宗元贞元年追谥为“裕宗文惠明孝皇帝”。另真金长子甘麻剌于元泰定帝时被谥为“显宗光圣仁孝皇帝”；二子剌麻八剌，于大德十一年秋，武宗即位时被谥为“顺宗昭圣衍孝皇帝”。

⑤明惠帝建文元年三月谥其父朱标（朱元璋之子）为兴宗孝康皇帝，敬妃（朱标妃）为孝康皇后。

2．后、妃①

朝代（时期）		帝王	后、妃谥号及封谥时间
两汉		西汉诸后	以帝王谥号为谥，如孝惠张皇后、孝文窦皇后等共10人，不单录
		桓帝	孝崇匽皇后明（汉桓帝母，桓帝和平元年谥）
		灵帝	孝仁董皇后讳某（汉灵帝母，灵帝建宁二年谥）
两晋南北朝	东晋	海西公	孝庾皇后庾道怜（晋废帝皇后，废帝被贬为海西公后，追贬为海西公夫人）
	前赵	武帝刘聪	弘孝皇后王氏（前赵刘粲汉昌元年尊）
	齐	齐高帝	宣孝皇后陈道止（南齐高帝母，南齐高建元元年追谥）
	北魏	孝文帝	孝文贞皇后林氏、孝文废皇后冯氏、孝文幽皇后冯氏、孝文昭皇后高氏
		孝明帝	孝明皇后胡氏
	东魏	孝静帝	孝静皇后高氏
	北齐	孝昭帝	孝昭皇后元氏
	北周	孝闵帝	孝闵帝元皇后胡摩
唐		宪宗	宪宗孝明皇后郑氏（唐宣宗母，唐宣宗大中末谥）
宋辽金	宋	太祖	孝惠贺皇后（乾德二年谥）、孝明王皇后（乾德元年谥）、孝章宋皇后（太宗至道元年谥）
	辽	世宗	孝烈皇后萧氏（辽景宗重熙二十一年谥）
		圣宗	仁慈圣善钦孝广德安靖贞纯宽厚崇觉仪天皇太后萧耨斤（辽道宗清宁二年谥为钦哀皇后）
		兴宗	贞懿慈和文惠孝敬广爱崇圣皇后萧挞里（道宗母，清宁二年，上尊号曰慈懿仁和文惠孝敬广爱宗天皇太后，道宗大康二年谥仁懿皇后）
	金	显宗	孝懿皇后徒单氏（章宗明昌二年谥）
明		太祖（洪武）	孝慈高皇后马氏（太祖洪武十五年谥，永乐元年上尊谥“孝慈昭宪至仁文德承天顺圣高皇后”，嘉靖十七年加上尊谥“孝慈贞化哲顺仁徽成天育圣至德高皇后”）
		兴宗	孝康皇后

朝代（时期）	帝王	后、妃谥号及封谥时间
明	成祖（永乐）	仁孝皇后徐氏（成祖永乐五年十月谥，仁宗洪熙间尊谥“仁孝慈懿诚明庄献配天齐圣文皇后”）
	仁宗（洪熙）	诚孝皇后张氏（正统七年上尊谥“诚孝恭肃明德弘仁顺天启圣诏皇后”）
	宣宗（宣德）	孝恭皇后孙氏（英宗天顺六年九月上尊谥“孝恭懿宪慈仁壮烈齐天配圣章皇后”）
	英宗（正统）（天顺）	孝庄皇后钱氏（宪宗成化四年七月上尊谥“孝庄献穆弘惠显仁恭天钦圣睿皇后”）；孝肃周太后（英宗妃，宪宗母，孝宗弘治十七年三月谥“孝肃贞顺康懿光烈辅天承圣睿皇后”）
	景帝（景泰）	肃孝皇后杭氏（景帝景泰七年谥，英宗复辟后削其号）
	宪宗（成化）	孝贞皇后王氏（武宗正德十三年二月尊谥“孝贞庄懿恭靖仁慈钦天辅圣纯皇后”）；孝穆纪太后（孝宗生母，弘治初追谥“孝穆慈慧恭恪庄僖崇天承圣纯皇后”）；孝惠邵太后（宪宗妃，兴献王母，嘉靖帝祖母，嘉靖二年谥“孝惠康肃温仁懿顺协天圣皇太后”）
	孝宗（弘治）	孝康皇后张氏（嘉靖二十八年谥“孝康靖肃庄慈哲懿翊天赞圣敬皇后”）
	武宗（正德）	孝静皇后夏氏（嘉靖元年上尊称曰“庄肃皇后”，十四年正月谥“孝静庄惠安肃毅皇后”，十五年改谥“孝静庄惠安肃温诚顺天偕圣毅皇后”）
	世宗（嘉靖）	孝洁皇后陈氏（隆庆元年二月上尊谥“孝洁恭懿慈睿安庄相天翊圣肃皇后”）；孝烈皇后方氏（嘉靖二十六年谥“孝烈”，隆庆初上尊谥“孝烈端顺敏惠恭诚祗天卫圣皇后”）；孝恪杜太后（世宗妃，穆宗隆庆母，隆庆初上谥“孝恪渊纯慈懿恭顺赞天开圣皇太后”）

朝代（时期）	帝王	后、妃谥号及封谥时间
明	穆宗（隆庆）	孝懿皇后李氏（隆庆初谥为“孝懿皇后”，神宗万历初上尊谥“孝懿贞惠顺哲恭仁俪天襄圣庄皇后”）；孝安皇后陈氏（万历二十四年七月上尊谥“孝安贞懿恭纯温惠佐天弘圣皇后”）；孝定李太后（神宗万历生母，万历四十二年二月上尊谥“孝定贞纯钦仁端肃弼天祚圣皇太后”）
	神宗（万历）	孝端皇后王氏（万历四十八年谥“孝端”，光宗即位上尊谥“孝端贞恪庄惠仁明媲天毓圣显皇后”）；孝靖皇太后（神宗妃，光宗母，熹宗即位上尊谥“孝靖温懿敬让贞慈参天胤圣皇太后”）
	光宗（泰昌）	孝元皇后郭氏（熹宗即位上尊谥“孝元昭懿哲惠庄仁合天弼圣贞皇后”）；孝和皇太后（熹宗生母，熹宗即位上尊谥“孝和恭献温穆徽慈谐天鞠圣皇太后” 崇祯十一年三月以加上“孝纯太后”尊谥）；孝纯刘太后（庄烈帝崇祯生母，庄烈帝即位上尊谥“孝纯恭懿淑穆庄静毗天毓圣皇太后”）
清	太宗（皇太极）	孝端文皇后博尔济吉特氏（顺治七年七月上谥，雍正、乾隆累加谥“孝端正敬仁懿哲顺慈僖庄敏辅天协圣文皇后”）， 孝庄文皇后博尔济吉特氏（顺治母，康熙定徽号“昭圣慈寿恭简安懿章庆敦惠温庄康和仁宣弘靖太皇太后”， 雍正、乾隆累加谥“孝庄仁宣诚宪恭懿至德纯徽翊天启圣文皇后”）
	世祖（顺治）	孝惠章皇后博尔济吉特氏（雍正、乾隆累加谥“孝惠仁宣端懿慈淑恭安纯德顺天翊圣章皇后”）， 孝康章皇后佟佳氏（康熙母，雍正、乾隆累加谥“孝康慈和庄懿恭惠温穆端靖崇文育圣章皇后”）， 孝献皇后董鄂氏（顺治十七年八月追谥“孝献庄和至德宣仁温惠端敬皇后”）

朝代（时期）	帝王	后、妃谥号及封谥时间
清	圣祖（康熙）	孝诚仁皇后赫舍里氏（康熙十三年谥"仁孝皇后"，乾隆、嘉庆累加谥"孝诚恭肃正惠安和淑懿恪敏俪天襄圣仁皇后"），孝昭仁皇后钮祜禄氏（乾隆、嘉庆累加谥"孝昭静淑明惠正和安裕端穆钦天顺圣仁皇后"）；孝懿仁皇后佟佳氏（康熙二十八年谥"孝懿皇后"，雍正、乾隆、嘉庆累加谥"孝懿温诚端仁宪穆和恪慈惠奉天佐圣仁皇后"）；孝恭仁皇后乌雅氏（雍正母，雍正元年五年上谥"孝恭宣惠温肃定裕慈纯钦穆赞天承圣仁皇后"）
	世宗（雍正）	孝敬宪皇后乌喇那拉氏（雍正九年谥"孝敬皇后"，乾隆、嘉庆累加谥"孝敬恭和懿顺昭惠庄肃安康佐天翊圣宪皇后"）；孝圣宪皇后钮祜禄氏（乾隆母，嘉庆中加谥"孝圣慈宣康惠敦和诚徽仁穆敬天光圣宪皇后"）
	高宗（乾隆）	孝贤纯皇后富察氏（乾隆十三年谥"孝贤皇后"，嘉庆、道光累加谥"孝贤诚正敦穆仁惠徽恭康顺辅天昌圣纯皇后"）；孝仪纯皇后魏侍氏（嘉庆母，乾隆六十年册赠"孝仪皇后"，嘉庆、道光累加谥"孝仪恭顺康裕慈仁端恪敏哲翼天毓圣纯皇后"）
	仁宗（嘉庆）	孝淑睿皇后喜塔腊氏（道光母，嘉庆二年二月谥"孝淑皇后"，道光、咸丰累加谥"孝淑端和仁庄慈懿敦裕昭肃光天佑圣睿皇后"）；孝和睿皇后钮祜禄氏（咸丰间加谥"孝和恭慈康豫安成钦顺仁正应天熙圣睿皇后"）
	宣宗（道光）	孝穆成皇后钮祜禄氏（嘉庆十三年薨，道光初追谥"孝穆皇后"，光绪间加谥"孝穆温厚庄肃端诚恪惠宽钦孚天裕圣成皇后"）；孝慎成皇后佟佳氏（道光十三年四月谥"孝慎皇后"，光绪间加谥"孝慎敏肃哲顺和懿诚惠敦恪熙天诒圣成皇后"）；孝全成皇后钮祜禄氏（咸丰母，二十年正月谥"孝全皇后"，光绪间加谥"孝全慈敬宽仁端 安惠诚敏符天笃圣成皇后"）；孝静成皇后博尔济吉特氏（咸丰五年谥"孝静康慈弼天辅圣皇后"，光绪、宣统累加谥"孝静康慈懿昭端惠庄仁和慎弼天辅圣成皇后"）

朝代（时期）	帝王	后、妃谥号及封谥时间
清	文宗（咸丰）	孝德显皇后萨克达氏（道光二十九年薨，咸丰即位追谥曰“孝德皇后”，光绪、宣统屡加谥“孝德温惠诚顺慈庄恪慎徽懿恭天赞圣显皇后”）；孝贞显皇后钮祜禄氏（即慈安太后，宣统时加谥“孝贞慈安和庆和敬诚靖仪天祚圣显皇后”）；孝钦显皇后叶赫那拉氏（同治母，宣统时加谥“孝钦慈禧端佑康颐照豫庄诚寿恭钦南崇熙配天兴圣显皇后”）
	穆宗（同治）	孝哲毅皇后阿鲁特氏（宣统加谥“孝哲嘉顺淑慎贤明恭端宪天彰圣毅皇后”）
	德宗（光绪）	孝定景皇后，叶赫那拉氏（民国三年卒，宣统上谥为“孝定隆裕宽惠慎哲协天保圣景皇后”）

①两汉之际皇后的谥号都因皇帝的谥号相沿为称，汉光武帝后才对帝王的生母给予尊称。

附录二：本书参引书目及作者简介

《汉书》与班固

《汉书》又称《前汉书》，东汉时期的历史学家班固编撰，我国第一部纪传体断代史，“二十四史”之一。是继《史记》之后我国古代又一部重要史书，与《史记》《后汉书》《三国志》并称为“前四史”。包括纪十二篇，表八篇，志十篇，传七十篇，共一百篇，后人划分为一百二十卷，共八十万字。

班固：生于公元32年，卒于公元92年。东汉历史学家班彪之子，字孟坚，东汉初扶风安陵人。著有《白虎通德论》六卷，《汉书》一百二十卷，《集》十七卷。

《东观汉纪》与刘珍

《东观汉纪》：汉代刘珍著，共二十二篇，记录了东汉前期的史事，与《史记》《汉书》并称为“三史”。

刘珍：生年不详，约卒于126年。一名刘宝，字秋孙，一作秘孙，东汉时南阳郡蔡阳县人，东汉史学家。汉安帝永初年间曾与校书马融及五经博士在东观校书。仕至卫尉。有《建武以来名臣传》《东观汉记》二十二篇，《释名》三十篇等。

《前汉纪》与荀悦

《前汉纪》：是我国第一部编年体缩写史，本名为《汉纪》，后世人为了与袁宏所作的《后汉记》相区别，故称之为《前汉纪》。《汉纪》的编撰者是东汉末年著名学者荀悦，成书于建安五年（200）。起始于秦二世元年（前209），止于公元23年王莽灭亡，共记前后231年的历史。全书共三十卷。

荀悦：生于148年，卒于209年。字仲豫，东汉时颍川颍阴人。东汉史学家、政论家。历任黄门侍郎，累迁秘书监、侍中等职。

《后汉书》与范晔、司马彪

《后汉书》：由我国南北朝时南朝刘宋时期的历史学家范晔编撰，是一部记载东汉历史的纪传体史书，“二十四史”之一。主要记述了上起汉光武帝建武元年（25），下讫汉献帝建安二十五年（220），共196年的东汉史事。共十纪，八十列传。今本《后汉书》中的八志三十卷，是南朝梁刘昭从司马彪的《续汉书》中抽出来补进去的。

范晔：生于398年，卒于445年。字蔚宗，南朝刘宋顺阳人。官至左卫将军、太子詹事。南朝宋文帝元嘉九年（432）开始撰写《后汉书》，至元嘉二十二年（445）以谋反罪被杀止。

司马彪：生年不详，卒于306年。字绍统，西晋时河内温县人，晋朝皇族，高阳王司马睦长子，西晋史学家。初仕为骑都尉，晋武帝泰始年间曾任秘书郎。司马彪认为后汉一代史事记述繁杂，却时无良史，于是写《续汉书》，纪、志、传共八十篇。范晔的《后汉书》出后，《续汉书》渐被淘汰，唯有“八志”被补入《后汉书》而保存了下来。

《后汉纪》与袁宏

《后汉纪》：是编年体的东汉史。记事溯自新莽元凤四年（17）绿林起义，止于汉献帝延康元年（220）曹魏代汉。全书共三十卷，二十一万余字。

袁宏：生于328年，卒于376年。字彦伯，东晋时阳夏人。曾做过桓温等人的幕僚，后来任东阳郡太守，49岁时死于任所。著有《后汉纪》《三国名臣赞》《东征赋》《咏史诗》《竹林名士传》。

《三国志》与陈寿

《三国志》：是晋代陈寿编写的一部主要记载魏、蜀、吴三国鼎立时期的纪传体国别史，详细记载了从魏文帝黄初元年到晋武帝太康元年六十年的史事。全书六十五卷，其中《魏书》三十卷，《蜀书》十五卷，《吴书》二十卷，是“前四史”之一。

陈寿：生于233年，卒于297年。字承祚，西晋时巴西安汉人。蜀汉后主时曾任观阁令史，晋亡蜀以后，历任著作郎、治书侍御史等职。280年，西晋灭吴后，结束了分裂局面，三国一统，开始撰写《三国志》。另著有《益部耆旧传》《古国志》等书。

《宋书》与沈约

《宋书》：是一部记述南北朝时南朝刘宋一代历史的纪传体史书。南朝梁沈约撰，含本纪十卷、志三十卷、列传六十卷，共一百卷。收录当时的诏令奏议、书札、文章等各种文献较多，保存了原始史料，有利于后人的研究。该书篇幅大，一个重要原因是很注意为豪门士族立传。

沈约：生于441年，卒于513年。字休文。南朝刘宋吴兴武康人，出身江南大族。历仕宋、齐、梁三朝，曾自称“少好百家之言，身为四代之史”。齐永明五年（487）时，任太子家令兼著作郎，奉诏撰《宋书》。他依据宋代何承天、苏宝生、徐爰等修撰的《宋书》及其他记述宋代历史的书籍，增补宋末十几年的事迹，只用一年时间，到六年二月就完成本纪、列传七十卷，后又续修八志三十卷。沈约以文学称于世，有文集九卷。

《南齐书》与萧子显

《南齐书》：南朝梁萧子显撰，记述南朝萧齐王朝自齐高帝建元元年（479年）至齐和帝中兴二年（502），共二十三年史事，是现存关于南齐最早的纪传体断代史。原有六十卷，今存五十九卷，有本纪八卷、志十一卷、列传四十卷。另有序录一卷，述作书义例和目录，亡佚甚早。志基本沿袭《宋书》，有八志。

萧子显：生于487年，卒于537年，字景阳，南朝萧梁南兰陵人，仕至吏部尚书。他撰写和完成《齐书》的时间约在梁武帝天监年间（502—519），另著有《后汉书》一百卷，《晋史草》三十卷，《齐书》六十卷，《普通北伐记》五卷，《贵俭传》三十卷，均失传。

《魏书》与魏收

《魏书》：是北齐魏收所撰，记载北魏历史的纪传体史书，也是我国封建社会历代“正史”中第一部专记少数民族政权史事的著作。内容记述了我国北方鲜卑族拓跋部从四世纪末叶至六世纪中叶（即北魏道武帝至东魏孝静帝）的历史，内容涉及到它的发展兴盛、统一北方、实现封建化和门阀化的过程，以及北魏、东魏与南朝宋、齐、梁三朝关系的历史。一百二十四卷，其中本纪十二卷，列传九十二卷，志二十卷。因有些本纪、列传和志篇幅过长，又分为上、下、或上、中、下三卷，实共一百三十卷。

魏收：生于505年，卒于572年。字伯起，北朝时北魏钜鹿下曲阳人，历仕北魏、东魏、北齐三朝。入仕后，曾任太学博士等职。26岁迁散骑侍郎，典起居注，并修国史，兼中书侍郎。在东魏，官至秘书监，兼著作郎，定州大中正。北齐时任中书令,兼著作郎。北齐天保二年（551），他正式受命撰魏史。

《梁书》与姚思廉

《梁书》：唐代姚思廉撰。计有本纪六卷、列传五十卷，无表、无志。它主要记述了南朝萧齐末年的政治和萧梁皇朝（502—557）五十余年的史事。其中有二十六卷的卷末的“论”署名为“陈吏部尚书姚察曰”，说明这些卷是出于其父姚察之手，这几乎占了《梁书》的半数。此书除继承其父姚察的遗稿以外，还参考、吸取了梁、陈、隋历朝史家编撰梁史的成果。此书引用文以外的部分不以当时流行的骈体文，而以散文书写；于史文撰著方面，文字简洁朴素，力戒追求辞藻的华丽与浮泛，继承了司马迁及班固的文风与笔法。

姚思廉：生于557年，卒于637年。本名简，以字行，北朝北周时雍州万年人。父姚察，在梁朝以文才著称。陈时任吏部尚书，领大著作。陈灭后入隋，任秘书丞，隋文帝杨坚命他继续修撰早已着手的梁、陈两代历史。史称其“学兼儒史，见重于三代”。隋炀帝大业二年姚察死，遗嘱思廉继续完成这两部史书。贞观初，姚思廉任著作郎、弘文馆学士。后官至散骑常侍。贞观三年，奉诏撰梁、陈二史。他参考诸家著述，贞观十年撰成《梁书》。

《陈书》

《陈书》：唐代姚思廉所著，是南朝陈国的纪传体断代史著作，记载自陈武帝陈霸先即位至陈后主陈叔宝亡国前后三十三年间的史事，共三十六卷。计有本纪六卷，列传三十卷，无表志，成书于唐太宗贞观十年（636）。此书内容比不上《梁书》那样充实，本纪和列传都过于简略。史料来源除陈朝的国史和姚氏父子所编旧稿外，还有陈《永定起居注》八卷、《天嘉起居注》二十三卷、《天康光大起居注》十卷、《太建起居注》五十六卷、《至德起居注》四卷等历史材料和他人撰写的史书。

《北齐书》与李百药

《北齐书》：唐代李百药撰，记述了从高欢起兵到北齐灭亡前后约八十年的史事，集中反映了东魏、北齐王朝的盛衰兴亡。到南宋时，五十卷的《北齐书》仅剩一卷帝纪、十六卷列传是李百药的原文；其余各卷，都是后人根据唐代史家李延寿所撰《北史》抄补修成的。《北齐书》成书时原名《齐书》，为区别于南朝梁萧子显所撰的《齐书》，始改称为《北齐书》，而称后者为《南齐书》。共有五十卷，其中本纪八卷、列传四十二卷。《北齐书》成书于贞观十年（636），经历了三个朝代（北齐、隋、唐）共六十多年时间。《北齐书》成书前李百药先后于唐太宗贞观元年和三年两次奉诏继续完成父撰《齐书》遗稿，并参考了隋朝史家王劭所撰的编年体《齐志》。

李百药：生于565年，卒于648年。字重规，北朝北齐时定州安平人，唐代史学家。其父李德林是北齐的史臣，参与撰“国史”；后来也是隋朝名臣，奉诏继续撰《齐史》。隋文帝时李百药仕太子舍人、东宫学士。隋炀帝时仕桂州司马职，迁建安郡丞。唐朝以后，拜中书舍人、礼部侍郎、散骑常侍。李百药的才能得到隋文帝赏识，一时朝中奏议文告，多出自他的手笔。隋炀帝时他受到排挤，官运蹇滞。他除擅长文章外，还很善于写诗。现在他的传世之作有诗二十首余首，文章十三篇，以及被列入二十四史的《北齐书》。

《广弘明集》

《广弘明集》：三十卷，唐京兆释道宣撰。这是继承并扩大梁僧祐《弘明集》而作的书。它的体制和《弘明集》却稍有不同。《弘明集》分卷不分篇，《广弘明集》则除分卷而外，还按照所选文章的性质分为十篇：一、归正，二、辩惑，三、佛德，四、法义，五、僧行，六、慈恻，七、戒功，八、启福，九、悔罪，十、统归。每篇之前各冠以小序。现在通行的《广弘明集》版本有二：一是吴刻本（万历十四年丙戌吴惟明刻本，出于宋、元藏本）三十卷；一是嘉兴方册藏本四十卷。

《周书》及其作者

《周书》：唐代令狐德棻主编，参加编写的还有岑文本和崔仁师等人。唐太宗贞观三年诏修梁、陈、齐、周、隋五代史，令狐德棻与岑文本、崔仁师负责撰北周史，成书于贞观十年（636）。《周书》共五十卷，本纪八卷、列传四十二卷，是记录北朝宇文氏建立的周朝（557—581）的纪传体史书，记载了北朝时北周的史事，史论多出于岑文本之手。清代史家赵翼说它“叙事繁简得宜，文笔亦极简劲”。《周书》不只是记述西魏及北周皇朝的史事，内容兼顾了同时代的东魏、北齐、梁与陈等四朝的重大史事，对于帝位更迭、重大动乱，皆详加载明，反映了当时中国历史发展的大势及纷繁的历史事件。

令狐德棻：生于583年，卒于666年。隋代宜州华原人，在唐初颇有文名，多次参加官书的编写。唐太宗贞观三年（629），唐太宗李世民又下令修撰梁、陈、齐、周、隋五代史，《周史》由令狐德棻和秘书郎岑文本负责，德棻又推荐殿中侍御史崔仁师协助。唐初奏请重修梁、陈、北齐、北周及隋朝正史，被采纳。龙朔二年（662），八十高龄时，加金紫光禄大夫。卒于家。

岑文本：生于595年，卒于645年。字景仁，唐代宰相，隋代南阳棘阳人，祖父名善方，仕萧察，吏部尚书。

崔仁师：生卒年不详。定州安喜人，武德初应制举，授管州录事参军，以荐拜右武卫录事参军。贞观末年累迁中书侍郎，参知机务，以罪配龚州。唐高宗永徽初授简州刺史，卒，神龙初赠同州刺史。

《元经》与王通

《元经》：旧题为隋王通所撰，记事始于西晋武帝太熙元年，终于隋文帝开皇九年，共九卷。第十卷记事自隋文帝开皇十年起，至唐高祖武德元年止，为后人所续。

王通：生于584年，卒于617年。隋朝绛州龙门人。隋朝教育家，死后，门下弟子私谥为“文中子”。有《中说》《元经》等传世。

《晋书》及其作者

《晋书》：共一百三十卷，包括帝纪十卷，志二十卷，列传七十卷，载记三十卷，记载了从司马懿开始到晋恭帝元熙二年为止，记载了包括西晋和东晋的历史，并用“载记”的形式兼述了十六国割据政权的兴亡。《晋书》编者共二十一人。其中监修三人为房玄龄、褚遂良、许敬宗。

房玄龄：生于579年，卒于648年。唐朝初年名相。名乔，字玄龄，唐代齐州临淄人。仕至尚书左仆射，唐太宗贞观十一年封梁国公；贞观十六年进位司空，综理朝政。贞观二十二年病逝。

褚遂良：生于596年，卒于659年。字登善，唐代钱塘人。政治家，书法家，与欧阳询、虞世南、薛稷并称“初唐四大家”。仕至通直散骑常侍。贞观二十三年，与长孙无忌同受唐太宗遗诏辅政。唐高宗欲立武则天为皇后，褚遂良与长孙无忌坚决反对。武后即位后，遭贬斥而死。

许敬宗：生于592年，卒于672年。字延族，唐代杭州新城人。初为秦王府学士，曾在唐太宗、高宗时出仕。曾仕为洪州司马、检校中书侍郎、太子右庶子、礼部尚书、右相加光禄大夫。八十一岁卒，谥曰“恭”。著《文馆词林》传世。

《隋书》

《隋书》：共八十五卷，其中帝纪五卷，列传五十卷，志三十卷。本书由多人共同编撰，分为两阶段成书，从草创到全部修完共历时三十五年。《隋书》分为两个部分：一部分是纪传部分，由魏徵主编，成书于唐太宗贞观十年（636）；另一部分为史志部分，始修于贞观十五年（641），成于唐高宗显庆元年（656），由长孙无忌监修。

《唐律疏议》与长孙无忌

《唐律疏议》：原名《律疏》，又名《唐律》《唐律疏义》《故唐律疏义》，是世界上最早的成文法之一。亦为中国现存最古、最完整的封建刑事法典。共三十卷。由唐代长孙无忌等奉皇帝之命编撰，由名例律、卫禁律、职制律、户婚律、厩库律、擅兴律、贼盗律、斗讼律、诈伪律、杂律、捕亡律、断狱律等篇章组成。经武德修律、贞观定律、永徽显庆改律、垂拱载初改律、神龙改律、开元改律几个阶段终成。

长孙无忌：约生于597年，卒于659年。字辅机，隋代河南洛阳人。先世为鲜卑族拓跋氏，是北魏皇族支系，后改姓为长孙氏。是唐太宗的内兄。隋朝义宁元年（617），李渊起兵太原时，长孙无忌进见，李渊爱惜其才略，授为渭北行军典签，辅佐李世民。唐政权建立后，为唐朝的开国功臣，以功绩第一，封为“齐国公”。贞观十一年（637）奉命与房玄龄等修《贞观律》。贞观十七年，唐太宗图功臣二十四人于凌烟阁，长孙无忌居第一。唐高宗即位，被册封太尉，同中书门下三品。永徽二年（651），奉命与律学士对唐律逐条解释，撰成《律疏》（宋代以后称《唐律疏议》），共三十卷。因反对高宗立武则天为皇后，为许敬宗诬构，削爵流黔州（今重庆市彭水县），自缢死。

《唐六典》与张九龄

《唐六典》：三十卷，唐玄宗明皇帝御撰，题为李林甫奉敕注。其书以三师、三公、三省、九寺、五监、十二卫列其职司官佐，叙其品秩，以拟《周礼》。开元二十六年草注完成，实为张说、张九龄注。

张九龄：字子寿，韶州曲江人。始仕为校书郎，迁为左拾遗，进中书舍人，后出为冀州刺史。以母年老不肯去乡赴用地，上表换任洪州都督，又徙桂州兼岭南按察选补使。经张说举荐，仕为集贤院学士，不久拜中书侍郎，同平章事，迁中书令。为李林甫所构陷，罢政事，贬为荆州长史。卒谥“文献”。著有文集二十卷，诗三卷。

《大唐开元礼》与徐坚、萧嵩

《大唐开元礼》，由徐坚始修，唐太子太师同中书门下三品兼中书令萧嵩等奉敕修撰。书成于开元年间，取唐贞观、显庆礼书折中异同而成，共一百五十卷。其中卷一至卷三为序例，卷四至七十八为吉礼，卷七十九、八十为宾礼，卷八十一至九十为军礼，卷九十一至一百三十为嘉礼，卷一百三十一至一百五十为凶礼。

徐坚：生于公元659年，卒于729年。字元固，唐代湖州长城人。举秀才及第，为万年主簿。预修三教珠英。神龙初年，仕为给事中，出为绛州刺史，又入朝为秘书监，再为集贤院学士，为张说的副手知院事，封东海郡公。

萧嵩：生于668年，卒于749年。著名唐朝丞相、军事家。后梁明皇帝萧岿玄孙，高祖武德宰相萧瑀曾侄孙。开元十七年（729）晋封徐国公。开元二十四年（736）加拜太子太师。

《通典》与杜佑

《通典》：唐杜佑撰，二百卷。是中国历史上第一部体例完备的政书。书成于唐德宗贞元十七年（801）。通记历代典章制度建置沿革史，始于传说中唐天宝末，间及肃宗、代宗、德宗三朝。分为食货、选举、职官、礼、乐、兵、刑、州郡、边防九典，各冠总论，下系子目，凡有一千五百八十四条，正文约一百七十万字，注文约二十万字。为中国典制文化专史的首创之作，对后世史书编纂影响甚巨。

杜佑：生于735年，卒于812年。字君卿，唐京兆万年人。唐代名相、史学家。以父荫步入仕途，历仕唐肃宗、代宗、德宗、顺宗、宪宗诸朝，40岁以后任中央高级官员和岭南、淮南等地的长官，近70岁时任宰相，78岁因病退休，不久去世。

《旧唐书》与刘昫

《旧唐书》：原名《唐书》，自宋代欧阳修、宋祁修《唐书》后，为区别起见，称为《旧唐书》。此书本纪二十卷、志三十卷、列传一百五十卷，共二百卷，记载了自唐高祖武德元年（618）至唐哀宗李柷天祐四年（907）唐朝二百九十年的史事。此书是五代时后晋天福六年（941）后晋高祖时，诏令张昭远、贾纬、赵熙等编修。后晋出帝开运二年（945）刘昫总理时书成，题为刘昫等撰。

刘昫：生于公元897年，卒于946年。字耀远，唐代末期涿州归义人，五代时史学家，后晋政治家。后唐庄宗时任太常博士、翰林学士。后晋时，官至司空、平章事。后晋出帝开运二年（945）受命监修国史，负责编纂《旧唐书》。

《旧五代史》与薛居正、卢多逊

《旧五代史》，原名《五代史》，也称《梁唐晋汉周书》，后人为区别于欧阳修的《新五代史》，便习称《旧五代史》。是由宋太祖诏令编纂的官修史书。薛居正监修，卢多逊、扈蒙、张澹、李昉、刘兼、李穆、李九龄等同修。当时五代时期的各朝“实录”基本没有散失，同时又有范质的《五代通录》作底本，再加上编书者对史料比较熟悉，因此成书时间很快，经始于宋太祖开宝六年（973）四月，至次年闰十月甲子日完竣呈上，前后只用了一年半左右时间。共一百五十卷，纪六十一，志十二，传七十七。按五代断代为书，梁书、唐书、晋书、汉书、周书各十余卷至五十卷不等。

薛居正：生于912年，卒于981年。字子平，五代时后梁开封浚仪人。北宋大臣、史学家。自幼好学，有大志。后唐清泰末帝二年登进士第，后周太祖广顺初，迁为比部员外郎，领三司推官、知制诰。周世宗显德三年，迁左谏议大夫，擢弘文馆学士，判馆事。六年，使沧州更定百姓租赋。以才干闻于朝，擢刑部侍郎，判吏部铨。宋初，迁户部侍郎，开宝五年监修《五代史》。宋太宗太平兴国初，加左仆射、昭文馆大学士。随宋太宗平晋阳还京师，进位为司空。六年，服丹砂中毒而卒，年七十。赠太尉、中书令，谥“文惠”。著有

《文惠集》三十卷。

卢多逊：生于934年，卒于985年。北宋宰相，崖州谪宦，五代时后唐河南怀州人。后周世宗显德初登进士第。北宋太祖开宝元年冬，仕为翰林学士。宋太宗太平兴国初，拜为中书侍郎、平章事，后任兵部尚书。宋太祖开宝年间任翰林学士时，奉敕与尚药奉御刘翰等纂修《新评定本草》，即后世所称之《开宝本草》。

《唐会要》与王溥

《唐会要》：一百卷，宋王溥撰。唐德宗时苏冕编订唐高祖至唐德宗九朝之事，称为《会要》，计有四十卷；宣宗大中七年（853）又诏令杨绍复等编唐德宗以来事，为《续会要》，计有四十卷；王溥重新加以整理编成《唐会要》一百卷。此书分为五百一十四目，对于唐代沿革损益之制极其详尽。《唐会要》所记，以唐宣宗前的内容较丰富，宣宗以后因编者无所因循，加以唐末历史资料散佚，所以记述较为简略。传至清代仅存传抄本，脱误颇多。嘉庆年间才以木活字排印并补入“武英殿聚珍版丛书”。所据旧抄本原缺卷七、八、九、十共四卷，后人以《旧唐书》《册府元龟》《开元礼》诸书中有关资料辑补。

王溥：生于922年，卒于982年。字齐物，北宋时并州祁县人。五代时后汉乾祐年间登进士第，后周广顺初年拜为端明殿学士，恭帝嗣位时官居右仆射，北宋代周后以原官进司空同平章事、临修国史，加太子太师，封祁国公，卒谥“康定”。

《锦里耆旧传》与勾延庆

《锦里耆旧传》四卷，又名《成都理乱记》，宋勾延庆撰。其书乃纪王氏、孟氏五代时占据四川的史事。《宋史·艺文志》记作八卷，陈振孙《书录解题》谓宋太祖开宝三年，秘书丞刘蔚知荣州，得此书，请勾延庆修之。清《四库全书》收录四卷本。

勾延庆：字昌裔，自称为前荣州应灵县令，不知其里籍。

《新唐书》与欧阳修、宋祁

《新唐书》：由欧阳修、宋祁等撰修，入宋后宋仁宗认为刘昫的《唐书》

“卑弱浅陋”，于是命欧、宋等人重撰。仁宗庆历四年宋祁完成了列传，范缜编写了志和表，欧阳修主持编写本纪、改定了志，勒成一书。全书共二百二十五卷，其中本纪十卷、表十五卷、志五十卷、列传一百五十卷。

欧阳修：生于1007年，卒于1071年。字永叔，北宋时庐陵人，累官枢密副使、参知政事，卒谥“文忠”。唐宋八大家之一，北宋著名文学家、史学家。

宋祁：生于998年，卒于1061年。字子京，北宋时安陆人。历任尚书工部员外郎、龙图阁学士、史馆修撰，因修史有功，授工部尚书，拜翰林学士承旨，卒谥“景文”，北宋著名文学家。

《资治通鉴》与司马光、刘攽、刘恕、范祖禹、司马康

《资治通鉴》：简称为“《通鉴》”，是北宋时由司马光主编的一部长篇编年体史书，共二百九十四卷，此书记载的历史上起周威烈王二十三年（公元前403），下至五代的后周世宗显德六年（959）征淮南，十六个朝代共1363年的历史，是中国第一部编年体通史。此书是由我国古代著名历史学家、政治家司马光和他的助手刘攽、刘恕、范祖禹、司马康等人历时十九年编纂的一部规模空前的编年体通史巨著，此书的汉代部分由刘攽分修，三国至南北朝部分由刘恕分修，唐代由范祖禹分修。在这部书里，编者总结出许多经验教训，供统治者借鉴，书名的意思是：“鉴于往事，资于治道”，即以历史的得失作为鉴诫来加强统治，所以叫《资治通鉴》。

司马光：生于1019年，卒于1086年。北宋著名政治家、史学家、散文家。北宋陕州夏县涑水乡人，世称涑水先生。赠太师、温国公，谥文正。司马光著述颇多。除了《资治通鉴》，还有《通鉴举要历》八十卷、《稽古录》二十卷、《本朝百官公卿表》六卷、《翰林诗草》《注古文学经》《易说》《注太玄经》《注扬子》《书仪》《游山行记》《续诗治》《医问》《涑水纪闻》《类篇》《司马文正公集》等。

刘攽：生于1023年，卒于1089年。字贡夫，一作贡父、赣父，号公非。临江新喻人。北宋史学家刘敞之弟。刘攽、刘敞与敞之子刘世奉尝合著《汉书标注》。世称三人为“墨庄三刘”。“墨庄刘氏”被奉为古代家庭教育典范。著有《公非集》六十卷、《文献通考》及《文选类林》《中山诗话》等，并行于世。

刘恕：生于1032年，卒于1078年。字道原，筠州人。宋仁宗皇祐元年举进士，仕至秘书丞，因触怒王安石，告老归乡，四十七岁卒。

范祖禹：生于1041年，卒于1098年。字淳甫，一字梦得，成都华阳人。少孤，闭门读书，所结交的都是当时闻人，举进士甲科，随司马光编修《资治通鉴》，在洛十五年，不事进取，书成后被司马光荐为秘书省正字。著有《唐鉴》十二卷、《帝学》八卷、《仁宗政典》六卷；而《唐鉴》深明唐三百年治乱，学者尊之，称为“唐鉴公”。

司马康：生于1050，卒于1090年。字公休，陕州夏县人。司马光之子。神宗熙宁三年进士。司马光修《资治通鉴》，为其检阅文字。元丰八年，擢秘书省正字。哲宗元祐元年，为校书郎。元祐四年，为修神宗实录检讨官。五年，提举西山崇福宫，元祐五年卒，年四十一。

《唐大诏令集》与宋敏求

《唐大诏令集》：一百三十卷，北宋宋敏求编。收录唐一代皇帝的诏令，是宋敏求据其父宋绶手辑之本重加订正而作，分为三十类，宋神宗熙宁三年编成后自为之序，因传抄的原因，缺卷第十四至二十四、八十七至九十八，共二十三卷。

宋敏求：生于1019年，卒于1076年。字次道，宋代赵州平棘人。北宋文学家、史地学家。赐进士及第，仕为史馆修撰，累迁龙图阁直学士。曾尝试预修唐书（即《新唐书》）。又私撰唐武宗以下六世实录一百四十八卷。编《唐大诏令集》一百三十卷。著有《长安志》20卷，为地市志之宗。有笔记《春明退朝录》一书，记掌故时事，文献价值颇高。

《历代名臣奏议》与杨士奇

《历代名臣奏议》：三百五十卷，明成祖永乐十四年由黄淮、杨士奇等奉敕编。上起商、周，下迄宋、元，共分六十四门。自汉以后，臣子奏章收罗汇集，凡历代典制沿革之由、政治得失之故，可与《通鉴》、“三通”互相考证。

杨士奇：生于1365年，卒于1444年。明目录学家、藏书家。本名寓。明代泰和人。早年家贫，曾在湖广做塾师多年，以教授学生自给。建文初，被荐入翰林，任编纂官。明成祖即位后改编修，主修《太宗实录》，累官左春坊大学士，迁少傅。仁宗即位，任礼部侍郎，兼华盖殿大学士。历仕建文、永乐、洪熙、宣德、正统诸朝。晚年与杨荣、杨溥并称“三杨”。于图书文化事业多所建树，精研目录学。《四库全书总目》评其“今阅百载，已散失无录。唯籍此编之存，尚可略见一代之名数，则亦考古所不废也。” 著有《三朝圣谕录》《奏对录》《历代名臣奏议》《东里全集》等。

《钦定续通典》与嵇璜、纪昀、刘墉

《钦定续通典》：是由清嵇璜、刘墉等奉敕撰，纪昀等校订，成书于乾隆四十八年（1783），为“十通”之一。全书共一百五十卷，体例仿《通典》，只有“兵”、“刑”分设2门，共9门，门下的子目稍有改变。取才的原则是先见取正史，再参考以《唐六典》《唐会要》《五代会要》《册府元龟》《太平御览》《山堂考索》《契丹国志》《大金国志》《元典章》《明集札》《明会典》等典志。全书详细记载唐肃宗至德元年至明崇祯十七年的典章政制，兴亡得失，尤以明史料最详。

嵇璜：生于1711年，卒于1794年。字尚佐，一字黼庭，晚号拙修。清代江南长洲人，清朝大臣。雍正七年赐晋为举人。八年登进士第，年仅二十为翰林院庶吉士。乾隆年间累任大理事卿、户部侍郎、工部尚书、左都御史。乾隆四十七年，加太子太保，在上书房总师傅上行走。五十一年致仕，五十九年卒，赠太子太师，赐祭葬，谥“文恭”。

刘墉：生于1719年，卒于1804年。字崇如，号石庵， 清代书画家、政治家。山东诸城县逄戈庄人。乾隆十六年登进士第，官至内阁大学士，为官清廉。刘墉的书法在当时为书法四大家之一，嘉庆九年（1804）十二月，刘墉年85岁卒于官，赠太子太保，谥号“文清”。

纪昀：生于1724年，卒于1805年。字晓岚，一字春帆，晚号石云，道号观弈道人。清代文学家。历仕雍正、乾隆、嘉庆三朝，享年八十二岁。因其“敏而好学可为文，授之以政无不达”（嘉庆帝御赐碑文），故卒后谥号“文达”。一生致力于修撰《四库全书》，乾隆四十六年（1781）上《钦定四库全书告成恭进表》，收为《四库全书》卷首。全文条分缕析，词采飞扬，富丽精湛，被称为“集中第一篇大文字”。乾隆五十八年（1793），纪昀又殚十年之力，编纂了《四库全书总目提要》。有《阅微草堂笔记》传世。

《山西通志》

《山西通志》：由清巡抚山西都察院右副都御史觉罗石麟等撰写。清代之前山西的通志始修于明成化中期，由督学佥事胡谧续修，其后嘉靖中期由副使周斯盛续修，万历中期则由按察使李维桢重新排纂。至清康熙二十一年山西督学道刘梅又据旧本重编，五易其稿而始成；清雍正七年石麟又奉诏纂辑成书。此书共二百三十卷，记载山西一地由先秦至清雍正年间的史事。

《全唐文》及作者

《全唐文》：嘉庆十三至十九年由董诰领衔，阮元、徐松等百余人参加编纂，清代官修的唐五代的文章总集，一千卷。共收文章一万八千四百八十八篇，作者三千零四十二人，每一位作者都附有小传。编次以唐及五代诸帝居首，其次是后妃、诸王、公主，再次为各朝作者、释道、闺秀，宦官、四裔附编书末。清宫原藏有《唐文》稿本一百六十册，清嘉庆帝认为它“体例未协，选择不精”，下令重编。即在这一稿本基础上，采《文苑英华》《唐文粹》等总集补其缺略，又从《永乐大典》中辑录了唐文的单篇残段，旁采他书及金石资料编校而成。它汇集了唐朝及五代的文章，为学者查阅使用这些资料提供了方便。该书编成后，即颁发扬州，由督理两淮盐政阿克当阿等负责校刻，嘉庆二十四年（1819）刻成，此即所谓扬州官本

董诰：生于1740年，卒于1818年。字雅伦、西京，号蔗林，一号柘林，谥文恭，董邦达长子，清代浙江富阳人。乾隆二十八年中顺天乡试举人，明年登进士第，殿试名列一甲第三，乾隆帝以其系大臣子，改置二甲第一，为传胪，授翰林院庶吉士，历仕为礼、工、户、吏、刑各部侍郎，《四库全书》副总裁，奉命辑《满洲源流考》，充武英殿总裁，以至文华殿大学士。四十四年，任军机大臣。嘉庆二十三年以太保大学士致仕，十月，病剧而卒。嘉庆帝亲临祭奠，赐谥“文恭”。

阮元：生于1764年，卒于1849年。字伯元，号芸台，又号雷塘庵主，晚号怡性老人，清代扬州仪征人，廿五岁登进士第，嘉庆三年任户部左侍郎，嘉庆廿五年在粤创立“学海堂书院”。道光六年，迁云贵总督、仁阁大学士，道光十八年（1838）致仕，返扬州定居，先后加太子太保、太傅。道光二十九年（1849） 去世，谥“文达”。在经学、方志、金石学及诗词方面都有很高造诣，尤以音韵训诂之学为长，著书一百八十余种。

徐松：生于1781年，卒于1848年。字星伯，浙江上虞人。清代著名学者。生于浙江绍兴，随父移居顺天大兴，嘉庆十年以二甲第一名登进士第，授翰林院编修。嘉庆二十五年，编定《新疆识略》。官至礼部郎中，道光二十八年卒。

附录三：试析中国历代养老制度

骆　明

老年问题是人类社会的一个永恒的话题，自有人类以来就未曾停息。如何对待老年人，关系到一个国家、一个社会的稳定。无论是哪一个历史阶段，老年问题在整个国家、社会中都有着相当重要的地位。我国作为一个拥有着数千年文明的古国，对这一问题尤为重视。

对老年问题的重视自古以来既见于行动又见于典籍。从行动上看中国历代对老人都有着不同程度的尊奉，自夏、商、周三代始至现代，几乎每个时代都有着对老年人不同的奉养制度、尊奉规范，《礼记》中在论述养老礼时就曾述说："有虞氏养国老于上庠。养庶老于下庠。夏后氏养国老于东序。养庶老于西序。殷人养国老于右学。养庶老于左学。周人养国老于东胶。养庶老于虞庠。"[1] 这一记述不仅见于此书，在先秦文献上也多有提及。从思想上看，历代的圣哲、贤人对养老这一问题提出各种各样的见解：晏子主张"赈孤寡而敬老人"[2]，孔子主张"今之孝者，是谓能养。至于犬马，皆能有养；不敬，何以别乎？"（《论语·为政》），管子主张"养长老，慈幼孤，恤鳏寡，问疾病，吊祸丧，此谓匡其急"（《管子·五辅》），等等，这种种说法可以说是我国传统孝道的一种延伸。从律令上看，历代关于养老奉贤的诏、令、律、敕，上起于夏、商、周的青铜器上铭文的表述，下至于历代王朝诏令中的要求，形形色色，可以说史不绝书。从礼制上看，我国历代的礼制相因相习，从上古三代至明清，敬老、养老的礼仪，历代的礼法制度上都有专章表述，历朝历代不仅是国家提倡敬老、尊老，同时还制定了与敬老相关的各种礼法制度。从税役制度上看，我国历代的税役制度对老年人有所侧重，不再是单纯地按丁收税征役，而是按年龄的老少给予相应的宽免政策，以便更好地奉养老人、照顾儿童。

1．《通典·礼二十七·沿革二十七·嘉礼十二·养老》。

2．《晏子春秋·卷一·内篇谏上第一》。

可以这样说，我国几千年来形成的完整养老体系和制度，相对于其他文明中的养老制度而言，是先进的，是充满了人性化的。

一、孝道与养老

“孝”这一字最早出现在商代的甲骨文卜辞中，东汉许慎的《说文解字》将这一字释义为“事父母为孝”。《尔雅·释训》中将这一字释义为“善父母为孝”。清代的《康熙字典》将“孝”字列入“子部”。当时的学者认为孝敬老人是子女们应做的事，《诗经·小雅·蓼莪》中曾这样咏唱：“父兮生我，母兮鞠我。拊我畜我，长我育我。顾我复我，出入腹我。欲报之德，昊天罔极。”传统的中华文明中对自己的父母、老人有着非同寻常的感情。汉代的《说文解字》中记：“孝”字“从老，从子，子承老也。”可以形象地说，这个字的组成犹如一个老人在庇护着一个孩子，也可以形象地解释为老人拉着子女长大，亦可解释成子女在下面搀扶着老人。也就是说，从字形和字义上来看，“孝”与“老”这两个字可以说是密不可分的。因此可以这样说，中国传统的孝道，所尊奉的首先是自己的老人，而与老人最亲密的人是自己的子女，这是毋庸置疑的。

孝道是中国传统文明精华的一部分，历代对“孝”的释义多不胜数，比较著名的一句话出自曾子《孝经》的开篇：“夫孝，天之经也，地之义也，民之行也。”我国文明的传承和历代“以孝治家”、“以孝治国”几千年来莫不如是。这种观念可以说影响深远，《周易》中就有“乾，天也，故称乎父。坤，地也，故称乎母”（《周易·说卦·第十章》）一说，此说将父母比拟成天和地，将子女比拟成天和地所交合孕育而成的生灵，曾子的《孝经》开篇也就源于这一观念，在这种观念下如何育人、行孝，就成了上述认知的一种延续。儒家育人观念有“修、齐、治、平”一说，初始的“修”字即指的是“修身”，也就是说一个人如果要想立身于社会，首先要修养自己的身心。这种修养是多方面的，其中至为重要的一点便是修德，因此曾子在《大学》一书中的开篇，首句便是“大学之道，在明明德”，他认为做人首先要明晓什么是“德”，如何去遵从“德”、运用“德”？他在另一本书中又说“夫孝，德之本也，教之所由生也”（《孝经·开宗明义章第一》），明确指出“孝”是一个人道德行径的根本，而“孝”这种德行对于世间的人来说，首先要面对的便是自己的父母、长辈。

不仅儒家如此，同时期的其他各家也有类似的理论，比如：兵家认为“民有孝慈者爱敬之，尽力农桑者慰勉之，旌别淑慝表其门闾”（《六韬 · 卷一 · 盈虚第二》），早期的法家认为“义有七体……曰：孝悌慈惠，以养亲戚……”（《管子 · 五辅第十》），晏子认为“事亲孝，无悔往行”（《晏子春秋 · 卷四 · 内篇问下第四》），墨家认为“孝，利亲也”（《墨子 · 卷十 · 经上第四十》），道家认为“事其亲者，不择地而安之，孝之至也”（《庄子 · 卷二上 · 第四人间世》），等等。值得注意的是，佛教东来中国化之后，北宋高僧释契嵩仿曾子《孝经》著述《孝论》十二篇，将孝这一道德规范列入了佛门弟子的规范之中。[1]

以上记叙我们可以明显看出，中国传统的“孝”是和家庭“养老”分不开的，也正因为个人修身之中有“孝”这一说，于是“孝德”一词也便成了人们经常提及的词语。对家庭而言是如此，对国家、社会也是这样，这正是我国历代提倡孝道，以求达到社会稳定、和谐的原因之一。这种稳定除了对人心性上的培养，同时在行动上也要求人们，要对自己的老人给予“孝养”，社会稳定才会有基础。汉宣帝地节二年，宣帝在诏旨中所说的“导民以孝，则天下顺”[2] 正是这一层意思。在这个基础上，自汉以降，历代的王朝承续了先秦以来有关“孝养”的思想，大力提倡孝，并将这一理论抬高到“以孝治国”的层面，再结合以先秦时各家各派相关的孝亲思想，将其扩大化，将人们从单一的孝养父母、长辈，扩大到了社会层面，进而推至全国范围，以大力提倡养老，汉代的“于乡里先耆艾，奉高年，古之道也”[3] 便是当时所提出的一种官方说法。这种说法的提出使得“孝”一字不再是单纯意义上只对自己的父母、长辈进行孝养，同时也扩展到社会的层面，这一层面要求人们对老人进行奉养。这种“奉养”已经不单是道德层面上的问题，同时所包含的更多的是政治层面上的意义。也就是说，历代所由孝而推衍的“养老”，可起到稳定社会、传承文明、移风易俗、敦厚品性的作用。“古者乡有塾，党有庠，所以明尊卑之义，正长幼之序，风化之道，义在于兹。先置乡学，务令敦劝。如闻郡县之间，不时训诱，闾巷之内，多亏礼节，致使言词鄙亵，少长相凌，有黩清猷，何成雅

1．宋 · 释契嵩《镡津集 · 卷三 · 辅教编下 · 孝论》。
2．汉 · 班固《汉书 · 帝纪第八 · 宣帝》。
3．汉 · 班固《汉书 · 帝纪第六 · 武帝》。

俗？”[1]说的正是这种情况。正是由于历代对于“养老”一事的重视，衍化出了养老的各种方式、礼仪、制度。

二、历代的养老理论与制度

从本质上说，孝所指代对象就是善事父母，《说文》中记孝的释义首句是“善事父母者也”，末句为“子承老也”。在历代文献中所记的“大舜孝亲”的故事，可以说是上古时期孝亲养老的典范，与此相类似的故事和记载还有很多，我国的先民早在先秦之前，便已形成了“孝”的观念。正如《诗经·小雅·蓼莪》中所咏唱的那样：

蓼蓼者莪，匪莪伊蒿。哀哀父母，生我劬劳。蓼蓼者莪，匪莪伊蔚。哀哀父母，生我劳瘁。瓶之罄矣，维罍之耻。鲜民之生，不如死之久矣。无父何怙，无母何恃。出则衔恤，入则靡至。父兮生我，母兮鞠我。拊我畜我，长我育我。顾我复我，出入腹我。欲报之德，昊天罔极。

可以说养老这一习俗始于“孝亲”，其意义却要广于“孝亲”，这一习俗对我国传统的“大同之境”理想社会形态的提出，有着相当重要的作用。我国的奴隶制时代也好，封建制时代也罢，对于理想社会都是充满了憧憬的，《诗经》中所提到的“乐土”、孔子所向往的“小康、大同”不外如是。“大道之行也，天下为公，选贤与能，讲信修睦。故人不独亲其亲，不独子其子，老有所终，壮有所用，矜寡孤疾，皆有所养。货恶其弃于地，不必藏于己。力恶其不出于身，不必为人。是故谋闭而不兴，盗窃乱贼在而不作。故外户而不闭，谓之大同。”[2]也就是说要让天下出现“大同之治”，光是孝亲是不够的，在这一基础上人与人之间还要有“不独亲其亲，不独子其子”的品性，只有在具有这种品性基础上，才会出现“大同”这一社会现象。正因为如此，历代为了使国家强盛、和平、有秩序、能平稳地发展，于是便不遗余力地推行养老之政，“畏天”的思想和“敬天”的思维伴随我国传统哲学数千年，传统的中华文明要求人们敬颂祖德、敬奉长辈，两千多年我国崇儒的习性，更使得尊老敬老成为一种风气、一种习俗。

《逸周书》中载“九德：一孝，孝子畏哉，乃不乱谋；二悌，悌乃知序，

1．《全唐文·卷三十九·元宗二十·加应道尊号大赦文》。
2．《孔子家语·卷七·礼运第三十二》。

序乃伦，伦不腾上，乃不崩；三慈惠，知长幼，乐养老；四忠恕，是谓四仪，风言大极，意定不移……”[1]之后的其他几种德行，诸如“中正、恭逊、宽弘、温直、兼武”都是从“孝、悌、慈惠、忠恕”扩展而来，尤其是九德之中的“慈惠”一说，更明确地提出了“乐养老”，一个“乐”便将我国先秦民风、道德中的养老习俗道出。另外“入国四旬，五行九惠之教，一曰老老、二曰慈幼、三曰恤孤、四曰养疾、五曰合独、六曰问病、七曰通穷、八曰振困、九曰接绝。所谓老老者，凡国都皆有掌老。年七十已上，一子无征，三月有馈肉。八十已上，二子无征，月有馈肉。九十已上，尽家无征，日有酒肉。死，上共棺椁。劝子弟精膳食，问所欲，求所嗜，此之谓老老……”[2]更是将当时国家及民间养老的要求和老人的待遇说的清清楚楚。诸如此类的先秦文献还有许多，如在《晏子春秋》中记下了晏子和齐景公的一段对话[3]：

景公游于寿宫，睹长年负薪者，而有饥色。公悲之，喟然叹曰：“令吏养之！”

晏子曰：“臣闻之，乐贤而哀不肖，守国之本也。今君爱老，而恩无所不逮，治国之本也。”

公笑，有喜色。晏子曰：“圣王见贤以乐贤，见不肖以哀不肖。今请求老弱之不养，鳏寡之无室者，论而共秩焉。”

公曰：“诺。”于是老弱有养，鳏寡有室。

对话不长，所反映的却是先秦时期有关养老和治国之间的关系，即“爱老——治国之本”。这一思想的延续，使得孟子在他的书中记下了先秦时代理想状态下养老的一些用度，“五亩之宅，树之以桑，五十者可以衣帛矣；鸡豚狗彘之畜，无失其时，七十者可以食肉矣；百亩之田，勿夺其时，数口之家可以无饥矣；谨庠序之教，申之以孝悌之养，颁白者不负戴于道路矣。七十者衣帛食肉，黎民不饥不寒，然而不王者，未之有也。”（《孟子 · 梁惠王章句上》）这些用度，虽然只是在农耕时代理想化的一种养老举措，却不能不表明至少在思想上，我国先秦以前就有了有关养老的许多思想、措施，而后世许多养老的制度是其沿用和发展。也正是在这一百家争鸣的时间段，“孝亲、养老”观念又被赋予了一些哲学的色彩。从孔子开始，儒家的沿习、阐发，

1．《逸周书 · 宝典第二十九》。
2．《管子 · 入国第五十四》。
3．《晏子春秋 · 卷五 · 内篇杂上第五》。

孝道始成，从他的“尝陈俎豆，设礼容”行动开始，至《论语》中有关他“孝亲”、“养老”的言辞，直至曾子《孝经》的成书，再至孟子论孝，“孝”始被冠以“道”。

先哲对孝的论述广泛且深刻，这种深刻的程度已远远超出了奉养父母的范围，“夫孝者，善继人之志，善述人之事也”（《中庸》）是把“继志”作为孝的表现；“孝子之至，莫大乎尊亲；尊亲之至，莫大乎以天下养”（《孟子 · 万章章句上》）是把个人的“孝养”推广到天下的提法；“老吾老，以及人之老；幼吾幼，以及人之幼。天下可运于掌”（《孟子 · 梁惠王章句上》）是从治国的层面强调养老育幼对国家的作用。综合这些思想，于是在育人成才、风俗养成和律法条文上，自先秦以来便有了诸多类似于《孝经》中“五刑之属三千，而罪莫大于不孝”（《孝经 · 五刑章第十一》）的提法，于是“孝”的观念便由最初的道德观念转而成为了“孝道”。从历代的文献中我们也可以看出，“孝道”的提出承续了先民的习俗，习俗养成之后，再加上国家的提倡、后世的沿习、补充，国家的宣传、教化、推行，这一美德渐成、规范渐明、制度渐多。

“法”与“德”这两个词，对国家的稳定和发展是至关重要的，它们的重要性不仅表现在对国家的稳定起着莫大的影响，同时对于一个国家文明的传承也起着重要的作用。如果说“法”是带有着强制性的特性，那么“德”就是要求社会上的人共同遵守的一种行为规范。“孝”正是“德”这种规范中相当重要的一环。如上文所述，思想和行为的形成，直接影响到了国家相关制度的产生。比如《周礼 · 地官 · 司徒》有关负责养老一事的官职设定为：

“大司徒之职，掌建邦之土地之图……以保息六，养万民：一曰慈幼，二曰养老，三曰振穷，四曰恤贫，五曰宽疾，六曰安富……”又载：“乡大夫之职：各掌其乡之政教禁令……内史贰之。退而以乡射之礼五物询众庶。”

再如：《礼记 · 王制》中有关养老的地点和奉养人员的设定为：

有虞氏养国老于上庠，养庶老于下庠；夏后氏养国老于东序，养庶老于西序；殷人养国老于右学，养庶老于左学；周人养国老于东胶，养庶老于虞庠。虞庠在国之西郊，有虞氏皇而祭，深衣而养老；夏后氏收而祭，燕衣而养老；殷人冔而祭，缟衣而养老；周人冕而祭，玄衣而养老。凡三王养老皆引年，八十者一子不从政，九十者其家不从政。

同书的《文王世子》一篇所载有天子在太学中行养老礼的记述：

天子视学，大昕鼓徵，所以警众也。众至，然后天子至，乃命有司行事，兴秩节，祭先师先圣焉，有司卒事反命，始之养也。适东序，释奠于先老，遂设三老、五吏、群老之席位焉。适馔省醴，养老之珍具，遂发咏焉，退修之，以孝养也。反，登歌清庙，既歌而语，以成之也，言父子君臣长幼之道，合德音之致，礼之大者也。下“管象”，舞“大武”。大合众以事，达有神，兴有德也。正君臣之位，贵贱之等焉，而上下之义行矣！有司告以乐阕。王乃命公侯伯子男及群吏曰“反养老幼于东序”，终之以仁也。

同书的《乡饮酒》篇中也记载了各地行养老礼一些礼法，这些记录不仅在《周礼》《礼记》中有所表述，与这些书同期或更早一些、晚一些的文献之中诸如《逸周书》《左传》《墨子》《庄子》《孟子》《孔子家语》等书中都有不同程度的表述。这些表述无不证明养老在我国先民之中的地位，养老礼在国家礼制中的地位。“尊”与“奉”是国家对老年人的态度，当然这种习性的培养、养成有利于国家、社会稳定和发展，但不可否认脱胎于“孝”的“养老”，对我们国家传统习俗和道德的形成有着重要的作用。

自先秦之后，遍查我国古籍中的史传、载记、文集，有关养老的记叙多不胜数。东汉显宗孝明帝于永平二年“冬十月壬子，幸辟雍，初行养老礼”[1]，三国时曹魏高贵乡公于甘露三年下诏：“夫养老兴教，三代所以树风化，垂不朽也。必有三老、五更以崇至敬，乞言纳诲，著在惇史，然后六合承流，下观而化。宜妙简德行，以充其选。”[2]此外三国、两晋、南北朝也都有类似的记述，尤其是到了隋唐之际，随着国家的强盛，人口的增多，社会经历了数以百年的战乱后，人们所遵守的道德问题成为了一个重要的社会问题，隋文帝在开皇初年曾叹道：“民不见德，唯争是闻。朝野以机巧为师，文吏用深刻为法，风浇俗弊，化之然也。虽复建立庠序，兼启黉塾，业非时贵，道亦不行。”[3]这些社会问题如何得以解决，已为当时国家所重视，由隋至唐又经战乱，初唐时期为了使国家日趋稳定，采取了多种多样的方法，其中重要的一项便是更进一步地尊奉孝道，自唐高祖开始崇儒，到了唐高宗时更是大力提倡孝道，下令“僧、道、官、庶”皆尊养父母一事[4]，玄宗注《孝经》、天下藏《孝经》一

1．《后汉书 · 帝纪二 · 显宗孝明帝》。
2．《三国志 · 魏书 · 三少帝纪第四 · 高贵乡公髦》。
3．《隋书 · 列传第二十 · 柳昂》。
4．《全唐文 · 卷二百五十四 · 令道士女冠僧尼拜父母敕》。

事[1]，当时全国藏《孝经》、举国尊老几乎已经成为惯例。在唐玄宗之时成书的《大唐开元礼》一书，更是将初唐及其以前的礼法制度进行了统一的整理，其中的《嘉礼》部分用了二十余卷的篇幅，详细地记录了有关孝亲、养老、乡饮酒等方面的礼仪，由国家主持编定的这部书，在理论上、文献上更加明确地指明了国家对养老一事的态度。自唐而后，养老的礼法便成为了定式，为历代所沿用。

传统意义上的孝，比较狭义的说法指的是“孝养父母”，这种孝养父母的确可以培养人们好的心性，如果仅局限于家庭这一个小的环境，国家是不会发展的。我国传统的哲学思想中的“入世”说，从简单意义上说就是自己能为社会做些什么，这便要求人们要有一种较为广阔的视野，要求人们必须走出家庭。

这种视野如何培养，方法当然是多种多样的，但基于传统的道德理念，“孝”是相当重要的一个环节，“求忠臣于孝子之门”一说虽然有些偏颇，但不可否认这一说法是建立在良好心性的基础上的，两者的结合点之一便是养老、敬老。宋代刘敞曾说“养老盖以尽孝慈也……尊其年尚其德也，尊其年仁也，尚其德义也。仁且义所以天下无所为而晏然矣……孝之道达则子咸若，悌之道达则幼咸若”[2]，就是说他认为养老、敬老这一品性是“孝”这一德行的延伸，由此可以使社会达到“仁且义”的现象。同时代的张九成借译注《孟子》一书时说：“谨庠序申孝悌，使老者衣帛食肉不负戴于道路，黎民不饥、不寒，不漂流于沟壑，此王道也。”[3]这就从理论上说明了养老对国家的作用。历代在尊奉“孝道”的基础上推行养老制度，其目的便有端正民风、培养民俗、稳定社会、和谐国家的含义在内。自汉以来，历代王朝所颁的诏、旨、律、令，往往有着大量养老的内容，这也如明代洪武帝所说“尚齿所以教敬，事长所以教顺，虞夏商周之世，莫不以齿为尚，而养老之礼未尝废，是以人兴于孝悌，风俗淳厚治道隆平”[4]一样。于是不行“孝道”，不明“养老”，别说是“入世”，即便是为人也会被人所不齿。正因为国家的提倡，各地出现了各种各样以“孝”或“养老”礼仪命名的地名，如唐 · 陆广微《吴地记》中记：“百口桥：后汉郡人顾训，家有百口，五世同居，乡人效之，共议近宅造

1．事见《唐会要 · 卷四十七 · 议释教上》《新唐书》《旧唐书》。
2．宋 · 刘敞《公是集 · 卷三十八 · 四代养老论》。
3．宋 · 张九成《孟子传 · 卷六》。
4．明 · 俞汝辑《礼部志稿 · 卷一 · 圣训》。

“百口桥”，以彰孝义也。”；山东宁阳有一乡以“乡饮酒”命名；江西有鄱阳有“孝经潭”，等等。古风依旧，体现了我国传统的民风道德。

三、历代养老方式种种

“养老”是从“孝养”这一道德规范扩展而来，这种扩展有着很深的道德烙印。如果说“孝”可以促进一个家庭的稳定、和谐，那么随之扩展而来的“养老”，也成为稳定社会形态的一种重要催化剂。这种催化剂和国家的律令、礼制不相违背，且能促进国家律令、礼制正常运行，因此历代都将“养老”这一制度，放在了国家体制内，占有着相当重要的位置。

赐几杖：唐高宗显庆二年曾下诏说：“古之为政先于尚老，居则致养，礼传三代，行则就见，制问百年……念其将智尤重乞言，俾申恩于几杖，其布惠于乡国。”[1]这道诏书很能说明问题，即当时的国家已经考虑到养老、敬老对国家秩序的稳定作用，这种作用其中相当重要的一点便是传承，这种传承是可以劝导百姓、教化黎庶如何教子成人的。对国家来说，社会是要求稳定、讲求和谐的，正是因为源于孝道的养老之道有着“厚人伦者莫大于孝慈，正家道者无先于敦睦”[2]的特质。因此历代为了更好地稳定统治秩序、移风易俗、敦厚品性，便采用了多种多样的方式在国家的范围之内提倡养老。

律法制度：在律法制度上，历代给老年人各种各样的优恤。如汉景帝曾下诏“高年老长，人所尊敬也；鳏寡不属逮者，人所哀怜也。其著令：年八十以上，八岁以下，及孕者未乳，师、朱儒当鞠系者，颂系之。”[3]以后历代对老年人刑罚都增加了一些减免的规定，比如金章宗曾下诏“敕尚书省：‘祖父母、父母无人侍养，而子孙远游至经岁者，甚伤风化，虽旧有徒二年之罪，似涉太轻。其考前律，再议以闻。’”[4]除此之外，在律法条文中，历代对如何尊奉老年人有着相当严格的规定。东汉光武帝在建武二十九年曾下诏令：“天下系囚自殊死已下减本罪各一等，不孝不道不在此书。”[5]始自南北朝时北齐所编定的《齐律》中“十恶不赦”这一律令，更是将“不敬”、“不养”[6]的

1．宋·宋敏求·《唐大诏令集·卷八十·典礼·朝贺·老人赐几杖、鸠杖敕》。
2．宋·王称《东都事略·本纪二·太祖》。
3．汉·班固《汉书·志第三·刑法》。
4．《金史·本纪第十二·章宗四》。
5．《后汉书·光武帝纪·卷八》。
6．见《隋书·志第二十·刑法》。

刑罚推向了一个新的高度。之后作为国家法典的规本之一的《唐律疏议》，更是明确地在条文中，规定出了各种各样对“不敬”、“不孝”、“不养”的刑罚举措，使得“孝”及“养老”的规范，在法令律例上形成了一个完整的体系。这一体系一经形成，便为后世历代所沿用。

税赋征役：税赋征役方面，北魏孝文帝于延兴三年下诏“年八十已上，一子不从役”[1]，之后唐代也规定“以民间户高丁多者，率与父母别籍异居，以避征戍。乃诏：十丁以上免二丁，五丁以上免一丁，侍丁孝者免徭役”[2]。元代元世祖时也曾下诏“二十八年钦奉诏书内一款，老人年八十以上与免一子杂泛，使之侍养”[3]。这种种方法不外乎要求社会上各阶层人，不要将老年人当成家庭的拖累，国家先从税赋制度上给人一个明确的信号，这种信号告诉世间的百姓，至少从国家法令上看，养老、敬老这种行为，在家庭中对家庭经济是有所帮助的，其次在律例上不敬老、不养老也是为国家律令所不容的。在我国历代的旌表制度中，一个“孝养父母”“敬养老人”及“高年耆老”，为乡里所推重的人，国家将对其给予相应的旌表，这种旌表不仅仅是表彰他们的品行，同时，在税赋制度上也有相应的优待。《魏书》载：北魏孝文帝在太和四年曾下诏：“耆老，赐锦彩、衣服、几杖、稻米、蜜、面，复家人不徭役。”[4]唐德宗《建中改元赦》中说“义夫节妇、孝子顺孙，旌表门闾，终身勿事”[5]，这一制度为后世所沿用。我们知道，在封建的小农经济社会状态下，税赋对于一个家庭来说是相当繁重的一项负担，可是国家对“孝养父母”“敬养老人”及“高年耆老”这样的人或家庭，却提出了免除税赋的奖励，其吸引力不可谓不大，如果说这种情况仅仅是物质上的，那么从精神上国家除了将其人其事记入史传，同时更在当地建“忠义孝弟”[6]祠将这些人或事刻列铭文，传之永久，更是从名上体现出了对老人的优恤，对孝敬父母的子女的褒奖。税赋制度上的优待，使老年人生活的空间加大，同时也让老年人的后辈子孙有了更多的空闲时间和空余财物去奉养老人，结合着当时的人们自小培养出来的孝的理念，至少是给了老年人更大的生存空间。

1.《魏书·帝纪第七上·高祖孝文帝》。
2.《新唐书·志第四十一·食货一》。
3.《元典章·典章三·圣政卷之二·赐老者》。
4.《魏书·帝纪第七上·高祖孝文帝》。
5.《唐大诏令·卷五·帝王·改元赦下》。
6.清·《畿辅通志·卷四十九·祠祀》。

赐尊号：赐予老年人尊号也是历代养老的一个重要方面，这种尊号的赐予自两汉以来便有着相对固定的名称——版授官职。“版授官职”是国家以政令的形式颁布的，可以说是一种恩养制度。这种制度已经不仅限于免除赋税、免于征役、减免刑罚等优恤方式，而是在政治上给老年人以一定的地位，这种政治上的尊奉并不只针对世家大族、官宦人家，对于平常的百姓也是如此。虽然“版授”并没有什么实际的职权，但至少从政治上确立了老人在国家中的地位。此种例子相当多。其中北魏时期正史所载的“版授”一事就不下二十次，仅北魏孝文帝就十数次下诏“百年以上，假县令，九十以上，赐爵二级，七十以上，赐爵一级”[1]。北魏以后历代都在不同程度上使用这一方法，唐代的制度“赐京城父老物人十段。七十以上版授本县令，妇人县君；六十以上县丞。天下侍老，百岁以上上郡太守，妇人郡君；九十以上上郡司马，妇人县君；八十以上县令，妇人乡君。”[2]这就又比北魏时期更高了一个层次。上文中所提到的“爵”指的是民爵，“君”指的是封号，这两种称号虽然并不显贵，“民爵”仅有三级，“君”在许多时候仅为尊称，但与之相适应，每晋民爵一级、加一次尊号，相对应的便是家中所占有的土地至少要扩大一倍，老年人自然没有体力侍弄这么多的土地，作为农业帝国的我国历代王朝，至为重要的是土地，多出来的这些土地，无形中给家庭所带来的好处毋庸置疑。自唐而下这种养老的方式从未断绝，只是方式有所变化。《明会典》中曾载：“所在有司审耆民年八十、九十邻里称善者，备其年甲行实具状奏闻。贫无产业者八十以上每人月给米五斗、肉五斤、酒三斗；九十以上岁加给帛一匹、絮五斤。其有田产仅足自赡者，所给酒肉絮帛亦如之。其应天、凤阳二府富民年八十以上赐爵里士，九十以上赐爵社士，皆与县官平礼。”[3]称呼上虽然出现了变化，但实质上的内容是相通的，到了明永乐年间“永乐中修撰罗汝敬之父以明就养京师……命大官赐膳，人皆荣之。黄淮之父性，累封至右春坊大学士。”[4]也就是说对于老人，那个年代所树立的典范已尊奉至“右春坊大学士”一职，虽然这一职位没有什么实际权力，但仅这一称号已是朝中“三品”左右的官阶。明天顺年间“天顺中李贤之父升，封少保吏部尚书兼大学士以迤恩诣阙谢就养者

1．《魏书 · 帝纪第七 · 高祖孝文帝》。
2．《新唐书 · 本纪第五 · 玄宗》。
3．《明会典 · 卷七十九 · 礼部三十八 · 养老》。
4．明 · 黄佐《翰林志 · 卷五》。

数月，及升陛辞，上特赐宝镪三千贯。”[1]这种种方式，无不彰显了历代对老年人的重视，这也给天下的百姓做出了一种表率，无形之中就与国家所提倡的孝道结合了起来，给当时的人们一个非常明显的信号，只要孝敬父母，使老年人得以长寿，国家就会对此给予表彰、奖励。这些方法对于社会中的“养老”心性的促成有着很好的促进作用。

科举时的优待：科举制是始于隋唐的一种选官制度，这种制度比之前出现的世卿世禄制、举荐孝廉制、九品中正制要进步得多，因为它至少打破了门阀大族对于政治的奍断，使庶族子弟、平常百姓得以凭自己的才能进入仕途。科举对于士子们来说是伸展抱负的阶梯，也可以说自有科举以来，更多的儒家弟子得以施展了入世治国的抱负。科举选士毕竟是十分困难的，一个家庭供养一名士子成才，不是一件容易的事，千百年来登科入仕并非只是自己的事情，它关联着整个家族，最直接的便是自己的父母、祖父母、曾祖父母。我们说“孝”的一种表现形式是“光亲”，在当时的环境下，“光亲”最直接的方法便是“入仕”，“入仕”之后且不说其要承担什么职责、施展哪些抱负，却至少可以让自己的父母、家庭光彩许多，至少国家可以用“封赠”的方法提高“入仕”之人父母、祖父母的地位，富贵的可以让老人以更舒畅的心情生活，贫苦的可以更好奉养老人。“一品赠三代，二品、三品赠二代，四品至七品赠一代，各照见授职事，依例封赠。正一品至从七品曾祖父、祖父、父各照见授职事封品、封赠；正从一品曾祖母、祖母、母、妻各封赠一品夫人；正从二品祖母、母、妻各封赠夫人；正从三品祖母、母、妻各封赠淑人；正从四品母、妻各封赠恭人；正从五品母、妻各封赠宜人；正从六品母、妻各封赠安人；正从七品母妻各封赠孺人。”[2]这是明代对官员的封赠例律，其他各朝也大略相同，散见于我国历代各种史书、文集之中的“封诰、封诰命”二词，大多是指对官员父母、祖父母、曾祖父母的一种封赠的说法。同时，科举制下，对于那些没有入仕的生员，只要取得秀才以上的功名，按当时的国家制度，是免于租赋的。这种减免，对于小农经济体制下的上古、中古时代，可以说极有吸引力，而取得功名之后的人在乡间的地位也会改变许多，家中的老人的地位和受尊奉的程度也会相应地提高。

1．明 · 黄佐《翰林志 · 卷五》。
2．明 · 《明会典 · 卷八 · 官制六 · 吏部七 · 诸司职掌》。

终养制：与官员入仕之后的封赠制度相关联的是历代的“终养”制度。所谓终养是指子孙为官，直系的父母、祖父母、曾祖父母、继子的本生父母（即生父、生母）年老家中无人奉养，子孙可以奏请朝廷回家奉养老人，至老人丧亡、子孙守制期满后再回朝补用的制度。依照《钦定大清会典则例》记载“顺治十三年题准：“凡内外官员有祖父母、父母年老无伯叔兄弟者，准其终养。”[1]又载康熙三年题准：“父母年七十以上其子均出仕在外，户内别无次丁者，或有兄弟笃病不能侍奉者，或母老虽有兄弟而同父异母者，皆准回籍终养。其父母年至八十以上，虽家有次丁愿养者亦听。京官具呈到部具题，外官督抚代题，仍取同乡官印结，督抚互相代题， 应补之日起文赴部补用。”[2]其他各代也有着类似的规定，不再一一列举，这些事例说明当时的国家对能够培养出治国理政之才的父母相当重视，也同时给天下的人一种奉亲养老、光亲尽孝的明确方式，两个方面相辅而成，使教子、养老成为一个良性循环。

道、释诸教的规定：道教是我国的传统宗教，佛教自汉代传入我国后，经魏晋与我国传统文明的融合，隋唐之后也形成中国化的模式。这两种宗教在我国历史上影响深远。针对这两个教派的特点，我国历代对这两个教派中的“出世”“出家”之人有明确的规定，也就是说，出家并不代表着已出家的人不再奉养老人、敬奉老人，与自己的家人无关。唐玄宗曾下“令道士女冠僧尼拜父母敕” 诏，文中明确提出“自是已后，道士女冠僧尼等，并令拜父母，丧纪变除，亦依月数，庶能正此□弊，用明典则，罔亏爱敬之风，自叶仙真之意。”也就是说，人可以出家，但不能不认自己的父母，也不能不敬养自己父母。南宋时的《庆元条法事类》中也记宋宁宗时的敕令“诸僧道不得受缌麻以上尊长拜”[3]，说的也是这一个意思。这一制度为后世所沿用。在我国上古、中古时期，并不是说出家、出世之人就不奉行孝道，不去养老。《太平经》是传为东汉时期出现的道家经典，此书中就大量记载了道教中孝亲敬老、养老奉贤的规定；前文所说的宋代高僧释契嵩仿曾子《孝经》所著述的《孝论》十二篇也是这个意思，以至于自唐宋之后更是出现了道、释弟子将自己的父母接至观、寺内奉养的社会现象。做为社会上的一个群体，道和僧的“出世”“出家”并不是随意的，这里面有着相对严格的要求。五代时后周的周世宗曾下诏说：“应男女

1．《钦定大清会典则例 · 卷二十九 · 吏部 · 稽勋清吏司 · 官员终养》。
2．《全唐文 · 卷二百五十四 · 苏 · 令道士女冠僧尼拜父母敕》。
3．宋 · 《庆元条法事类 · 卷五十 · 道释门 · 总法》。

有父母、祖父母在，别无儿息侍养，不听出家……弃背父母……不得出家剃头。如有寺院辄容受者，其本人及师主、三纲、知事僧尼、邻房同住僧，并仰收捉禁勘，申奏取裁。”[1]诏令明确规定，家中如有老人，别无他人侍养的不能出家。这是从法律意义上对道、释人众的一种限制，同时也是为更好地奉养老年人所制定的律法。这只是一个例子，之后历朝沿用了这一律法。

行乡饮酒：这一礼仪制度是我国传统礼仪的一种。《礼记 · 乡饮酒义》曾载：“乡饮酒之礼，六十者坐，五十者立侍，以听政役，所以明尊长也。六十者三豆，七十者四豆，八十者五豆，九十者六豆，所以明养老也。民知尊长养老，而后乃能入孝弟。民入孝弟，出尊长、养老，而后成教，成教而后国可安也。君子之所谓孝者，非家至而日见之也。合诸乡射，教之乡饮酒之礼，而孝弟之行立矣。”从这一段记述中我们可以看出定礼仪的目的，是让天下的百姓明白“尊长”这一习俗，知道和奉行“养老”这一传统。在此书的《经解》篇说这一礼制“所以明长幼之序也”。虽然这种礼制太过于理想化，但不可否认的是，它是“孝”这一观念的延伸，这一延伸在不同程度上促进了社会的安定，这也就是历代推崇奉行这一礼仪的原因。因此从汉代以来，唐代编定的《魏书》《大唐开元礼》，宋代的《建炎杂记》，明代官修的《明会典》，清代官修的《清会典》等书，都对这一礼仪进行了不同程度的记述。

以上种种，仅是介绍了我国历代王朝在养老一事上的几种不同的方面，这些方面无不昭示着国家对老年人的重视，及在社会中大力提倡养老的决心。但任何事情仅有决心是不成的，对于一种社会制度、道德规范来说，国家提倡是一个方面，风俗、道德的养成是另一个方面，如果说国家提倡是上层建筑，那么根基便在风俗、道德的养成。

四、养老习性的培养和现实意义

风俗的养成不是一朝一夕的事，道德习性的生成也不是数个人提倡便可以形成的。老年人辛苦了一辈子，让他们有幸福的晚年，这不仅是风俗问题、道德问题，同样也是一个社会问题。

养老问题如何解决，历代的做法不一，上文所述的种种制度、方法、礼仪，是一种保障，但做为延续和传承，如果没有根本上的举措，是很难做到

1．《旧五代史 · 周书六 · 世宗本纪第二》。

的，这一点，我国历代都有所认识。宋代王应麟所编的童蒙读物《三字经》就是一个很好的范例。书中开篇不久就说："人不学，不知义……为人子，方少时，亲师友，习礼仪。"之后又说："高曾祖，父而身，身而子，子而孙，自子孙，至玄曾，乃九族，人之伦。父子恩，夫妇从，兄则友，弟则恭，长幼序，友与朋……"对孩子来说，高深的道理显然是很难接受，通过浅显的语句，上口的读法，让孩子从小就具有这种意识，正是历代所采用的措施。之后的《增广贤文》《声律启蒙》《弟子规》等蒙书，所采用的方法同样如此。这也就说明，历代养老习性的培养是"从娃娃抓起"的。

童蒙之后的入学，或者说学习技能，这也是人一生中的重要阶段。这一阶段同时也是一个走向成熟、形成自己世界观的阶段，因此我国历代对这一阶段的人的教育相当重视，并且认识到这个阶段的人如果培养不好，将对社会带来许多不稳定因素。做为我国传统道德思想的"孝道"，在这一过程中起到了相当重要的作用。宋代的大儒石介曾说："国家兴学校、置学官止以教人字乎……教诸生为人子则以孝，教诸生为人弟则以恭，教诸生为人兄则以友，教诸生与人交则以信勉焉。"[1]从中我们可以看出，当时的学校对德行的教育是相当重视的。文中的"为人子"一句就是说要培养学子有"孝"的观念，知道奉养老人。对于平常的百姓是这样，对于国家执政者同样如此，"天子一入学而所教者三：释奠以教其重道，合乐以教其崇德，养老以教其致孝"[2]，是《玉海》中的一段话，这段话所告诉我们的信息就是，当时为国家统治者计，"养老"问题是从入学开始就被关注的。因此历代的学规当中"孝"都被着重提出，虽然这种提出很少出现"养老"的内容，但我们知道"孝"的对象就是老年人或长辈，这两者是相通的。上文中提到的养老的各种制度中的"科举"是一个相对重要的环节，在我国封建时代科举取士，除了正常的科试之外还有"孝廉方正"一科，这一科所选取的士子相当多的一部分是从各县、州、府学中的生员之中选取，而正常的科试所考试的内容许多时候都有《孝经》的内容，即便是不策试《孝经》，明清之后的取士策文之中"孝"的内容中也多不胜举。因此生员入学时，学堂学规当中常有类似于宋代丽泽书院学规"凡预此集者，以孝弟忠信为本。其不顺于父母、不友于兄弟、不睦于宗族、不诚于朋

1．宋 · 石介《徂徕集 · 卷十五 · 答欧阳永叔书》。
2．宋 · 王应麟《玉海 · 卷一百一十三 · 学校 · 视学》。

友，言行相反，文过遂非者，不在此位”[1]之类的内容。正因为国家提倡，学校培养生员的过程中，对这一问题也就相当重视。这种重视使得当时的读书人心中都有着这种念头，一旦步入社会，出仕任职便会在有形和无形之中推行孝道、重视养老，以期与国家的节奏合拍。这种情况的出现，在整个国家范围之内，形成了一个大的由道德织成的网络，这一网络对稳定社会、减少纠纷、和谐各种关系起着不可忽视的作用。将养老观念放在青少年阶段，其可塑性是十分明显的！

我国传统的观念有“孝悌可齐家，家齐则国治”一说，从我国历代社会的发展历程中可以看出，这是一条必然的规律。家庭是构成社会的细胞，也是国家得以稳定的基础。家庭、社会、国家存在着辩证统一的关系。“以孝治国”曾为我国历史上一些朝代的传统，而“养老”这一道德规范，经过数以千年的延续也深入人们血脉。自汉代始，“孝”成为治国理政必不可少的环节，由这一字衍生出来的各种各样的条例、理论多种多样，但无论怎样他们所构建的基础都在于一家一户，或者说一乡一镇的风俗习性，由上而下提倡养老，由下而上举国养老，各种各样的制度、礼法使这一良好道德习俗的养成，形成了一个规范，如果规范制定了百姓不去实行，那么任何好的规范也不会出现好的效果。“以学校之政育士类，以贡举之法罗贤才，以乡饮酒礼教齿让，以养老尊高年，以制度定等威，以恤贫广仁政，以旌表示劝励，以建言会议悉利病”[2]是《明史》中的几句，我国历代治国行政有许多方面是以此为主导思想的。“教齿让”“尊高年”也渐渐成为传统教育的一个方面。对家庭来说敬奉是孝父母，对于国家来说敬奉老人、使国家日趋稳定是提倡养老。这是国家向家庭、向社会中的每一个人所提出的要求，同时也是社会中每个人应该去做的事情。国家、社会、家庭有大小和区别，却相依相通。国富则民强；家兴则国盛。家庭和睦兴旺，国家、社会就必定是日趋稳定、日益繁荣。养老这一制度是可以促进“家和万事兴”这一传统理念的。我国历代的养老理论、制度、方法的生成，可以说是与时人同步，其积极意义不言自明，是一种具有超越时代性质的制度，虽然历代的制度有着这样和那样的不合理性，但不可否认的是它给家庭、给社会、给国家带来了许多积极因素。

1．宋 · 吕祖谦《东莱别集 · 卷五》。
2．《明史 · 志第四十八 · 职官一》。

在构建社会主义和谐社会的今天，对于传统的东西只要我们坚持和运用科学历史主义的观点和方法，重新审视和借鉴我国历代的养老制度，去除其不合理的糟粕，以及被扭曲了的假象，将其中合理的东西与现代社会制度相结合，是可以赋予其新时代的内涵的。现代社会的老龄化问题不是哪一个国家的问题，我国已步入老龄化社会，如何让老年人生活得更幸福，让老年人更能发挥出自己的作用，焕发其生机和活力，展现其应有的价值，是我们这个时代的人所应考虑的问题。

无论哪一个时代，老年问题都是一个社会、一个国家所要面对的问题。如何让优秀的道德传承下来，如何让老年人继续发挥出自己的价值，如何去承续老人们的经验、理念、思想，并把优良的东西发扬开来，如何利用传统道德中优良的部分，让社会乃至国家出现更为稳定、和谐的局面，有许多好的传统理念是不可废弃的。“老有所养”“老有所安”不仅仅是一个社会问题，也是一个道德问题，制定一些合乎时代的制度，解决好这一问题的同时，也可以为国家的可持续发展提供一些动力，去掉一些不和谐的因素。纵观这些养老的思想、制度、礼法，虽然有些内容对现代社会已不适合，但从总体上来说，它所表现和表达的内容是有助于社会稳定和发展的，这其中的道德理念、培养方式，所传承的思想、精神，均可为后人所借鉴。

后记

四年前，我在北京人民大会堂领到“全国孝亲敬老楷模提名奖”后，全国老龄办的同志说，这些年来我在几次国际会议上宣传中华孝道，出过几本孝文化的书，是国内唯一因研究“孝文化”得奖的人。其实早在2006年下半年，我和次子骆明及学生周海生、王淑臣就开始了从古籍资料中收集有关孝道资料的工作。在中华优秀传统文化重新得到人们重视的今天，尤其是“国学热”的出现，更坚定了我们继续从古籍中广泛收集孝文化的信心。七年来，我们从古代经、史、子、集等著作及丛书中收录了近千万字的资料，本着“去粗存精”的精神，精选了其中近一百五十万字的资料，并分作《孝经》序跋、历代诏令律例、孝论、孝行，以及养老、家训、童蒙、学规中的孝亲敬老资料等几个部分进行了编排。

在几年收集资料的工作中，我们发现有关孝道的内容相当丰富。例如，历代有关《孝经》注、疏、序、跋的目录，人们可在“二十五史”中的《艺文志》（《经籍志》）、清代朱彝尊的《经义考》及一些古籍书目中看到，所收录的序、跋大多有十几篇，多者不过几十篇。但我们经过爬梳史料，在历代经籍中却找到了较多有关《孝经》序跋的文章，共搜集到349篇。本想以附录的形式附于书后，因其内容丰富，信息量大，文献价值厚重，只好单独成册。近年来，我们父子、师生及朋友发过一些有关孝道的文章，也单列一册。

为使此书方便更多的人阅读，各册所选的古文献资料均予以今译及对作者、书目进行了简介。因为这一项目工程较大，故吸收了曲阜师范大学历史文化学院、孔子研究所的一些青年学者及博士生参加，大家群策群力，共同完成了这项有意义的工作。

此书编选的目的是在国内外学习中华传统文化的同时，配合各地倡孝、学孝、行孝活动的开展。工作中承蒙中国孔子文化传播促进会李成俊常务副会长指导，光明日报出版社慧眼决定出版，曲阜师范大学历史文化学院、孔子研究所给予了文献方面的支持，全国敬老爱老助老主题教育活动组委会主任、中国老龄事业发展基金会理事长李宝库指导并撰写“总序”，北京智慧中国科技控股有限公司、北京智慧城市科技发展有限公司对前期工作给予了支持，在此一并致谢。

骆承烈

2013年5月